中国交通教育研究会职业教育分会推荐教材

高等职业院校船舶技术类专业教学用书

船舶柴油机制造技术

（第二版）

【轮机工程技术专业】

吴中强　主　编
胡强生　副主编
孙自立　主　审

CHUANBO
CHAIYOUJI
ZHIZAO
JISHU

人民交通出版社

内 容 提 要

本书是高等职业教育船舶技术类轮机工程技术专业中国交通教育研究会职业教育分会船舶技术委员会规划教材之一，按照《船舶柴油机制造技术》课程标准的要求而编写的。

本书共分五章，主要内容包括：机械制造技术工艺基础；机械加工质量；柴油机主要零件的制造技术；船舶柴油机的装配技术；柴油机制造技术的发展。

本书是针对三年制高等职业教育编写的，五年制(3+2学制)高职和二年制中职院校也可参考使用。同时，本书还适用于修造船厂和船舶配件制造企业的职工培训和自学以及其他形式的职业教育。

图书在版编目(CIP)数据

船舶柴油机制造技术 / 吴中强主编. --2版. --北京:人民交通出版社, 2013.8
ISBN 978-7-114-10361-2

Ⅰ. ①船… Ⅱ. ①吴… Ⅲ. ①船舶柴油机-机械制造工艺-高等职业教育-教材 Ⅳ. ①U664.121

中国版本图书馆CIP数据核字(2013)第025775号

书　　名：船舶柴油机制造技术(第二版)
著 作 者：吴中强
责任编辑：黄兴娜
出版发行：人民交通出版社
地　　址：(100011)北京市朝阳区安定门外外馆斜街3号
网　　址：http://www.chinasybook.com
销售电话：(010)64981400，59757915
总 经 销：北京交实文化发展有限公司
经　　销：各地新华书店
印　　刷：北京鑫正大印刷有限公司
开　　本：787×1092　1/16
印　　张：12.75
字　　数：297千
版　　次：2007年1月　第1版　2013年3月　第2版
印　　次：2013年8月　第2版　第1次印刷
书　　号：ISBN 978-7-114-10361-2
印　　数：0001-2000册
定　　价：34.00元
(有印刷、装订质量问题的图书由本社负责调换)

高等职业院校“十二五”船舶规划教材
编审委员会名单

前言
QIANYAN

为规范高等职业教育船舶技术类专业的教学，积极推进课程改革与教材建设，提高教学质量，更好地满足我国船舶工业快速发展的需要，中国交通教育研究会职业教育分会船舶技术专业委员会组织全国开办有船舶技术类专业的职业院校及其骨干教师，编写了“十二五”高职船舶规划教材。

这些教材分别适用于船舶工程技术专业、轮机工程技术专业和船舶电气工程技术专业，以及船舶检验、船舶舾装、焊接技术及自动化、游艇设计与制造等船舶技术类专业。

“十二五”高职船舶规划教材大部分是在“十一五”高职船舶规划教材的基础上修订而成。本规划教材注重以就业为导向，以职业能力培养为核心，面向行业企业，充分体现职业教育的特色，满足高素质实用型、技能型船舶技术类专业高等职业人才培养的需要。

本规划教材主要是针对高等职业教育编写的，其他形式的职业教育、职工培训、专业考证训练以及相关技术人员也可参考使用。

《船舶柴油机制造技术》是高等职业教育船舶技术类规划教材，按照《船舶柴油机制造技术》课程标准的要求而编写。主要内容包括：机械制造技术工艺基础；机械加工质量；柴油机主要零件的制造技术；船舶柴油机的装配技术；柴油机制造技术的发展。

参加本书编写工作的有：主编武汉交通职业学院吴中强（编写第一、第二章）；副主编浙江交通职业技术学院胡强生（编写第四章）；参编江苏海事职业技术学院潘铭（编写第三、第五章）。全书由主编武汉交通职业学院吴中强统稿；由南通航运职业技术学院孙自立主审。

限于编者经历和水平，书中难免有疏漏与不足之处，恳请读者批评指正，以便修订时完善。

中国交通教育研究会职业教育分会船舶技术专业委员会

2013 年 6 月

目录 MULU

第一章　机械制造技术工艺基础

● **学习目标**

知识目标

1. 能简单叙述船机制造的生产过程和工艺过程；
2. 能正确描述船机加工工艺过程的组成部分；
3. 能简单叙述生产纲领和生产类型的含义；
4. 能正确叙述机械加工工艺规程的内容和作用；
5. 熟知机械加工工艺规程的制订步骤；
6. 能简单叙述提高劳动生产率的措施。

能力目标

1. 会结合具体的加工实例分析其中的工序、安装、工位、工步及走刀的组成；
2. 对不同生产类型的具体内容能选择合适的工艺方法；
3. 会对零件进行正确的工艺分析；
4. 会为零件的加工选择适当的定位基准；
5. 会为各表面的加工选择合适的加工方法和划分合理的加工阶段；
6. 会进行加工余量和工序尺寸的计算；
7. 会结合具体的零件图要求，制订出较合理的机械加工工艺规程的主要内容。

第一节　机械加工工艺过程

一、生产过程和工艺过程

船舶机器设备或机械产品进行制造时，将原材料转变为成品的全过程称为生产过程。它包括原材料的运输、保管与准备、产品的技术和生产准备、毛坯制造、零件的机械加工和热处理、部件及产品的装配、检验、调试、油漆、包装以及产品销售和售后服务等。

一个产品的生产过程又可分为若干车间的生产过程。某一车间所用的原材料(或半成品)可能是另一车间的成品，而它的成品又可能是其他车间的原材料(或半成品)。例如，机械加工车间的毛坯是铸造车间的成品；机械加工车间的成品又是装配车间的半成品。船舶机器就是通过总装车间进行的部件装配、总装和调整试验才达到规定的性能和可靠性指标的。

例如，船舶柴油机的生产过程中，柴油机的活塞、连杆、缸套、轴瓦、油泵油嘴及增压器等重要零部件和设备都是由许多专业厂分工协作完成的。这样做有利于专业化生产，可以提高产品质量和劳动生产率，并能降低生产成本。

工艺过程是指生产过程中直接改变生产对象的形状、尺寸、相对位置和性质，使其成为成品或半成品的过程。它是生产过程中的主要组成部分，如铸造、锻造、热处理、机械加工和装配

作业等工艺过程。而机械加工工艺过程是指用机械加工方法改变毛坯的形状、尺寸、相对位置和性质,使其成为零件的全过程,它直接决定零件及产品的质量和性能,对产品的成本、生产周期都有较大影响。工艺过程不包括工件的运输、包装和储存、生产准备、机床设备维修等辅助工作。

二、工艺过程的组成

机械加工工艺过程按一定顺序由若干个工序组成,所以其基本单元是工序。每一个工序又是由安装、工步、工位和走刀组成的。

1. 工序

工序是指一个或一组工人,在一个工作地对同一个或同时对几个工件所连续完成的那一部分工艺过程。如对轴的外圆表面粗车后接着进行精车,则整个粗、精车外圆为一个工序;如果轴的生产批量大,宜先完成这批轴的粗车,然后再进行精车。由于粗、精车外圆中间有了间断,因此成为两个工序。划分工序的依据是工作地点是否改变和加工是否连续完成。

2. 安装

在一道工序中,工件在加工位置上至少要装夹一次,有时也可能装夹几次,才能完成加工。安装是工件(或装配单元)经一次装夹后所完成的那一部分工序。从减少装夹误差及装夹工件花费的工时考虑,应尽量减少装夹次数。因此在生产中,常采用不需要重新装夹工件而又能改变工件在机床上的位置以加工不同表面的分度夹具或机床回转工作台。

3. 工步

在一个工序中往往需要采用不同的刀具来加工许多不同的表面。为了便于分析和描述较复杂的工序,可将工序再划分为若干个工步。

工步是在加工表面、切削刀具和切削用量(仅指主轴转速和进给量)都不变的情况下所完成的那一部分工艺过程。变化其中的一个就是另一个工步。

一般来说,当加工表面或刀具改变时,即构成一个新的工步。但对于那些连续进行的若干个相同的工步,习惯上常常称为一个工步,如在摇臂钻床上连续钻箱体上多个相同直径的孔,就是一个工步。

为了提高生产率,生产中常常采用复合刀具或多刀同时加工,这样的工步称为复合工步。

4. 工位

当应用转位(或移位)加工的机床(或夹具)进行加工时,在一次装夹中,工件(或刀具)相对于机床要经过几个位置依此进行加工,在每一个工作位置上所完成的那一部分工序,称为工位。

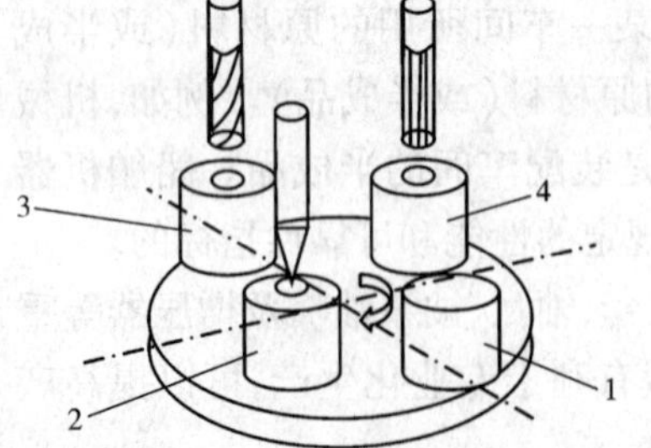

图 1-1 四工位三轴钻

1-装卸;2-钻孔;3-扩孔;4-铰孔

图 1-1 所示为工件在三轴组合钻床上钻、扩、铰孔加工的情况。工件装夹在回转工作台上,这时工件与回转工作台一起相对于刀具位置改变 4 次,一个工件便完成了该工序的工作(工位 1 为工件的装卸工位)。所以这种情况为 4 个工位加工。采用多工位加工可以减少装夹次数,减少装夹误差,提高生产率。

又如,在单轴立式镗床上镗机体的气缸孔时,每镗一

个孔,机体与机床工作台一起移动一个气缸轴线距离后的位置就是一个工位。

5. 走刀

在一个工步中,如果要切掉的金属层很厚,可分几次切削,每切削一次就称为一次走刀。

下面以图 1-2 所示的从圆柱毛坯加工成阶梯轴的例子来分析机械加工工艺过程的组成:

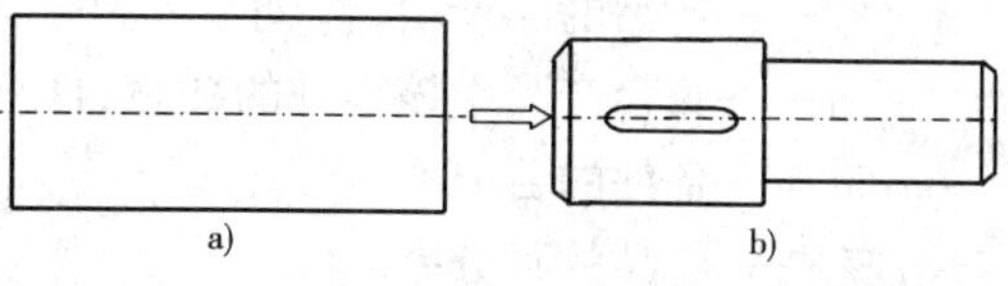

图 1-2　阶梯轴加工的工艺过程

a)毛坯;b)成品

若阶梯轴的精度和表面粗糙度要求不高,则加工这根阶梯轴的工艺过程将包含下列加工内容:①切一端面;②打中心孔;③切另一端面;④打中心孔;⑤车大外圆;⑥大外圆倒角;⑦车小外圆;⑧小外圆倒角;⑨铣键槽;⑩去毛刺。

根据车间加工条件和生产规模的不同,可以采用不同的方案来完成这个工件的加工。

(1)单件小批生产的工艺过程如下所示:

工序 1:在车床上车一个端面,打中心孔,然后掉头车另一个端面,打中心孔。

工序 2:在车床上车大外圆及倒角,然后掉头车小外圆及倒角。

工序 3:在铣床上铣键槽并去毛刺。

(2)大批大量生产的工艺过程如下所示:

工序 1:在铣端面和打中心孔机床上分别铣两端面和打中心孔。

工序 2:在车床上车大外圆及倒角。

工序 3:在车床上车小外圆及倒角。

工序 4:在铣床上铣键槽。

工序 5:在钳工台上去毛刺。

从上面介绍中可以看出,生产规模的不同,工序的划分及每一个工序所包含的加工内容是不同的。

在单件小批生产中,工序 1 包括 4 个工步:两次车端面,两次打中心孔。分为 4 个工步的原因是加工表面变了。在工序 2 中也包括 4 个工步,这时加工表面和切削工具都变了。在大批大量生产中,工序 1 由于采用了两面同时加工的方法,所以只有两个工步。而车大、小外圆及倒角则分为两个工序,每个工序包括两个工步。

在车外圆时,如果毛坯余量较大,必须分两次切削,每次切削的转速、进给量和切削深度都相同,则切削一次就是一次走刀。如果一次是粗加工,一次是精加工,则因为工件转速、进给量和切削深度都不一样,刀具也不同,所以它们是两个工步。

另外,去毛刺的工作在单件小批生产中由铣工在加工后顺便进行。而在大批大量生产中,由于生产率较高,铣工忙于装卸工件及操作机床,因此必须另设一道工序,以专门清除毛刺。

三、生产纲领和生产类型

1. 生产纲领

企业根据市场需求和自身的生产能力决定生产计划。生产纲领是指企业在计划期内应当生产的产品产量。计划期常定为一年,所以生产纲领也称年产量。零件在计划期为一年的生

产纲领 N 可按下式计算(应计入备件和废品的数量):

$$N = Qn(1 + \alpha\% + \beta\%)$$

式中:N——零件的年产量,件/年;

Q——产品的年产量,台/年;

n——每台产品中该零件的数量,件/台;

$\alpha\%$——备件的百分率;

$\beta\%$——废品的百分率。

在批量生产中,当零件的生产纲领确定后,还要根据车间的具体情况按一定期限分批投产。一次投入或产出同一产品(或零件)的数量,称为生产批量。

生产纲领的大小决定了产品(或零件)的生产类型,而各种生产类型又有不同的工艺特征,制订工艺规程必须符合其相应的工艺特征。因此,生产纲领是制订和修改工艺规程的重要依据。

2. 生产类型

生产类型是指企业(或车间、工段、班组、工作地)生产专业化程度的分类,一般分为大量生产、成批生产和单件生产三种类型。

(1)大量生产。大量生产指产品的产量很大而进行的连续不断的生产。大多数工作地点长期重复地进行某一种零件的某一道工序的加工。一些中、小柴油机制造厂和柴油机某些零部件(活塞、活塞环、轴瓦、油泵油嘴等)专业化制造厂属于这种生产类型。

(2)成批生产。成批生产指周期性地成批进行产品生产。成批生产的主要特征是一个工作地点的加工对象是一批一批地定期转换。成批生产又可分为小批生产、中批生产和大批生产三种类型。一些船用中速或高速柴油机厂属于这种生产类型。

(3)单件生产。产品的种类多而同一产品的产量很小,每一种产品只做一个或数个。同一个工作地点的加工对象完全不重复或很少重复,是经常改变的。造船厂的大型低速柴油机制造车间是属于这种生产类型。

3. 各种生产类型的工艺特征

各种生产类型具有不同的工艺特征。成批生产的覆盖面比较大,其特征比较分散,其中小批生产接近于单件生产,大批生产接近于大量生产,所以通常按照单件小批生产、中批生产和大批大量生产来划分生产类型。

生产类型的划分主要决定于生产纲领,即年产量,但也要考虑产品本身的大小和结构的复杂程度。此外,不同的生产类型其零件的加工工艺、工艺装备、毛坯制造方法以及对工人的技术要求等,都有很大的不同。

表 1-1 列出了各种不同生产类型的工艺特点的比较。从中可以看出生产批量与工艺方法和生产效率之间的关系。若批量大,可通过采用先进工艺、高效设备和专用工装,来提高机械化和自动化水平,从而大大提高生产率和降低生产成本;若批量小,按传统的生产组织方法,则只能采用常规的工艺方法,即采用通用机床和万能工装,从而导致生产效率低,零件加工成本高。

随着科技的发展和市场需求的变化,生产类型的划分也在发生着深刻的变化,传统的大批量生产往往不能很好地适应市场对产品及时更新换代的需求,为了适应不断增多的产品品种、

规格和生产批量逐渐减少的生产发展趋势,出现了以成组批量为基础的成组技术。

各种生产类型的工艺特点　　表 1-1

项　目	单件生产	成批生产	大量生产
毛坯制造方法及加工余量	铸件用木模手工制造,锻件用自由锻造,毛坯精度低,加工余量大	部分铸件用金属模,部分锻件用模锻,毛坯精度中等,加工余量中等	广泛使用金属模和机器造型、模锻、压铸等高生产率毛坯制造方法。加工余量小
零件的互换性	一般是配对制造,互换性低,广泛用钳工修配	大部分零件有互换性,少数零件用钳工修配	全部零件有互换性,高精度的配合件采用分组选择装配法
机床设备及机床布置	通用机床按"机群式"布置,部分采用数控机床及柔性制造单元	部分采用通用机床,部分采用高效专用机床。按加工零件的类别分"工段"排列布置	广泛采用高效的专用机床和多功能数控机床及自动机床。按流水线形式排列
夹具	很少采用专用夹具,按划线及试切法达到尺寸要求	广泛采用夹具,部分靠划线进行加工	广泛采用高效专用夹具和采用调整法达到尺寸要求
刀具及量具	通用刀具和标准量具	广泛采用专用或标准刀具和量具	广泛采用高生产率的刀具和量具
发展趋势	采用成组工艺、数控机床、加工中心及柔性制造系统	采用成组工艺,用柔性制造系统或柔性自动线	用计算机控制的自动化制造系统、车间或无人工厂,实现自适应控制
对工艺文件的要求	通常只有简单的工艺过程卡	编制详细的工艺规程及关键工序有详细说明的工序操作卡	编制详细的工艺规程、工序卡片、调整卡片
对操作工人的要求	需要技术熟练的工人	各个工种需要一定熟练程度的操作工人	对专用机床调整工技术要求较高,对操作工人要求不高

成组批量:它是按照若干产品的零件结构和加工相似性,将那些具有相似性的零件组织在一起形成成组批量。这种批量的扩大就相当于把中、小批量的性质改变为大批甚至大量生产的性质。

另外,广泛采用数控机床、柔性制造系统和电子计算机集成制造系统等现代制造技术,实现船机产品多品种、中小批量生产的自动化,是当前船机制造工艺的重要发展方向。有关现代制造技术的内容将在本书的有关章节中介绍。

第二节　机械加工工艺规程的制订

一、机械加工工艺规程的概念

如前所述,在机械制造企业中,采用各种机械加工方法将毛坯加工成零件,再将这些零件

装配成机器。为了使上述工艺过程满足“优质、高产、低消耗”的要求，首先必须制订零件的机械加工工艺规程和机器的装配工艺规程，然后按照所制订的工艺规程来进行机械加工和装配。

在许多情况下，一个零件或产品的工艺过程并不是唯一的，但在一定的生产条件下，总是存在着一个（或几个）相对最佳的合理方案。通常将比较合理的工艺过程确定下来，写成工艺文件，作为组织生产和进行技术准备的依据。这种规定产品或零部件制造和装配工艺过程及操作方法的工艺文件称为工艺规程。

1. 机械加工工艺规程的作用

（1）机械加工工艺规程是生产准备工作的主要依据。根据它来组织原材料和毛坯的供应，进行机床调整、专用工装设备（如专用夹具、刀具和量具）的设计与制造，编制生产作业计划，调配劳动力，以及进行生产成本核算等。

（2）机械加工工艺规程是组织生产、进行计划调度的依据。可用来制订生产产品的进度计划和相应的调度计划，并能做到各工序科学衔接，使生产均衡，实现优质高产低消耗。

（3）机械加工工艺规程是新建工厂或车间的基本技术文件。根据它和生产纲领，能确定所需机床的种类和数量，工厂或车间面积，机床的平面布置，工人的工种、等级和数量等。

2. 机械加工工艺规程的内容和种类

（1）机械加工工艺规程的内容。工件的加工工艺路线和所经过的车间与工段；各工序的内容和所采用的机床与工艺装备（包括刀具、夹具、量具、检具、辅具、钳工工具等）；工序尺寸和公差；检验项目；切削用量；时间定额和工人技术等级等。

（2）机械加工工艺规程的种类。机械加工工艺过程卡片和机械加工工序卡片是两个主要的工艺文件。对于检验工序，还有检验工序卡片；自动、半自动机床完成的工序及机床调整卡片。

机械加工工艺过程卡是说明零件加工工艺过程的工艺文件。由于各工序内容规定的不够具体，因此不能直接指导工人操作，只能作为生产管理用的技术文件。但在单件小批生产中，因不编制其他文件，所以过程卡可编制得较详细，以用于指导生产。

机械加工工序卡是为每个工序详细制订的，用于直接指导工人进行生产，多用于大批量生产的零件和成批生产中的重要零件。

检验工序卡片只对关键零件或精度较高的零件才使用。

工艺文件的形式有多种，在我国各机械制造厂中使用的工艺文件虽然内容不尽相同，但其基本内容是一致的。最常用的工艺文件有：机械加工工艺过程卡片（表1-2）、机械加工工艺卡片（表1-3）和机械加工工序卡片（表1-4）。

工艺过程卡片是以工序为单位，简要说明产品或零部件的加工（或装配）过程的一种工艺文件。

工艺卡片是按产品或零部件的某一工艺阶段编制的一种工艺文件。它以工序为单元，详细说明产品或零部件在某一工艺阶段中的工序号、工序名称、工序内容、工艺参数、操作要求以及采用的设备和工艺装备等。

工序卡片是在工艺过程卡片或工艺卡片的基础上，按照每道工序所编制的一种工艺文件。一般具有工序简图，并详细说明该工序的每个工步的加工（或装配）内容、工艺参数、操作要求以及所用设备和工艺装备等。

机械加工工艺过程卡片

表 1-2

工　厂	机械加工工艺过程卡片	产品型号		零部件图号		共　页
		产品名称		零部件名称		第　页

材料牌号		毛坯种类		毛坯外形尺寸		每毛坯件数		每台件数		备注	

工序号	工序名称	工序内容	车间	工段	设备	工艺装备	工时	
							准终	单件

标记	处记	更改文件号	签字	日期	标记	处记	更改文件号	签字	日期	编制日期	审核日期	会签日期

机械加工工艺卡片

表 1-3

工　厂	机械加工工艺卡片	产品型号		零部件图号		共　页
		产品名称		零部件名称		第　页

材料牌号		毛坯种类		毛坯外形尺寸		每毛坯件数		每台件数		备注	

工序	装夹	工步	工序内容	同时加工零件数	切削用量				设备名称及编号	工装名称及编号			技术等级	工时	
					背吃刀量（mm）	切削速度（m/min）	每分转或往复次数	进给量（mm）		夹具	刀具	量具		准终	单件

标记	处记	更改文件号	签字	日期	标记	处记	更改文件号	签字	日期	编制日期	审核日期	会签日期

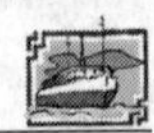

此外，与机械加工有关的工艺文件还有：适合一组零部件都能通用的各种典型工艺卡片、机床调整卡片和检验卡片等。

机械加工工序卡片

表1-4

<table>
<tr><td rowspan="2">工 厂</td><td rowspan="2" colspan="4">机械加工工序卡片</td><td colspan="2">产品型号</td><td></td><td colspan="2">零部件图号</td><td></td><td>共 页</td></tr>
<tr><td colspan="2">产品名称</td><td></td><td colspan="2">零部件名称</td><td></td><td>第 页</td></tr>
<tr><td>材料牌号</td><td></td><td>毛坯种类</td><td></td><td>毛坯外形尺寸</td><td></td><td>每毛坯件数</td><td></td><td>每台件数</td><td></td><td>备注</td><td></td></tr>
<tr><td rowspan="11" colspan="8">（工序图）</td><td>车间</td><td>工序号</td><td>工序名称</td><td>材料牌号</td></tr>
<tr><td></td><td></td><td></td><td></td></tr>
<tr><td>毛坯种类</td><td>毛坯外形尺寸</td><td>每坯件数</td><td>每台件数</td></tr>
<tr><td></td><td></td><td></td><td></td></tr>
<tr><td>设备名称</td><td>设备型号</td><td>设备编号</td><td>同时加工数</td></tr>
<tr><td></td><td></td><td></td><td></td></tr>
<tr><td>夹具编号</td><td>夹具名称</td><td colspan="2">切削液</td></tr>
<tr><td rowspan="4"></td><td rowspan="4"></td><td colspan="2"></td></tr>
<tr><td colspan="2">工序工时</td></tr>
<tr><td>准终</td><td>单件</td></tr>
<tr><td></td><td></td></tr>
<tr><td rowspan="2">工步号</td><td rowspan="2" colspan="2">工步内容</td><td rowspan="2" colspan="2">工艺装备</td><td rowspan="2">主轴转速</td><td rowspan="2">切削速度</td><td rowspan="2">进给量</td><td rowspan="2">背吃刀量</td><td rowspan="2">进给次数</td><td colspan="2">工时定额</td></tr>
<tr><td>机动</td><td>辅助</td></tr>
<tr><td></td><td colspan="2"></td><td colspan="2"></td><td></td><td></td><td></td><td></td><td></td><td></td><td></td></tr>
</table>

<table>
<tr><td>标记</td><td>处记</td><td>更改文件号</td><td>签字</td><td>日期</td><td>标记</td><td>处记</td><td>更改文件号</td><td>签字</td><td>日期</td><td>编制日期</td><td>审核日期</td><td>会签日期</td></tr>
<tr><td></td><td></td><td></td><td></td><td></td><td></td><td></td><td></td><td></td><td></td><td></td><td></td><td></td></tr>
</table>

在单件小批生产中，一般只编写简单的工艺过程卡片；在中批生产中，多采用工艺卡片；在大批大量生产中，则要求有完整详细的全套工艺文件。

3. 制订机械加工工艺规程的步骤

在一定的生产条件下，以最少的劳动消耗和最低的费用，按计划加工出符合要求的零件，是制订机械加工工艺规程的原则。具体来说就是保证产品质量，获得较高的生产率和最好的经济效益，并使工人有良好而安全的劳动条件，做到技术上先进和经济上合理。

一般按下述步骤制订工艺规程：

(1)确定生产类型和生产组织形式。根据零件的生产纲领确定生产类型，再按照生产类型确定具体生产组织形式。在制订工艺规程之前，必须首先确定生产组织形式。例如，在大批大量生产的单一流水线中，应采用高效率的加工方法和机床，广泛应用专用工艺装备。同时，还要严格平衡各工序的时间，使之按节拍生产。而在单件小批量生产中，应广泛采用万能机床和通用工艺装备，不需平衡各工序的时间，但应考虑机床的负荷率。

(2)分析被加工零件的工艺性。这包括审查零件的结构工艺性和分析零件的各项技术要求，并结合车间生产条件和加工类似零件的情况及经验提出必要的修改意见。

(3)选择毛坯的种类和制造方法。这里应全面考虑毛坯的制造成本和机械加工成本，以达到降低零件总成本的目的。在条件可能的情况下，应尽可能选择高精度的毛坯，以节约原材料和减少机械加工的劳动量。在有条件时，最好委托专业厂家提供毛坯。同时，注意新工艺、新材料、新技术的应用。

(4)工艺路线的拟订。它包括确定装夹方式；选择定位基准；确定各表面的加工方法和划分加工阶段；合理安排各表面加工顺序；决定工序集中或分散的程度。

(5)工序设计。这包括确定加工余量、计算工序尺寸、确定切削用量、计算工时定额及选择各工序所需的工艺设备(如机床)和工艺装备(工、夹、量具)等。

(6)编制工艺文件。按照上述各工艺规程编制文件。

二、零件的工艺分析

制订零件的加工工艺规程前，首先要对产品装配图进行分析研究，熟悉产品的用途、性能及工作条件，并明确被加工零件在产品中的地位和作用，然后对零件图进行工艺分析和工艺审查。工艺分析就是分析零件的加工要求与加工方法之间的矛盾。一般来说，设计人员在设计零件时就已经考虑了工艺的可行性，个别情况下会发现图样上某些要求不恰当或技术要求很难达到，这时就要在不影响产品性能的前提下，通过一定的手续修改设计图样。要注意工艺人员不要自行处理图纸问题。

零件的工艺分析主要包括下面几个方面的内容。

1. 对零件图纸进行工艺审查

检查图纸的完整性和正确性。例如是否有足够的视图、尺寸公差和技术要求是否标注齐全等。如有错误和遗漏，应提出修改意见。

2. 审查零件材料的选择是否恰当

零件材料的选择要立足于国内，采用我国资源丰富的材料，并考虑工厂的具体情况，尽量选用现有材料，少用贵重金属，以降低成本。此外，所用材料必须有良好的加工性，否则可能使加工发生困难。

3. 零件的结构工艺性分析

一个好的机器产品和零件结构，不仅要满足使用性能的要求，而且要便于制造和维修，即满足结构工艺性的要求。所谓结构工艺性是指所设计的产品在能满足使用要求的前提下，其制造、维修的可行性和经济性。零件的结构是根据其用途和使用要求来进行

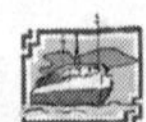

设计的。但是在结构上是否完善合理，还要看它是否符合制造工艺方面的要求，即在保证产品使用性能的前提下，是否能用生产率高、劳动量少、材料消耗少和生产成本低的方法制造出来。

零件的结构工艺性包括零件结构要素的工艺性和零件整体结构的工艺性两部分。

(1)零件结构要素的工艺性。组成零件的各加工表面称为结构要素。零件结构要素的工艺性主要表现在以下几个方面：

①各要素形状应尽量简单，面积尽量小，规格尽量统一或标准化，以减少加工时调整刀具的次数。

②能采用普通设备和标准刀具进行加工，刀具易进入、退出和顺利通过，避免内端面加工，防止碰撞已加工面。

③加工面与非加工面应明显分开，应使加工时刀具有较好的切削条件，以提高刀具的寿命和保证加工质量。

(2)零件整体结构的工艺性。零件整体结构的工艺性主要表现在以下几方面：

①尽量采用标准件、通用件和相似件。

②有位置精度要求的表面应尽量能在一次安装下加工出来。如箱体零件上的同轴线孔，其孔径应当同向或双向递减，以便在单面或双面镗床上一次装夹把它们加工出来。

③零件应有足够的刚度，以防止在加工过程中(尤其是在高速和多刀切削时)变形，影响加工精度。

④有便于装夹的基准和定位面，以便加工时作为辅助定位基准。

在进行零件结构工艺性分析时，首先要分析零件的结构特点，即组成零件的表面。因为表面形状是选择加工方案的基本因素。使用性能完全相同的零件，因结构稍有不同，其制造成本就有很大的差别。在分析零件结构时，特别要注意这些表面的不同组合。正是这些不同组合才构成零件结构上的不同特点。在船机制造中，通常按零件加工工艺过程的相似性将各种零件分为轴类零件、套类零件、盘类零件、机架类零件和箱体类零件等。

在分析零件结构时，还要分析零件的结构是否易于毛坯制造、机械加工、装配和拆卸维修等各个方面。如果发现有些零件的结构工艺性不好时，可提出修改意见。

图1-3列举了一些典型零件的结构工艺性好坏对比。

4. 零件技术要求分析

零件技术要求包括尺寸精度、形状和位置精度、表面质量、热处理等几方面的要求。分析着重于技术要求较高的表面和部位，研究达到技术要求的途经和方法。

零件图上凡是有尺寸公差和形位公差要求的表面和部位都是重要的。一般公差要求高，表面质量要求也高。根据表面相互位置的要求可初步确定各表面的加工顺序。

零件热处理要求会影响加工方法和加工余量的选择，并对零件的加工工艺路线的安排也有一定的影响。例如，要求渗碳淬火的零件，由于热处理后会产生一定的变形，工艺过程要在热处理后安排精加工(多为磨削)工序，因而必须在热处理前留有适当的加工余量。

为保证零件的技术要求和加工方便，工艺人员还需研究安排图纸要求以外的热处理工序。例如，为了保证加工精度的稳定性，铸铁毛坯要安排时效处理；为了改进锻钢、铸钢或焊接毛坯的切削性能，要安排退火或正火处理。

三、毛坯的选择

毛坯的选择包括选择毛坯的种类和确定毛坯的制造方法两个方面。常用的毛坯种类有铸件、锻件、型材、焊接件等。一般来说，当设计人员设计零件并选好材料后，也就大致确定了毛坯的种类。如铸铁材料毛坯均为铸件，钢材料毛坯一般为锻件或型材等。各种毛坯的制造方法很多。概括起来说，毛坯的制造方法越先进，毛坯精度越高，其形状和尺寸越接近于成品零件，这就使机械加工的劳动量大为减少，材料的消耗也低，使机械加工成本降低，但毛坯的制造费用却因采用了先进的设备而提高。因此，在选择毛坯时应当综合考虑各方面的因素，以获得最佳效果。

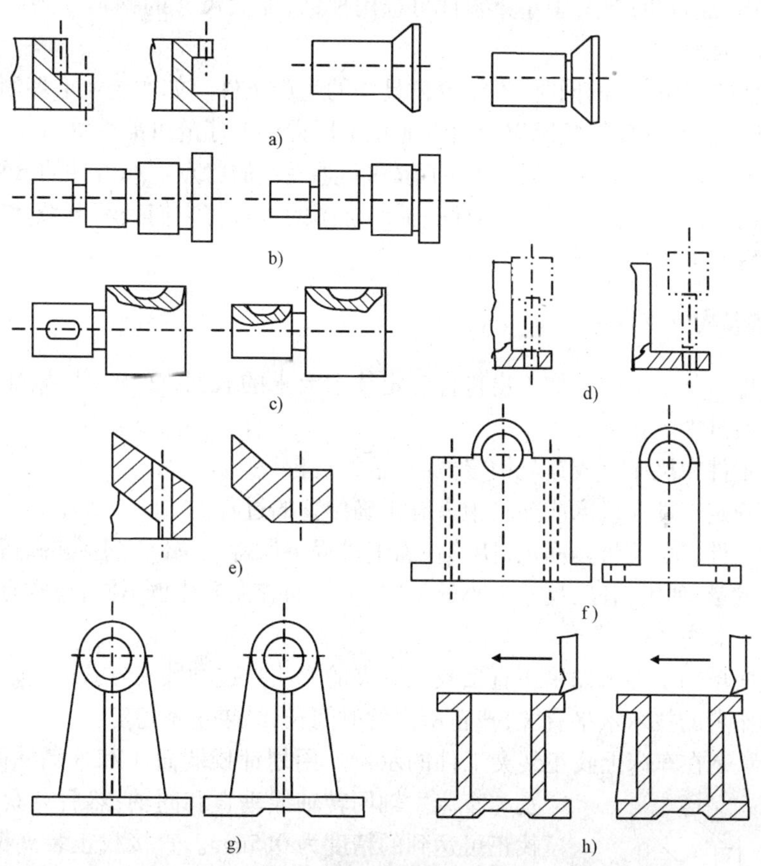

图 1-3　零件的结构工艺性分析

a)留有退刀槽的结构才可进行加工并能减少刀具和砂轮的磨损；b)采用相同槽宽的结构可以减少刀具的种类和换刀时间；c)键槽方位相同的结构可在一次装夹中进行加工，以提高生产率；d)孔的加工位置要便于刀具的引进，以免发生干涉；e)结构要避免钻头钻入和钻出工件倾斜表面时易引起的引偏或折断；f)结构要避免深孔加工，并可节省材料，减轻重量；g)右图结构减少了底面加工量，易于保证平面度，提高了接触刚度；h)左图结构刚性差，刨刀切入时易变形，应改为右图加强筋结构

选择毛坯时主要考虑下列因素。

1.零件的材料及其力学性能

如前所述，零件的材料大致确定了毛坯的种类，而其力学性能的高低，也在一定程度上影响毛坯的种类，如力学性能要求较高的钢件，其毛坯最好用锻件而不用型材。

2. 生产类型

不同的生产类型决定了不同的毛坯制造方法。在大批量生产中,应采用精度和生产率都较高的先进的毛坯制造方法。如铸件应采用金属模机器造型,锻件应采用模锻,并应当充分考虑采用新工艺、新技术和新材料的可能性。如精铸、精锻、冷挤压、冷轧、粉末冶金和工程塑料等。单件小批生产则一般采用木模手工造型或自由锻等比较简单方便的毛坯制造方法。

3. 零件的结构形状和外形尺寸

在充分考虑了上述两项因素后,有时零件的结构形状也会影响毛坯的种类和制造方法。如常见的一般用途的钢质阶梯轴,当各台阶直径相差不大时,可用型材;若各台阶直径相差很大时,宜用锻件。成批生产中,中小型零件可选用模锻,而大尺寸的钢轴受到设备和模具的限制,一般应选用自由锻等。

当然,在考虑上述因素的同时,不能脱离具体的生产条件。如本企业毛坯制造的实际水平和能力、毛坯车间近期的发展状况以及由专业化工厂提供毛坯的可能性等。

在确定了毛坯的制造方法以后,应当了解和熟悉毛坯的特点。如铸件的分型面、浇铸系统的位置、余量和拔模斜度等。通常以零件—毛坯合图的方式将它们表示出来,作为正式制订机械加工工艺规程时的原始依据。

四、工件的装夹

为了在工件的某个部位上加工出符合规定技术要求的表面,必须在机械加工前将工件装夹在机床上或夹具中。

装夹是将工件在机床上或夹具中定位、夹紧的过程。

定位是指确定工件在机床或夹具中占有正确位置的过程。

夹紧是指工件定位后将其固定,使其在加工过程中保持定位位置不变的过程。

随着生产批量、加工精度、尺寸大小的不同,工件的装夹方法也不同,通常有以下三种。

1. 直接找正装夹

对于形状简单的工件可以采用直接找正装夹的方法。这种装夹方式的定位精度与所用量具的精度和操作者的技术水平有关,找正所需的时间长,结果也不稳定。

图1-4所示是在车床上找正装夹工件的示例。用划针校端面 A 和外圆柱面 B,使它们分别与车床主轴回转轴线垂直和同轴,然后夹紧工件。用划针找正可达到的精度为0.5mm。直接找正装夹精度不高、又费时,因此一般只适用于以下两种情况。

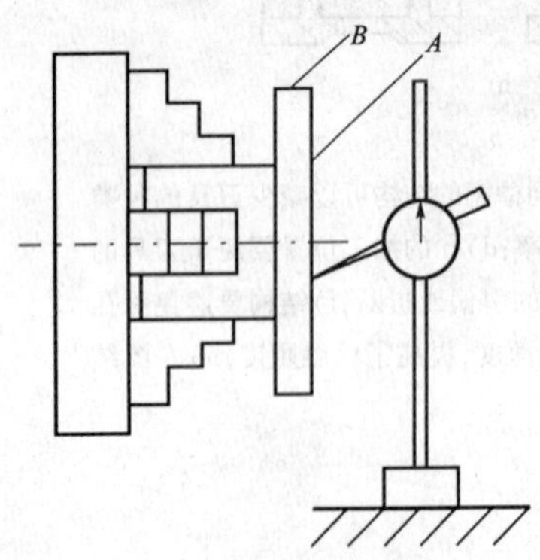

图1-4　直接找正安装

A-端面;B-外圆柱面

(1)工件批量小,采用夹具不经济时。这种方法常在单件小批生产的加工车间,修理、试制、工具车间中采用。

(2)对工件的定位精度要求很高(例如允许的定位误差小于0.005~0.01mm),即使采用专用夹具也无法保证其精度要求时,则只能用精密量具进行直接找正装夹。

2. 按划线找正装夹

按照图纸要求预先在毛坯上划出待加工面位置线,并检查它们与各不加工表面的尺寸和位置,然后按线痕找正装夹。这种方法,首先增加了一道划线工序,需要技术水平高的划线工,而且划线和按划线找正装夹费工时,定位精度不高,一般其经济精度为0.2~0.5mm。此法的优点是不需要专用夹具,此法只适用于以下三种情况。

(1)在单件小批生产中,形状复杂的铸件。

(2)在大型船用柴油机制造中,尺寸和重量都很大的铸件和锻件。例如,柴油机的机座、气缸体、大型曲轴等。

(3)毛坯的尺寸公差很大,表面很粗糙,一般无法直接使用夹具时。

3.用夹具装夹

机床夹具是指在机械加工工艺过程中用以装夹工件的机床附加装置。常用的有通用夹具和专用夹具两种类型。车床的三爪自动定心卡盘和铣床用的平口虎钳便是最常用的通用夹具,而钻孔用的钻模板则是一种专用夹具。用夹具装夹是一种先进完善的装夹方法,使用夹具装夹时,工件在夹具中迅速而正确地定位与夹紧,不需要找正就能保证工件与机床、刀具之间的正确位置。这种装夹方式生产效率高,定位精度好。对中小尺寸的工件,在批量较大时,都用夹具来装夹。但用夹具装夹,需设计和制造适合于某一工序的夹具,因而生产准备周期长,夹具的制造精度要求高,有时需要精密设备(如坐标镗床)来加工。所以,此法在成批、大量生产中广泛采用,单件生产中较少采用。但对那些结构复杂、精度要求又高的工件,如船舶柴油机的曲轴,在普通车床上加工曲柄销时,则非用偏心夹具不可。

五、基准和定位基准的选择

1.基准的概念

零件是由若干表面组成的,它们之间有一定的相互位置和尺寸的要求。在加工过程中,也必须相应地以某个或几个表面为依据来加工其他表面,以保证零件图上所规定的要求。零件表面间的这种相互依赖关系就引出了基准的概念。

基准就是零件上用来确定其他点、线、面位置的那些点、线、面。按照基准的作用不同可将基准分为两大类,即设计基准和工艺基准。

(1)设计基准。设计基准指零件设计图上用来确定其他点、线、面位置所采用的基准,即零件图上用来确定尺寸、形状(有位置要求的轮廓度)和位置(如平行度、垂直度、同轴度等)时依据的点、线、面。如图1-5所示,平面C、D的位置尺寸是依据平面A标注的,所以平面A是C、D平面的设计基准;平面A还是用来确定$\phi 8H6$轴线方向(垂直度)的设计基准。

(2)工艺基准。工艺基准指在工艺过程中所采用的基准,按其用途不同又可分为:

①定位基准,是工件在机床上加工时确定其被加工表面相对于夹具(或机床)、刀具的位置所用的基准。在定位基准中,未加工过的毛坯面称为粗基准;已加工过的面称为精基准;为满足工艺需要,在工件上专门设计的定位面,称为辅助基准,如轴类零件的顶针孔,筒状活塞的下端面及止口,它们在零件装配和机器运转中无任何用处。

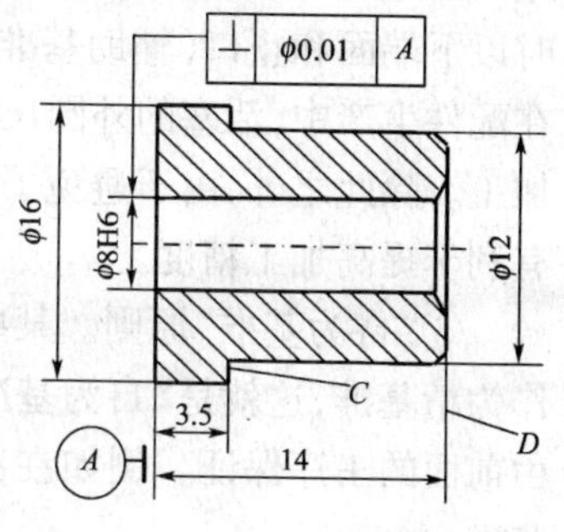

图1-5　零件的设计基准

②测量基准,在测量工件已加工表面的位置和尺寸时所采

用的基准。应尽可能用设计基准作为测量基准。

③装配基准,装配时用来确定零件或部件在机器中的相对位置所采用的基准。

④工序基准,在工序图上用来确定本工序所加工表面加工后的尺寸、形状、位置的基准。由于以工序基准标注的工序加工要求是具体工序的执行基准,因而应选择测量基准作为工序基准,并尽量使其与设计基准及定位基准重合,以免产生基准不重合误差。

在分析基准问题时必须注意,作为基准的点、线、面在工件上不一定具体存在(例如孔的中心、轴线、形体的对称中心面等),而是由某些具体的表面来体现,这些表面就称为基面。例如,在车床上用三爪卡盘夹持短圆轴,实际定位表面(基面)是外圆柱面,而它所体现的定位基准是这根轴的轴心线。因此,选择定位基准的问题,就是选择恰当定位基面的问题。

2. 定位基准的选择

选择工件上的哪些表面作为定位基准,是制订工艺规程的一个十分重要的问题。在最初的工序中,只能用工件上未经加工的毛坯表面作为定位基准,即粗基准。在以后的工序中,则采用经过加工的表面作为定位基准,即精基准。在制订零件的机械加工工艺规程时,一般首先考虑选择怎样的精基准把各个表面加工出来,然后考虑选择怎样的粗基准把精基准加工出来。

(1)精基准选择。精基准的选择应从保证零件的加工精度、特别是加工表面的相互位置精度来考虑,同时也要照顾到装夹方便,夹具结构简单。一般应遵循下述原则:

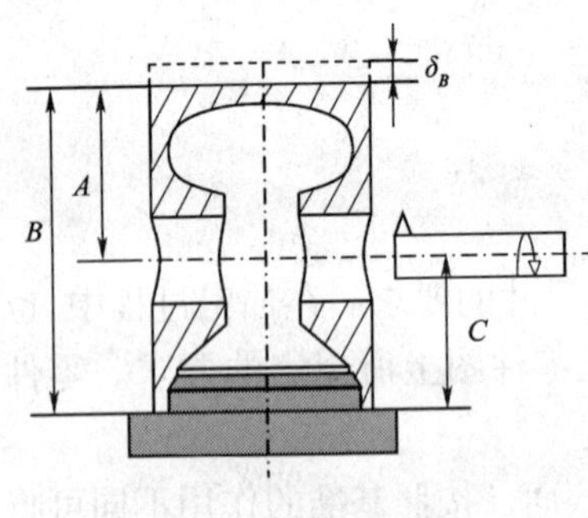

图 1-6 基准不重合误差

①"基准重合"原则。应尽可能采用设计基准或工序基准作为定位基准,这就是所谓"基准重合"的原则。因为定位基准与设计基准不重合时会引起基准不重合误差。如图 1-6 所示镗活塞销孔时的定位情况,按设计需要,零件图上的标注尺寸为 A。但在图示情况下,镗杆高低位置尺寸由 C 调整,即使不考虑其他误差(如刀具位置的调整误差),由于在前面工序中加工尺寸 B 时有误差 δ_B,使尺寸 A 的设计基准(活塞顶面)相对于定位基准(活塞下端面)的位置有变化,变动量为 δ_B,则尺寸 A 也产生误差 δ_B。这样的误差是由于定位基准与设计基准不重合造成的,故称为"基准不重合误差"。

②"基准统一"原则。应尽可能选择同一组定位基准加工尽可能多的表面,这就是"基准统一"原则。基准统一可以简化工艺过程,避免基准变换过多所产生的误差,特别是位置误差,在一定程度上还有利于提高加工精度并减少设计制造夹具的时间和费用。例如活塞加工时以下端面和止口(辅助基准)作为统一的精基准,可使大多数工序的夹具结构相同。另外,在配件生产中,活塞的外圆尺寸不同,作为辅助基准的止口尺寸可以不变,可用同一夹具进行加工。除此之外,由于避免了基准变换过多所带来的误差,特别是位置误差,在一定程度上还有利于提高加工精度。

③"自为基准"原则。某些表面精加工工序要求加工余量小而均匀,则可选被加工面本身作为精基准,这就是"自为基准"的原则。要注意的是该表面与其他表面之间的位置精度则应由前面的工序保证。例如在精镗活塞销孔及精镗连杆大、小端孔时常用孔表面本身作为精基准。

④"互为基准"原则。当两个表面相互位置精度以及它们自身的尺寸与形状精度都要求

很高时,可以采用互为基准的原则,反复多次进行精加工。例如某内外圆柱表面同轴度要求较高的套类零件,就可以采用这种方法加工,即以孔为基准定位加工外圆,再以外圆为基准定位加工内孔,这样反复多次,就可减少它们的同轴度误差。

⑤"便于装夹"原则。所选的精基准,应能保证工件装夹稳定可靠,夹具结构简单,操作方便。

应当指出的是,对于上述原则,在实际使用时往往会出现相互矛盾的情况,例如,保证了基准的统一,就不一定符合基准重合的原则。因此,必须结合整个工艺过程和工件的定位夹紧方式全面加以分析,并从保证加工精度出发来选择合适的精基准。

(2)粗基准选择。精基准选定以后,应在最初的工序中把这些精基准加工出来,这时只能用粗基准来定位。为了说明所选粗基准的不同对工件的影响,现以活塞加工为例进行分析。

选择活塞的粗基准,通常有以下两种不同的方案:

①用外圆作粗基准,夹在三爪卡盘上车出下端面及止口,再以下端面和止口作为以后工序的精基准。如果活塞铸出来的内腔和外圆有偏心现象(内、外圆不同轴),用止口定位车外圆之后这种偏心现象依然如故,因而活塞的壁厚是不均匀的。但由于止口是用外圆定位加工出来的,所以反过来用止口定位加工外圆时加工余量是均匀的。

②用内腔作粗基准车出外圆,再用外圆作为以后各工序的精基准;或者车出外圆后,再以外圆为基准车出止口,在以后工序中以止口为辅助基准。在这种方案中,活塞的壁厚将是均匀的,但车外圆时的加工余量是不均匀的。

从这里可以归纳出选择粗基准的两个主要原则:

①如果必须保证工件某重要表面的加工余量均匀时,则应选择该表面作为粗基准。

②如果必须保证工件某一不加工表面与加工表面之间的相互位置要求,则应以不加工面作为粗基准。如果有好几个不加工面,则应选择其中与加工面相互位置要求较高的表面作为粗基准。

应当指出,上述两方面的要求是相互矛盾的。因此在选择粗基准时,必须明确零件在哪方面的要求是主要的。

对于活塞来说,若壁厚不均,会使其强度不一致,重量不对称,将影响它在气缸内工作的平稳性。所以保证壁厚的均匀性是主要的,至于保证加工余量均匀则是次要的。因为加工余量不均匀虽然影响外圆的加工精度,但可以在以后的工序中给予修正。所以,在单件小批生产中采用木模砂型浇铸的毛坯,由于筒壁厚薄不均,故在粗车外圆时应按内腔划线或直接按内腔找正安装。然而,在大批大量生产中,毛坯系金属硬模浇铸,壁厚均匀,所以可以采用外圆和顶面作粗基准,用三爪卡盘装夹,这样既保证了壁厚均匀,又不要复杂的夹具,加工时操作也较为方便。

除了上述原则外,在选择粗基准时还必须注意:

①粗基准必须使定位可靠,便于夹紧,夹具结构简单。所以,粗基准表面必须平整光滑,没有毛刺、浇冒口或其他缺陷。

②粗基准一般只使用一次,应尽量避免重复使用,因为粗基准本身是毛面,表面粗糙度大、精度差,不能保证工件在前后两次定位中占据同一正确的位置,从而引起相应的加工表面出现较大的位置误差。

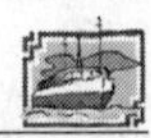

但是在某些情况下,重复使用粗基准也是可以的。例如毛坯是精密铸件或精密锻件,作为粗基准的表面较平整、光洁、精度较高,而加工精度要求又不高时,可以重复使用某一粗基准。

六、机械加工工艺路线的拟定

零件机械加工的工艺路线是指零件生产过程中,由毛坯到成品所经过的工序的先后顺序。拟定零件的机械加工工艺路线是制订工艺规程的一项重要工作,除首先考虑定位基准的选择外,拟定工艺路线时需要解决的主要问题还有:选定各表面的加工方法;划分加工阶段;安排工序的先后顺序;确定工序的集中与分散程度。

1. 表面加工方法的选择

具有一定技术要求的加工表面,一般都需要进行多次加工才能达到精度要求。而达到同样精度要求的加工方法又是多种多样的。因此,在选择表面加工方法时,应考虑以下因素:

(1)加工方法的经济精度及表面粗糙度。加工方法的经济精度是指在正常加工条件下(采用符合质量标准的设备、工艺装备和标准技术等级的工人,且不延长加工时间)所能保证的加工精度。

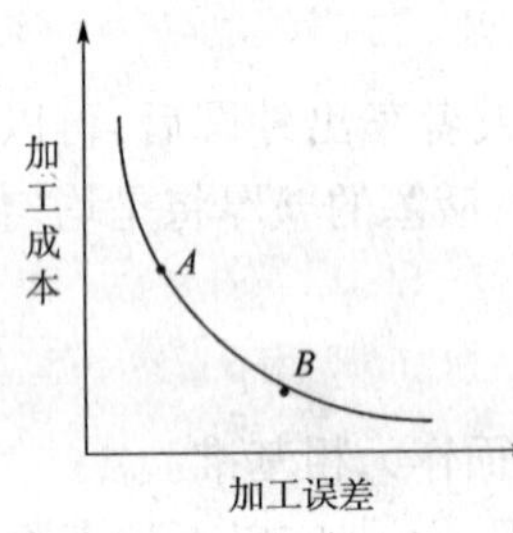

图 1-7　加工成本与加工误差的关系

大量统计资料表明,同一种加工方法,其加工误差和加工成本是成反比关系的。精度越高,加工成本也越高。但精度有一定极限,如图 1-7 所示,当超过 A 点后,即使再增加成本,加工精度也很难再提高;成本也有一定极限,当超过 B 点后,即使加工精度再降低,加工成本也降低极少。曲线中的 AB 段加工精度和加工成本是相互适应的,称为加工经济精度的范围。每一种加工方法都有一个经济的加工精度范围。例如,在普通车床上车削外圆的经济精度是尺寸精度为 IT9 ~ IT8 级,表面粗糙度为 $R_a > 2.5 \sim 1.25\mu m$;在普通外圆磨床上磨削外圆的经济精度是尺寸精度为 IT6 ~ IT5 级,表面粗糙度为 $R_a > 0.32 \sim 0.16\mu m$。

各种加工方法所能达到的经济精度、表面粗糙度,以及各种加工方法所能达到的几何形状与表面相互位置的经济精度,可以从机械加工工艺手册中查到。为了实现生产的优质、高产、低消耗,表面加工方法的选择应与其相适应。表 1-5、表 1-6 和表 1-7 介绍了各种加工方法的加工经济精度和表面粗糙度,供选择加工方法时参考。

外圆加工中各种加工方法的加工经济精度和表面粗糙度　　表 1-5

加工方法	加工性质	加工经济精度(IT)	表面粗糙度 R_a(μm)
车削	粗车	13 ~ 12	80 ~ 10
	半精车	11 ~ 10	10 ~ 2.5
	精车	8 ~ 7	5 ~ 1.25
	金刚石车	6 ~ 5	1.25 ~ 0.02
外磨	粗磨	9 ~ 8	10 ~ 1.25
	半精磨	8 ~ 7	2.5 ~ 0.63
	精磨	7 ~ 6	1.25 ~ 0.16
	精密磨	6 ~ 5	0.32 ~ 0.08
	镜面磨	5	0.08 ~ 0.008

续上表

加工方法	加工性质	加工经济精度(IT)	表面粗糙度 R_a(μm)
研磨	粗研磨 精研磨	6~5 5	0.63~0.16 0.32~0.04
超精加工	精 精密	5 5	0.32~0.08 0.16~0.01
砂带磨	精磨 精密磨	6~5 5	0.16~0.02 0.04~0.01
滚压	—	7~6	1.25~0.16

各种孔加工方法的加工经济精度和表面粗糙度　　表 1-6

加工方法	加工性质	加工经济精度(IT)	表面粗糙度 R_a(μm)
钻	实心材料	12~11	20~2.5
扩	粗扩 精扩	12 10	20~10 10~2.5
铰	半精铰 精铰 细铰	11~10 9~8 7~6	10~5 5~1.25 1.25~0.32
拉	粗拉 精拉	11~10 9~7	5~2.5 2.5~0.63
镗	粗镗 半精镗 精镗 细镗	12 11 10~8 7~6	20~10 10~5 5~1.25 1.25~0.32
内磨	粗磨 精磨	9 8~7	10~1.25 1.25~0.32
珩	粗珩 精珩	6~5 5	1.25~0.32 0.32~0.04
研	粗研 精研	6~5 5	1.25~0.32 0.32~0.01
滚压	—	8~7	0.63~0.16

各种平面加工方法的加工经济精度和表面粗糙度　　表 1-7

加工方法	加工性质	加工经济精度(IT)	表面粗糙度 R_a(μm)
周铣	粗铣 精铣	12~11 10	20~5 5~1.25
端铣	粗铣 精铣	12~11 10~9	20~5 5~0.63
车	半精车 精车 细车(金刚石车)	11~10 9 8~7	10~5 10~2.5 1.25~0.63

续上表

加工方法	加工性质	加工经济精度(IT)	表面粗糙度 R_a(μm)
刨	粗刨	12～11	20～10
	精刨	10～9	10～2.5
	宽刀精刨	9～7	1.25～0.32
平磨	粗磨	9	5～2.5
	半精磨	8～7	2.5～1.25
	精磨	7	0.63～0.16
	精密磨	6	0.16～0.016
刮研	手工刮研	10～20点/25mm×25mm	1.25～0.16
研磨	粗研	7～6	0.63～0.32
	精研	5	0.32～0.08

加工表面的技术要求是决定表面加工方法的最重要因素。必须强调的是,这些技术要求除了零件设计图纸上所规定的以外,还包括由于基准不重合而提高对某些表面的加工要求,以及由于被作为精基准而可能对其提出的更高加工要求。

(2)零件材料的可加工性。硬度很低而韧性较大的金属材料(如有色金属Cu、Al等)应采用切削的方法加工,而不宜用磨削的方法加工,因为磨屑会堵塞砂轮的工作表面。淬火钢、耐热钢因硬度高很难切削,故最好采用磨削的方法加工。例如,加工精度为IT7级、表面粗糙度R_a为1.25～0.8μm的内孔,若材料是有色金属,则采用镗、铰、拉等加工方法比较合适,而很少采用磨削加工;又如,加工精度为IT6级、表面粗糙度R_a为1.25～0.81μm的外圆,若零件要求淬硬到HRC58～60,则宜采用磨削而不能采用车削。

(3)生产类型。大批量生产时,应尽量采用先进的加工方法和高效的机床设备,如用拉削方法加工内孔和平面,用半自动液压仿形车床加工轴类零件,用组合铣或组合磨方法同时加工几个表面等。此时生产率高,设备和专用工装能得到充分利用,因而加工成本也低。在单件小批生产中,一般多采用通用机床和常规加工方法。为了提高企业的竞争能力,也应注意采用数控机床、柔性制造系统以及成组加工技术等先进方法。

(4)工件的形状和尺寸。由于受到结构的限制,箱体上某些孔不宜采用拉削和磨削时,可采用其他方法,如大孔(直径大于60mm)可用镗削,小孔可用铰削。有轴向沟槽的内孔不能采用直齿铰刀加工。形状不规则的外圆表面则不能采用无心磨削。

(5)现有生产条件。选择表面加工方法时,不能脱离本厂现有设备条件和工人技术水平。既要充分利用现有设备,也要注意不断改进原有设备和工艺,挖掘企业潜力。

在选择表面加工方法时,还应注意以下几个问题:

①加工方法选择的步骤总是首先确定零件主要表面的最终加工方法,然后依次向前选定各工序的加工方法。例如,加工一个精度为IT6级、表面粗糙度R_a为0.2μm的外圆表面,其最终工序的加工方法如选用精磨,则前面的各工序可选为:半精磨、粗磨、精车、半精车和粗车。主要表面的加工方法选定以后,再选定各次要表面的加工方法。

②在被加工零件各表面加工方法初步选定以后,还应综合考虑为保证各加工表面位置精度要求而采取的工艺措施。例如,几个同轴度要求较高的外圆或孔,应安排在同一工序的一次

装夹中加工，这时候就可能要对已选定的加工方法做适当的调整。

③一个零件通常是由许多表面组成的，但各表面的几何性质不外乎是外圆、孔、平面及各种成型表面等。因此，熟悉和掌握这些典型表面的各种加工方案，对制订零件的加工工艺过程是十分必要的。工件上各种典型表面所采用的典型加工工艺路线如表1-8、表1-9和表1-10所示，可供选择表面加工方法时参考。

外圆表面的机械加工工艺路线　　表1-8

加工表面	加 工 要 求	加 工 方 案	说　明
外圆	IT 8 表面粗糙度 为 R_a1.6～0.8μm	粗车→ 半精车→ 精车	1. 适用于加工除淬火钢以外的各种金属； 2. 若在精车后加一道抛光工序，则表面粗糙度可达到 R_a0.2～0.05μm
	IT 6 表面粗糙度 为 R_a0.4～0.2μm	粗车→ 半精车→ 粗磨→ 精磨	1. 适用于加工淬火钢，但也可用于加工未淬火钢件或铸铁件； 2. 不宜用于加工有色金属（因切屑易堵塞砂轮）
	IT 5 表面粗糙度 为 R_a0.1～0.01μm	粗车→ 半精车→ 粗磨→ 精磨→ 研磨	1. 适用于加工淬火钢，不适用于加工有色金属； 2. 可用镜面磨削代替研磨作为终加工工序； 3. 常用于加工精密机床的主轴颈外圆

内孔表面的机械加工工艺路线　　表1-9

加工表面	加 工 要 求	加 工 方 案	说　明
内孔	IT 7 表面粗糙度 为 R_a1.6～0.8μm	钻→ 扩→ 粗铰→ 精铰	1. 适用于成批和大批量生产； 2. 常用于加工未淬火钢件和铸件上的小孔（小于 ϕ50mm），也可用于加工有色金属（但表面粗糙度不易保证）； 3. 在单件小批生产时用手铰（精度可更高，表面粗糙度更小）
	IT 8～IT 7 表面粗糙度 为 R_a1.6～0.8μm	粗镗→ 半精镗→ 精镗两次	1. 多用于加工毛坯上已铸出或锻出的孔； 2. 一般大量生产中用浮动镗杆加镗模或用刚性主轴的镗床来加工
	IT 7～IT 6 表面粗糙度 为 R_a0.4～0.1μm	粗镗（或扩孔）→ 半精镗→ 粗磨→ 精磨	1. 主要适用于加工精度和表面粗糙度要求较高的淬火钢件，对铸铁或未淬火钢则磨孔生产率不高； 2. 当孔的要求更高时，可在精磨之后再进行珩磨或研磨
	IT 7 表面粗糙度 为 R_a0.8～0.4μm	钻（或扩孔）→ 拉（或推孔）	1. 主要用于大批量生产（如能利用现成的拉刀，则也可用于小批生产）； 2. 只适用于中小零件的中小尺寸的通孔，且孔的长度一般不宜超过孔径的3～4倍
	IT 7～IT 6 表面粗糙度 为 R_a0.2～0.1μm	钻（或粗镗）→ 扩（半精镗）→ 精镗→ 金刚镗→ 脉冲滚挤	1. 特别适用于成批、大批量生产有色金属零件上的中小尺寸孔； 2. 也可用于铸铁箱体孔的加工，但滚挤效果通常不如有色金属显著

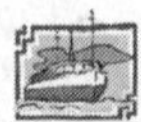

在各表面的加工方法选定以后,需要进一步确定这些加工方法在零件加工工艺路线中的顺序及位置,这就要对加工阶段进行划分。

平面的机械加工工艺路线 表 1-10

加工表面	加工要求	加工方案	说明
平面	IT 8 ~ IT 7 表面粗糙度 为 R_a2.5 ~ 1.6μm	粗刨→ 半精刨→ 精刨	1. 因刨削生产率较低,故常用于单件小批生产; 2. 加工一般精度的未淬硬表面; 3. 因调整方便故适应性好,可在工件的一次装夹中完成平面、斜面、倒角、槽等加工
	IT 7 表面粗糙度 为 R_a2.5 ~ 1.6μm	粗铣→ 半精铣→ 精铣	1. 大批量生产中一般平面加工的典型方案; 2. 若采用高速密齿精铣,则质量和生产率更高
	IT 6 ~ IT 5 表面粗糙度 为 R_a0.8 ~ 0.1μm	粗刨(铣)→ 半精刨(铣)→ 精刨(铣)→ 刮研	1. 刮研可达很高精度(平面度、表面接触斑点数、配合精度); 2. 因劳动量大、效率低,故只适用于单件小批生产
	IT 5 表面粗糙度 为 R_a0.8 ~ 0.2μm	粗刨(铣)→ 半精刨(铣)→ 精刨(铣)→ 宽刀低速精刨	1. 宽刀低速精刨相当于刮研精度; 2. 适用于加工批量较大、要求较高的不淬硬平面
	IT 6 ~ IT 5 表面粗糙度 为 R_a0.8 ~ 0.2μm	粗铣→ 半精铣→ 粗磨→ 精磨	1. 适用于加工精度要求较高的淬硬和不淬硬平面; 2. 对要求更高的平面可后续滚压或研磨
	IT 8 表面粗糙度 为 R_a0.8 ~ 0.2μm	1. 粗铣→ 拉削; 2. 拉削	1. 适用于加工中、小平面; 2. 生产率高,用于大量生产; 3. 刀具价格昂贵
	IT 8 ~ IT 7 表面粗糙度 为 R_a2.5 ~ 1.6μm	对大型圆盘、圆环等回转零件的端平面,一般在车床(立式车床)上与外圆(或孔)一同加工(粗车→半精车→精车),这样还可保证它们之间的相互位置精度	

2. 加工阶段的划分

加工顺序是指工序排列的先后,它直接影响到加工质量、生产效率和经济效益,是拟定加工工艺路线的关键之一。

制订加工工艺路线时,往往要把加工质量要求较高的主要表面的工艺过程,按粗精分开的原则划分为几个阶段,其他表面的加工也按同一原则做相应的划分,并分别安排到由主要表面所确定的各个加工阶段中去,这样就可得到由各个加工阶段所组成的、包含零件全部加工内容的整个零件的加工工艺过程。一个零件的加工工艺过程通常可分成 4 个阶段:

(1)粗加工阶段。此阶段的主要任务是从坯料上切除较多余量,并加工出精基准。粗加工所能达到的精度较低,表面粗糙度数值较大。

(2)半精加工阶段。此阶段的主要目的是使主要表面消除粗加工后留下的误差,使其达到一定的精度,为精加工做好准备,并完成一些次要表面的加工(如钻孔、攻丝、铣键槽等)。

(3)精加工阶段。此阶段的任务是保证各主要加工表面达到图纸所规定的质量要求。精加工从工件上切除的余量较少,所得到的精度比较高,表面粗糙度数值比较小。

(4)光整加工阶段。此阶段的主要目的是在精加工后,从工件上不切除或仅切除极薄金属层,用以减小工件表面粗糙度或强化表面。

①外圆表面光整加工常用的方法有:金刚石车、镜面磨削、砂带磨、超精加工、研磨、抛光和滚压。

②平面光整加工常用的方法有:抛光、研磨和刮研。

③孔的光整加工常用高速精镗、细磨、珩磨、研磨、挤压等。

划分加工阶段的意义在于:

(1)保证加工质量。由于粗加工时切削力大,切削热大,因此工件受力和受热变形都很大,而且粗加工后工件的内应力会重新分布,也将使工件产生变形。如果粗、精加工连续进行,或在某些表面的精加工之后进行另一些表面的粗加工,那么粗加工所产生的变形就可能破坏前面精加工已获得的加工精度。因此,划分加工阶段,通过半精加工和精加工可使粗加工引起的误差得到纠正。

(2)合理使用设备。将粗、精加工分开,在粗加工中使用大功率机床,可充分发挥机床的效率;在精加工中使用精密机床,可保证零件的精度要求,又有利于长期保持机床的精度,达到合理使用机床设备的目的。

(3)及时发现缺陷。粗加工工序安排在前,可以及时发现毛坯缺陷(如气孔、砂眼、裂纹、夹杂或加工余量不足等),及时修补或报废,避免工时浪费。

(4)适应热处理的需要。例如淬硬前安排粗加工和半精加工,淬硬后安排精加工等。

应当指出,将加工划分为几个阶段是对整个加工过程而言的,不能简单地以某一工序的性质或某一表面的加工特点来决定。例如工件的定位基准,在半精加工阶段(甚至在粗加工阶段)就需要加工得很准确;而某些钻小孔、攻螺纹之类的粗加工工序,也可安排在精加工阶段进行。同时,加工阶段的划分不是绝对的,对于毛坯精度较高、余量较小或刚性较好、加工精度要求不高的工件就不必划分加工阶段;重型零件,由于运输、装卸不便,常在一次装夹中完成某些表面的粗、精加工,但在粗加工后要将工件松开,让其自由变形,然后用较小的力夹紧工件,再进行精加工。

3.工序的集中与分散

选定了加工方法和划分加工阶段之后,就要确定工序的数目,即工序的集中与分散问题。如果每道工序所安排的加工内容多,则一个零件的加工将集中在少数几道工序里完成,这时工艺路线短,工序少,故称为工序集中。若在每道工序中所包含的加工内容少,则一个零件的加工就分散在很多工序里完成,这时工艺路线长,工序多,故称为工序分散。

(1)工序集中的特点:

①采用高效率专用机床和工艺装备,可提高生产率、减少机床数量和工件在机床之间的搬运工作量以及生产面积。

②减少了工件的装夹次数。工件在一次装夹中可加工多个表面,有利于保证这些表面之间的相互位置精度。减少装夹次数,也可以减少装卸工件的辅助时间。

③减少了工序数目,缩短了工艺路线,也简化了生产计划和组织工作。

④专用设备和工艺装备较复杂,生产准备周期长,更换产品较困难。

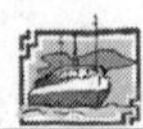

(2)工序分散的特点：

①机床和工夹具比较简单，调整比较容易，生产工人易于掌握操作技术。

②有利于选择最合理的切削用量，也易于平衡工序时间，组织流水作业。

③容易变换产品。

④工艺路线长，设备和工人数量多，生产占地面积大。

在拟定工艺规程时，必须根据生产规模、零件的结构特点和技术要求、机床设备等具体生产条件进行综合分析，才能合理选择工序集中或工序分散。

在一般情况下，单件小批生产只能是工序集中，多采用通用机床。大批量生产既可采用工序集中，也可采用工序分散。从技术发展要求来看，一般趋向工序集中的原则来组织生产。例如采用数控机床、加工中心等高效机床。但也有许多零件，例如连杆、活塞等是按照工序分散原则制订工艺规程的，因为这些零件采用分散加工的各个工序可以采用效率高而结构简单的专用机床和专用夹具，投资少又易于保证加工质量，同时也方便按节拍组织流水生产。

4. 工序顺序的安排

(1)机械加工工序顺序的安排。一个零件有多个表面要加工，它们的机械加工工序顺序的安排必须遵循以下几个原则：

①"先粗后精"的原则：先安排粗加工，中间安排半精加工，最后安排精加工和光整加工。技术要求最高的表面的精加工，应安排在加工过程的最后进行，以免受加工其他表面时的影响(表1-5～表1-7)。

②"先主后次"的原则：先安排主要表面的加工，后安排次要表面的加工。所谓主要表面是加工精度和表面质量要求较高的面，它的工序较多，且加工质量对零件质量影响很大，因此应先进行加工。而次要表面的加工工序可插入主要表面加工工序之间。所谓次要表面是指键槽、螺孔、连接螺纹等表面。这些表面一般都与主要表面有一定的相互位置要求，应以主要表面作为基准进行加工。因其本身去除金属量不大，因此这些表面的加工一般放在主要表面的半精加工之后、精加工以前一次加工完毕。也可放在最后加工，但应以不影响主要表面的加工精度和表面粗糙度为前提。

③"先基准面后其他面"的原则：前面的工序要为后面的工序准备好基准。任何一个高精度表面加工之前，作为其定位基准的表面应在前面的工序中加工完毕，而这些作为精基准的表面加工时又有其加工所需的定位基准，这些定位基准又要在更前面的工序加工完毕，直至使用粗基准。各工序的定位基准选择问题解决后，就可以从最终精加工序向前推出整个工艺过程的大致轮廓。

④"先主要平面后主要孔"的原则：具有较大平面轮廓尺寸的零件用平面定位比较稳定可靠，常用作主要精基准。例如，在一般机器零件上，平面所占的轮廓尺寸比较大，因此在拟定工艺过程时总是选用平面作为定位精基准面，先加工平面后加工孔。这样也易于保证孔与平面之间的位置精度。

⑤可能产生很高废品率的工序应尽量在最先进行，以避免工时的浪费。

⑥在单件小批生产、车间按机群制布置时，为了避免工件往返运输，应力求将相同工序安排在一起(例如开始全部为车削工序，然后全部为铣削工序)。

(2)热处理工序的安排。热处理的目的是用来改变工件材料的性能和消除内应力。热处理的目的不同，其工序的内容及其在工艺过程中所安排的位置也不一样。一般分为预备热处理、最终热处理、时效处理、表面处理4种。

①预备热处理。安排在机械加工之前进行，其目的是为了改善工件材料的切削性能，消除毛坯制造时的内应力。常用的热处理方法有退火与正火。通常安排在粗加工以前或粗加工与半精加工之间进行。放在粗加工以前可改善粗加工的加工性能并可减少车间之间的转换次数；放在粗加工与半精加工之间可缩短热处理时间，并可消除粗加工的内应力。调质处理有时也用作预备热处理，调质能得到组织细致、均匀的晶体结构，但一般安排在粗加工以后进行。

②最终热处理。通常安排在半精加工之后和磨削加工之前，其目的是提高材料的强度、表面硬度和耐磨性。常用的热处理方法有调质、淬火和氮化处理。

A. 调质：经调质处理的零件不仅有一定的强度和硬度，而且还有良好的抗冲击韧性，综合力学性能较好，因此调质还常作为最终热处理，一般安排在精加工之前进行。如柴油机的曲轴、连杆等重要部件都要采用调质处理。

B. 淬火：可分为整体淬火和表面淬火两种，常安排在精加工之前进行。在淬硬工序以前，应将钻孔、攻丝和去毛刺等次要表面的加工进行完毕，因为工件淬硬以后，它们就很难再加工了。

C. 氮化处理：采用氮化工艺可以获得比渗碳淬火更高的表面硬度和耐磨性、更高的疲劳强度及抗蚀性。由于氮化层较薄，所以处理后的磨削余量不能太大，故一般安排在粗磨之后、精磨之前进行。

③时效处理。时效处理有人工时效和自然时效两种，其目的都是为了消除毛坯制造中和机械加工中产生的内应力。精度要求一般的铸件，只需安排一次时效处理，并安排在粗加工后进行，可同时消除铸造和粗加工所产生的内应力。有时为了减少运输量，也可安排在粗加工之前进行。精度要求较高的铸件，则应在半精加工后安排第二次时效处理，使精度稳定。精度要求很高的零件，如油泵油嘴偶件等，则应安排多次时效处理。

④表面处理。某些零件为了进一步提高表面的抗蚀能力，增加耐磨性以及使表面美观光泽，常采用表面处理工序，使表面覆盖一层金属镀层、非金属涂层和氧化膜等。金属镀层有镀铬、镀锌、镀镍、镀铜及镀金、镀银等；非金属涂层有涂油漆、磷化等；氧化膜层有钢的发蓝、发黑、钝化，铝合金的阳极氧化处理等。零件的表面处理工序一般都安排在工艺过程的最后进行。

(3)检验工序和辅助工序的安排。检验工序分加工质量检验和特种检验，它们是保证产品质量的有效措施之一。除了在工序中由操作者自检外，在主要工序前后、送往外车间前后（特别是热处理前后）以及工件全部加工完成后，要安排专门的检验工序。特种检验的种类很多，如用于检查工件内部质量的X射线检查、超声波探伤检查等，一般安排在工艺过程开始的时候进行。荧光检查和磁力探伤主要用来检查工件表面质量，通常安排在工艺过程的精加工阶段进行。密封性检验、工件的平衡及重要检验一般都安排在工艺过程的最后进行。此外，还须在有关的加工工序之后，安排去毛刺、清洗、涂防锈油以及退磁等辅助工序。

柴油机中有些零件，如机座轴承座孔和连杆大头孔的半精镗和精镗，都要在装上轴承盖和连杆盖以后进行，因此在半精镗孔之前应安排钳工装配工序。

必须指出，正确地安排辅助工序是十分重要的。如果安排不当或遗漏，将会给后续工序和

装配带来困难，甚至影响产品的质量，所以必须给予重视。

七、工序内容的拟定

零件的加工工艺路线确定以后，下一步应该进行工序内容的设计。工序内容包括为每一道工序选择机床和工艺装备，划分工步，确定加工余量、工序（工步）尺寸和公差，确定切削用量和工时定额，确定工序要求的检测方法等。

1.机床和工艺装备的选择

（1）机床的选择。在拟定工艺路线时，已经同时确定了各工序所用机床的类型、是否需要设计专用机床等。在具体确定机床型号时，还必须考虑以下基本原则：

①机床的加工规格范围应与零件的外部形状、尺寸相适应。

②机床的精度应与工序要求的加工精度相适应。

③机床的生产率应与工件的生产类型相适应。一般单件小批生产宜选用通用机床，大批大量生产宜选用高生产率的专用机床、组合机床或自动机床。

④采用数控机床加工的可能性。在中小批量生产中，对于一些精度要求较高、工步内容较多的复杂工序，应尽量考虑采用数控机床加工。

⑤机床的选择应与现有的生产条件相适应。选择机床应当尽量考虑到现有的生产条件，除了新厂投产以外，原则上应尽量发挥原有设备的作用，并尽量使设备负荷平衡。

各种机床的规格和技术性能可查阅有关的手册或机床说明书。

（2）工艺装备的选择。工艺装备主要包括夹具、刀具和量具，其选择原则如下：

①夹具的选择。在单件小批生产中，应尽量选用通用夹具或组合夹具。在大批大量生产中，则应根据加工要求设计制造专用夹具。

②刀具的选择。合理地选用刀具，是保证产品质量和提高切削效率的重要条件。在选择刀具形式和结构时，应考虑以下主要因素：

A.生产类型和生产率：单件小批生产时，一般尽量选用标准刀具，大批大量生产中广泛采用专用刀具、复合刀具等，以获得高的生产率。

B.工艺方案和机床类型：不同的工艺方案，必然要选用不同类型的刀具。例如孔的加工，可以采用钻→扩→铰，也可以采用钻→粗镗→精镗等，显然所选用的刀具类型是不同的。机床的类型、结构和性能，对刀具的选择也有重要的影响。如用立式铣床加工平面一般选用立铣刀或面铣刀，而不会用圆柱铣刀等。

C.工件的材料、形状、尺寸和加工要求：刀具的类型确定以后，根据工件的材料和加工性质确定刀具的材料。工件的形状和尺寸有时将影响刀具的结构及尺寸，如一些特殊表面（如T型槽）的加工，就必须选用特殊的刀具（如T型槽铣刀）。此外，所选用的刀具类型、结构及精度等级必须与工件的加工要求相适应，如粗铣时应选用粗齿铣刀，而精铣时则选用细齿铣刀等。

③量具的选择。在选择量具前，首先要确定如何对各工序加工要求进行检测。工件的形状精度要求一般是依靠机床和夹具的精度直接获得的，操作工人通常只检测工件的尺寸精度和部分形状精度，而表面粗糙度一般是在该表面的最终加工工序后来检测的。但在专门安排的检验工序中，必须根据检验卡片的规定，借助量仪和其他的检验手段全面检测工件的各项加

工要求。

选择量具时,应使量具的精度与工件的加工精度相适应,量具的量程与工件的被测尺寸大小相适应,量具的类型与被测要素的性质(孔或外圆的尺寸值还是形状位置误差值)和生产类型相适应。一般来说,单件小批生产广泛采用游标卡尺、千分尺等通用量具,大批大量生产则采用极限量规和高效专用量仪等。

当需要设计专用设备或专用工艺装备时,应根据工艺要求提出专用设备或专用工装设计任务书。设计任务书是一种指示性文件,其上应包括与加工工序内容有关的必要参数、所要求的生产率、保证产品质量的技术条件等内容,以作为设计专用设备或专用工艺装备的依据。

2. 加工余量的确定

工艺路线拟定以后,在进一步安排各工序具体内容时,应正确确定工序尺寸。工序尺寸的确定与工序的加工余量有着密切的关系。

所谓加工余量,就是在切削加工过程中,为了使零件表面得到所要求的尺寸、形状、相对位置和表面质量,必须从毛坯上切除的金属层厚度。加工余量分为加工总余量(毛坯余量)和工序余量。

(1)工序余量。工序余量是指某一表面在一道工序中所切除的金属层厚度,即指同一表面相邻两工序的工序尺寸之差,如图1-8所示。外圆和孔的工序尺寸是加工表面的直径,因此加工余量是指直径上的,故为双边余量,即实际所切除的金属层厚度是加工余量之半;平面的加工余量则是单边余量,它等于实际切除的金属层厚度。

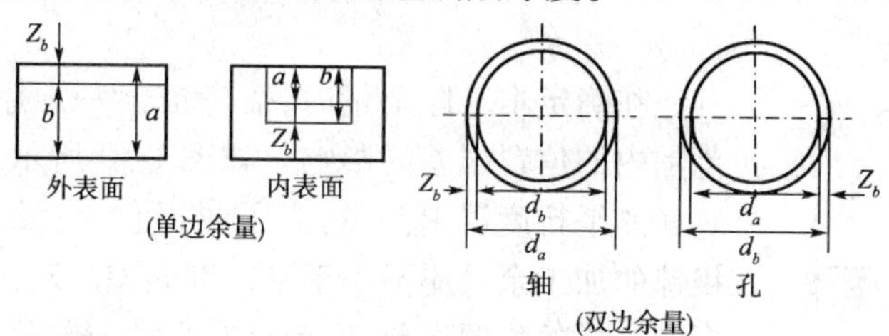

图1-8　平面和回转表面的工序余量

Z_b-本工序的工序余量;$a(d_a)$-上工序的工序尺寸;$b(d_b)$-本工序的工序尺寸

(2)加工总余量。加工总余量是指毛坯尺寸与零件图的设计尺寸之差。加工总余量也等于该加工表面的各个工序余量之和。

(3)工序尺寸。工序尺寸是指某工序加工后应达到的尺寸。工序尺寸的公差一般规定在零件的"向体内方向"。故对于外表面,工序基本尺寸就是最大极限尺寸;而对于内表面,工序基本尺寸则是最小极限尺寸。而对毛坯尺寸,其公差一般都标注为双向对称分布。因此,无论是总余量还是工序余量,都有一定的公差。所以加工余量又可分为基本余量、最大余量和最小余量。对于外表面,它们之间的关系如图1-9所示。

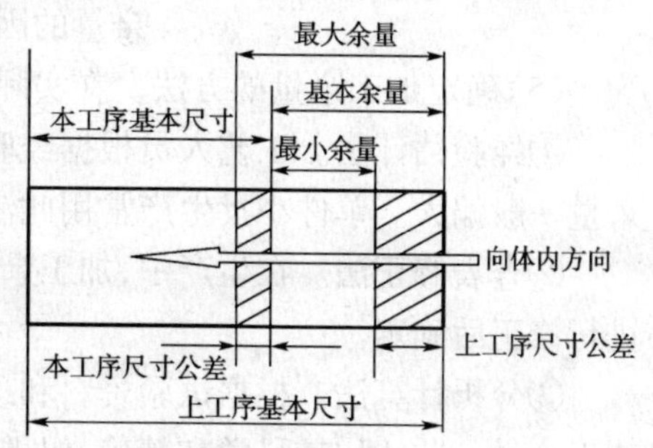

图1-9　外表面的加工余量

对于外表面来说,最小余量等于上工序的最小极限尺寸与本工序的最大极限尺寸之差;最大余量等于

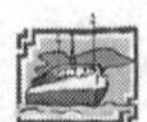

上工序的最大极限尺寸与本工序最小极限尺寸之差。对于内表面来说则相反。余量公差为最大余量与最小余量之差,亦即本工序的工序尺寸公差与前一工序的工序尺寸公差之和。基本余量即相邻两工序的工序基本尺寸之差,亦即最小余量加前一工序的工序尺寸公差。

加工余量的大小对零件的加工质量、生产率和成本都有较大影响。余量过大,不仅增加了机械加工的劳动量生产率,而且增加了材料、工具和电力的消耗,提高了加工成本;余量过小,不能保证消除前工序的各种误差和表面缺陷,可能产生废品。为了使加工质量随着工序逐步提高,各工序所留最小加工余量应能保证消除前工序所产生的形位误差和表面缺陷,这就是确定工序最小加工余量的基本原则。

(4)影响最小加工余量的因素:

①上工序的表面质量。表面质量主要指的是表面粗糙度和表面层变形的深度。为了保证加工质量,必须使加工后的表面不残留上次加工的表面变形层。

②上工序的尺寸公差。为了保证加工后不残留上工序的表面变形层,基本余量不得小于上工序的尺寸公差。

③上工序的形状误差和位置误差。工件在上道工序加工后所留下的形状误差,如平面度、圆柱度等,应在本工序中除去。这类误差若包括在本道工序加工尺寸公差范围内,则不予考虑。对于不包括在尺寸公差范围内的圆柱面轴线的直线度误差,需另外考虑。如加工细长轴时往往引起轴线的弯曲变形。若上一工序后轴线的直线度误差为 $\phi\Delta$,则本工序必须增加余量 Δ,才能保证该轴加工后消除变形。因此,细长轴的加工余量应比用同样方法加工短轴时的余量大一些。

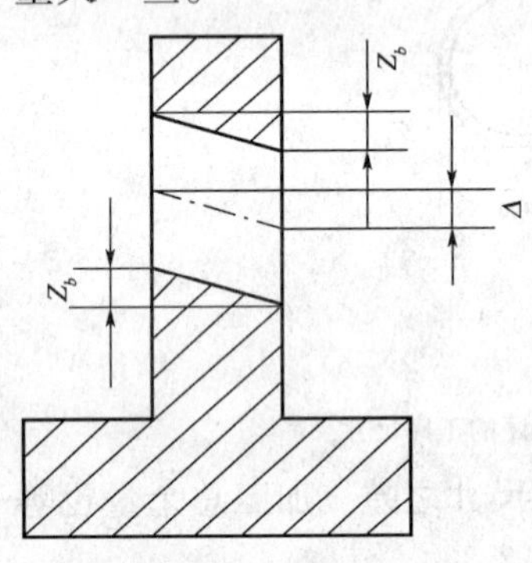

图 1-10　位置误差对加工余量的影响

在确定本工序余量时,需考虑上一工序不包括在尺寸公差范围内的位置误差的影响。如图 1-10 所示,粗镗后孔的轴线对底面的平行度误差为 Δ,为了纠正它,在没有其他误差存在时,粗镗的加工余量应不小于平行度误差。对于像平面对平面的平行度这样的位置误差,它包括在尺寸公差范围内,在确定加工余量时,不再另行考虑。还需指出的是,如图 1-10 所示孔的轴线的直线度误差,已包含在孔的轴线对底面的平行度误差内,因此也不再另行考虑。

④本工序的装夹误差。本工序装夹工件时,定位基准与上次加工的定位基准不统一以及由夹紧引起的误差也是影响加工余量的因素之一。

(5)确定加工余量的方法。在实际工作中,确定加工余量的方法有以下三种。

①经验估计法。工艺人员根据经验确定加工余量。为防止余量不足而出废品,所估计的余量一般偏大。单件小批生产常用此法。

②查表修正法。在生产中,加工余量可根据手册中推荐的数据来查出,然后结合实际情况进行修正后确定。

③分析计算法。根据试验资料和理论公式对影响加工余量的因素进行分析和计算来确定加工余量。此法比较科学和精确,但需要很多原始数据,因此目前仅在大批量生产中,对一些重要工序应用此法。

3. 工艺尺寸的确定

根据加工的需要,在工序图或工艺规程中要标注一些专供加工的尺寸,这类尺寸就称为工艺尺寸。工艺尺寸的计算包括:工序尺寸的确定和基准改换时尺寸和公差的换算。由于工序尺寸是零件在加工中各工序应保证的加工尺寸,因此,正确确定工序尺寸及其公差,是制订工艺规程的一项重要工作。计算工艺尺寸时,要用到尺寸链原理。那么什么是尺寸链以及如何用尺寸链原理分析计算呢?下面举例说明。

无论是结构设计,还是加工工艺分析或装配工艺分析,经常会遇到相关尺寸、公差和技术要求的确定,在很多情况下,这些问题可以运用尺寸链原理来解决。

尺寸链是指在零件的加工和机器的装配过程中,互相联系且按一定顺序排列的封闭尺寸组合。在零件的加工过程中,由同一零件有关工序尺寸所形成的尺寸链称为工艺尺寸链。

如图1-11中,工件上的尺寸 A_1 ($60^{\ 0}_{-0.1}$ mm)已加工好,现在以底面 B 定位,用调整法加工台阶面 C,直接得到尺寸 A_2,显然,尺寸 A_0 就是间接得到的。此时 A_1、A_2、A_0 就形成了一个封闭的工艺尺寸链。

在一个尺寸链中,每个尺寸都称为"环",在这些"环"中,有一个特殊的"环"称为封闭环,其他的"环"称为组成环,而组成环又分为增环和减环。

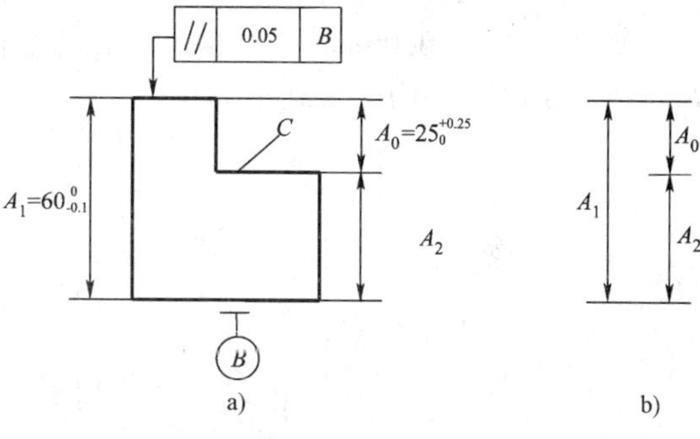

图1-11　工艺尺寸链

封闭环是在零件加工或机器的装配过程中,最后自然形成的(间接得到的)一个尺寸。必须注意,封闭环在加工或装配之前,它是不存在的。在工艺尺寸链中,封闭环必须在加工顺序确定之后才能判断,加工顺序改变,封闭环也随之改变。

所谓增环就是其尺寸增大会使得封闭环的尺寸也相应增大;而减环就是其尺寸减小会使得封闭环的尺寸也相应减小。

尺寸链的计算方法(极值法)如下所示。

(1)封闭环的基本尺寸,等于所有增环的基本尺寸之和减去所有减环的基本尺寸之和。

(2)封闭环的最大极限尺寸,等于所有增环的最大极限尺寸之和减去所有减环的最小极限尺寸之和。

(3)封闭环的最小极限尺寸,等于所有增环的最小极限尺寸之和减去所有减环的最大极限尺寸之和。

(4)封闭环的上偏差,等于所有增环的上偏差之和减去所有减环的下偏差之和。

(5)封闭环的下偏差,等于所有增环的下偏差之和减去所有减环的上偏差之和。

(6)封闭环的公差,等于所有组成环的公差之和。

利用尺寸链原理分析和解决实际工艺问题的步骤如下所示。

(1)根据实际工艺图纸找出相互关联的一组封闭的尺寸,并画出尺寸链图。

(2)确定其中哪一个尺寸是封闭环。

(3)判断组成环中的增环和减环。

(4)利用尺寸链公式求解。

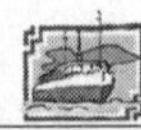

例 1-1　图 1-12a)中零件的 A 面和 C 面已加工好,现在要加工 B 面,以 A 面定位来加工,要求保证尺寸 A_0 及平行度 0.1mm。要确定工序尺寸 A_2 和平行度公差 T_{a2}。

解:

根据工序图画出长度尺寸链和平行度尺寸链如图 1-12b)所以,分析尺寸链得到封闭环为 A_0 和 T_{a2}。

根据尺寸链计算公式可算出:

$$A_2 = A_1 - A_0 = 60 - 25 = 35\text{mm}$$

$$ES_2 = EI_1 - EI_0 = -0.1 - 0 = -0.1\text{mm}$$

$$EI_2 = ES_1 - ES_0 = 0 - 0.25 = -0.25\text{mm}$$

$\therefore$ 工序尺寸 $A_2 = 35^{-0.1}_{-0.25}\text{mm}$

又已知:$T_{a1} = 0.05\text{mm}$,$T_{a0} = 0.1\text{mm}$,解平行度尺寸链,可求得平行度 T_{a2} 的公差为:$T_{a2} = T_{a0} + T_{a1} = 0.1 + 0.05 = 0.15\text{mm}$。

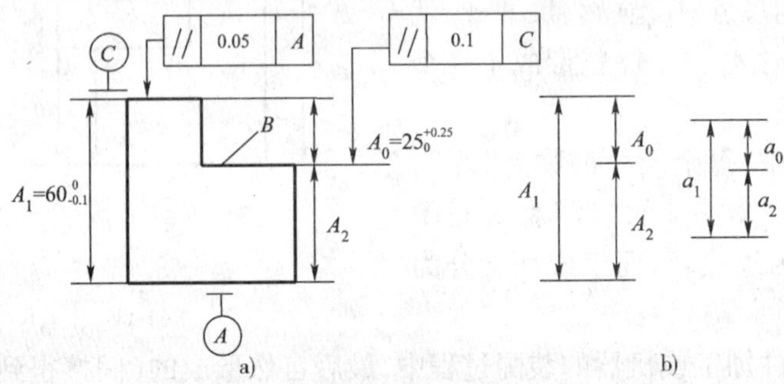

图 1-12　工艺尺寸计算

例 1-2　某零件上一个孔,孔深 40mm,孔径为 $\phi 60^{+0.03}_{0}$ mm,粗糙度 R_a 为 1.6μm,需淬硬,材料为钢。工艺路线是:粗镗→精镗→热处理→磨削。各工序的加工余量如下:磨削余量为 0.5mm;精镗余量为 1mm;粗镗余量为 3.5mm。试求各工序的工序尺寸。

解:

因为磨削后要达到零件图上的尺寸,而所给各工序的余量均为基本余量,故

磨削工序尺寸为:$D = 60^{+0.03}_{0}$ mm。

精镗孔的基本尺寸为:$D_1 = 60 - 0.5 = 59.5\text{mm}$。

粗镗孔的基本尺寸为:$D_2 = 59.5 - 1 = 58.5\text{mm}$。

毛坯孔径基本尺寸为:$D_3 = 58.5 - 3.5 = 55\text{mm}$。

规定各工序尺寸的公差时,主要考虑本工序所能达到的经济精度,并使各工序有适当的加工余量。粗镗按 IT 12,公差值查表得 $\delta_2 = 0.3\text{mm}$;精镗按 IT 10,公差值查表得 $\delta_1 = 0.12\text{mm}$;毛坯孔径取 $\delta_3 = \pm 2\text{mm}$。各工序尺寸按"向体内"原则标注偏差,如图 1-13 所示。

各工序尺寸确定之后,应验算一下每道工序的加工余量是否适当。这时最好画出该工序的尺寸链图。如验算精镗工序的加工余量 Z_1,有关尺寸链如图 1-14 所示。在工序中一般不直接测量加工余量,所以加工余量是封闭环。

$$Z_{1\max} = 59.62 - 58.5 = 1.12\text{mm}$$

$$Z_{1\min} = 59.5 - 58.8 = 0.7\text{mm}$$

验算说明，精镗工序余量是适当的。

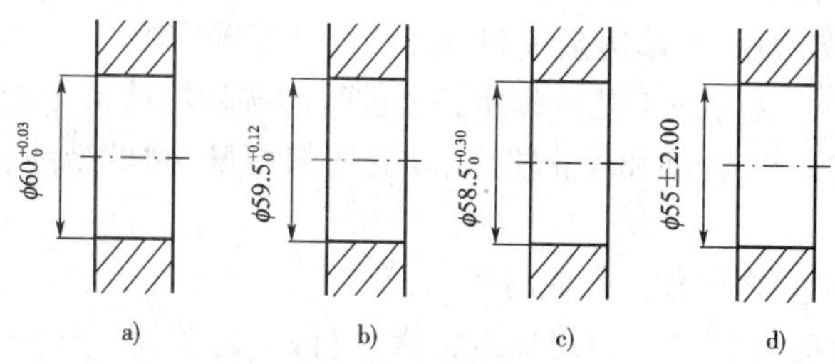

图 1-13　工序尺寸图

a)磨削；b)精镗；c)粗镗；d)毛坯

例 1-3　一套筒零件，尺寸如图 1-15a)所示，具体加工时往往先加工外圆，车端面，再钻孔，切断，然后调头装夹，车另一端面保证全长 $50^{\ 0}_{-0.16}$mm；由于测量 $10^{\ 0}_{-0.27}$mm 比较困难，所以总是用深度游标卡尺直接测量大孔深度，这就产生了测量基准与设计基准不重合的情况。其构成的工艺尺寸链如图 1-15b)所示，$N(10^{\ 0}_{-0.27})$为间接保证的尺寸，因此是封闭环，组成环为 $A_1(50^{\ 0}_{-0.16})$和 $A_2{}^{+a}_{-b}$。A_1 为增环，A_2 为减环。

用极值法解尺寸链得：

$$10=50-A_2, A_2=40\text{mm}$$
$$0=0-b, b=0\text{mm}$$
$$-0.27=-0.16-a, a=0.11\text{mm}$$

即 $A_2=40^{+0.11}_{\ \ 0}$mm。

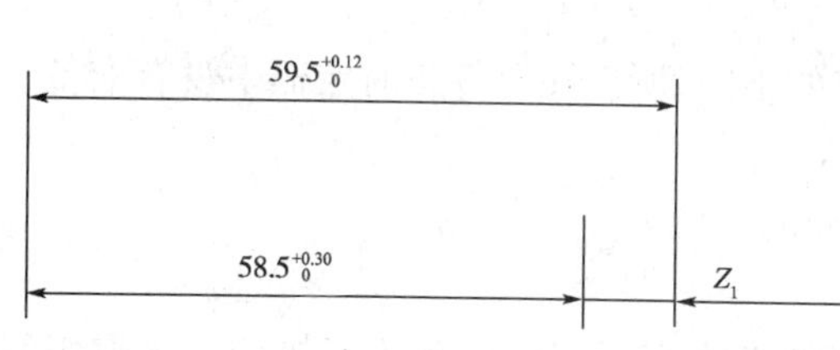

图 1-14　精镗工序尺寸链图

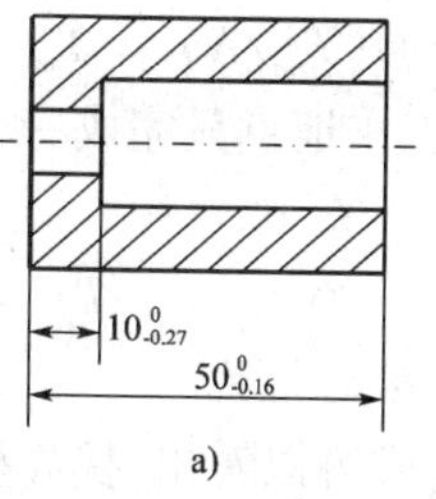

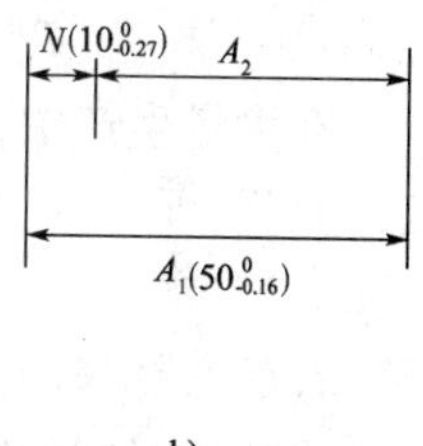

图 1-15　测量基准与设计基准不重合的艺尺寸换算

工序尺寸确定为 $40^{+0.11}_{\ \ 0}$mm，在加工中就应按工序尺寸进行检查。但这里会出现这样一种情况，按 $40^{+0.11}_{\ \ 0}$mm 检查是属于废品的工件，但对图纸尺寸 $10^{\ 0}_{-0.27}$mm 却是合格的，例如当 $A_2=39.95$mm 时，若 $A_1=49.85$mm，则 $N=9.9$mm，这就是所谓的“假废品”现象。因此在这种情况下，按工序尺寸检查出的废品，一定要按图纸进行复检，以判断其是否真的是废品。

八、工时定额的确定与提高生产率的措施

1. 工时定额的确定

工时定额是在一定的生产条件下，规定完成一道工序所消耗的时间。工时定额是衡量工艺过程的劳动生产率的重要指标，是安排生产计划、核算成本的重要依据之一，也是设计或扩建工厂(或车间)时计算设备和人员数量的重要资料。

完成一个零件的一道工序的工时定额就称为单件时间定额(T_p)。它包括下列组成部分：

(1)基本时间(T_m)。直接改变生产对象的尺寸、形状、相对位置、表面状态或材料性质等

工艺过程所消耗的时间。对于切削加工来说,就是切除金属所花的机动时间(包括刀具的切入和切出时间),可由切削用量、单边余量和行程长度计算确定。

(2)辅助时间(T_a)。为完成工艺过程所必须进行的各种辅助动作所消耗的时间。对机械加工而言,它包括装卸工件、开动和停止机床、改变切削用量、测量工件、手动进刀和退刀等所花的时间。

基本时间和辅助时间之和称为作业时间(T_o)

(3)布置工作地点时间(T_s)。为使加工正常进行,工人照管工作地点(如更换刀具、润滑机床、清理切屑、修正砂轮、收拾工具等)所消耗的时间,一般可按作业时间的2%~7%来计算。

(4)休息和生理需要时间($T_{r.n}$)。工人在工作班内为恢复体力和满足生理需要所消耗的时间,一般可按作业时间的2%来计算。

因此,单件时间定额是:

$$T_p = T_m + T_a + T_s + T_{r.n}(\mathrm{min})$$

在成批生产中,还需要考虑准备—终结时间($T_{r.f}$),即成批生产中,工人为了生产一批零件,进行准备和结束工作所消耗的时间。它包括开始加工前需要熟悉有关的工艺文件、领取毛坯、安装刀具和夹具、调整机床和工装设备等,加工一批零件后,需要拆下和归还工艺装备、发送成品等。因此在成批生产时,如果一批零件的数量为N,准备—终结时间为$T_{r.f}$,则每个零件所分摊到的准备—终结时间为$T_{r.f}/N$。将这一时间加到单件工时中去,即得到成批生产的单件核算时间:

$$T_{pc} = T_p + (T_{r.f}/N) = T_m + T_a + T_s + T_{r.n} + (T_{r.f}/N)(\mathrm{min})$$

在大量生产中,每个工作地点只完成一个固定的工序,所以在单件工时定额中没有准备—终结时间,即:

$$T_{pc} = T_p(\mathrm{min})$$

2.提高机械加工生产率的措施

由单件时间定额的组成可以看出,提高生产率的措施有工艺措施和组织措施。采取组织措施就是使组织管理科学化,以缩短工作的服务时间和准备—终结时间;采取工艺措施就是缩短基本时间和辅助时间,即缩短作业时间。

(1)提高切削用量。提高切削用量可以缩短基本时间,但提高切削用量受到机床、工件和刀具三方面的限制。

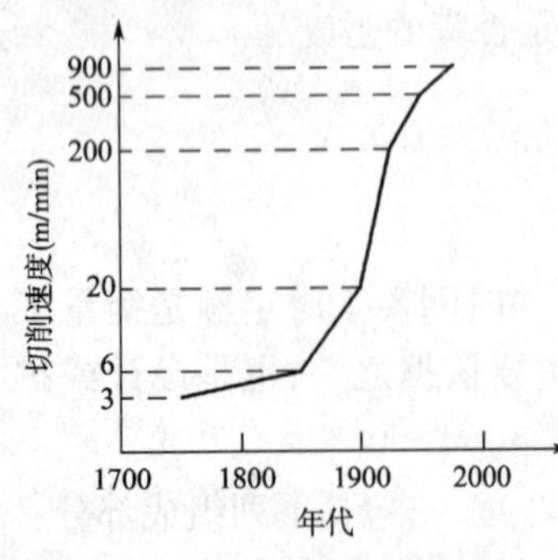

图1-16 刀具材料的发展

粗加工时,在机床、工件和刀具整体工艺系统刚度足够、机床功率足够、机床传动机构的强度足够的条件下,尽量增加吃刀量,其次考虑增加进给量。提高切削速度将急剧增加切削热,将受到刀具材料耐热性的限制。因此,提高切削用量的关键是新型刀具材料的研究和开发。

由图1-16可以看出,随着新型刀具材料的出现,切削速度得到了迅速的提高。用硬质合金刀具的切削速度可达200m/min,陶瓷刀具的切削速度可达500m/min,近来出现的立方氮化硼和人造金刚石等新型刀具材料,其切削速度已达900~1200m/min。

在磨削方面，高速磨削时的砂轮速度已达 60～120m/s（普通磨削砂轮速度仅为 30～35m/s）。缓进给强力磨削一次最大被背吃刀量可达 6～12mm，比普通磨削的金属去除率提高 3～5 倍。

精加工的首要任务是保证加工质量，一般不考虑提高切削用量来缩短基本时间。

（2）采用先进高效的机床和工装设备。

①采用先进的、自动化水平高的机床设备，实现集中控制、自动调速与自动换刀，通过合并工步、合并走刀、同时加工几个工件等方法以缩短基本时间。

②采用各种高效夹具，以减少装卸工件的时间或使辅助时间与基本时间相重合。

③采用先进、高效的各种复合刀具，使基本时间互相重叠和减少磨刀和换刀时间。

（3）采用主动检测的方法缩短测量工件的辅助时间。在现代使用的先进设备上大多配置了数字显示装置，在加工过程中不断显示加工尺寸，节省了工人测量工件的时间。有些自动测量系统，还能用测量结果控制机床的加工动作，不但有效地保证了加工质量，还大大减少了测量工件的辅助时间，提高了生产率。

SIKAO YU LIANXI

一、简答题

1. 什么叫生产过程、工艺过程？
2. 简述生产过程具体包括哪些内容。
3. 生产过程与工艺过程的关系是什么？
4. 什么叫生产纲领？生产类型有哪些？
5. 生产类型对工艺过程有何影响？
6. 划分工序的依据是什么？如何划分工步？试举例说明。
7. 计算生产纲领时为何要考虑备件和废品率？
8. 举例说明粗、精基准的选择原则。
9. 机械加工工艺过程为何通常要划分加工阶段？
10. 各加工阶段的主要作用是什么？
11. 何谓工序集中与工序分散？各有何特点？
12. 试说明安排切削加工顺序的原则是什么。
13. 什么是加工余量？加工余量和工序尺寸与公差之间有何关系？
14. 何谓结构工艺性？举例说明它对零件的加工有何影响。

二、选择题

1. 将原材料变成成品的全过程是________过程。

   A. 工艺　　B. 生产　　C. 辅助　　D. 加工

2. 一个或一组工人在一个工作地点对同一或几个工件连续完成的工艺过程称为________。

A. 工位　　B. 工步　　C. 工序　　D. 走刀

3. 生产纲领是指________。

A. 年产量　　B. 生产批量　　C. 生产类型　　D. 生产措施

4. 汽车、轴承、自行车的生产类型是________。

A. 成批生产　　B. 单件生产　　C. 大量生产　　D. 小量生产

5. 零件图上用来确定尺寸、形状和位置要求时所依据的点、线、面称为________。

A. 工艺基准　　B. 定位基准　　C. 设计基准　　D. 测量基准

6. 在成批大量生产中广泛采用的工件装夹方式是________。

A. 按划线找正装夹　　B. 用夹具装夹　　C. 直接找正装夹

7. 应尽可能采用设计基准或工序基准作为定位基准，这就是所谓的________原则。

A. 基准统一　　B. 自为基准　　C. 互为基准　　D. 基准重合

8. 一个零件的加工顺序通常是________。

A. 粗加工→半精加工→精加工→光整加工

B. 粗加工→光整加工→半精加工→精加工

C. 光整加工→粗加工→半精加工→精加工

D. 粗加工→半精加工→光整加工→精加工

9. 工序尺寸的公差一般规定为________。

A. 对称分布　　B. 向体内方向　　C. 向体外方向　　D. 任意方向

10. 直接改变生产对象的尺寸、形状、相对位置、表面状态或材料性质等工艺过程所消耗的时间称为________。

A. 辅助时间　　B. 作业时间　　C. 基本时间　　D. 单件时间

三、判断题（对的打√，错的打×）

1. 机械加工工艺过程包括产品制造的全过程。（　）
2. 一道工序中工件通常只安装一次。（　）
3. 工件在回转工作台上通常进行的是多工位加工。（　）
4. 单件生产广泛采用专用夹具。（　）

四、计算题

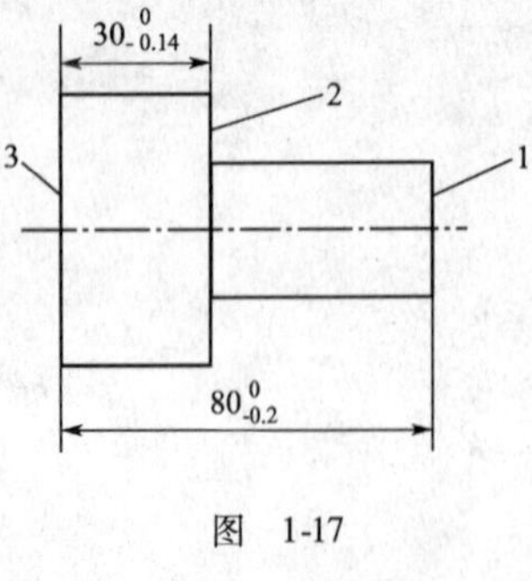

1. 图 1-17 所示小轴的轴向尺寸需做如下加工：

车端面 1→车端面 2（保证端面 1 和 2 之间距离尺寸 $A_2 = 49.5^{+0.3}_{0}$ mm）→车端面 3（保证总长 $A_3 = 80^{0}_{-0.2}$ mm）→磨端面 2（保证端面 2 与 3 之间距离尺寸 $A_1 = 30^{0}_{-0.14}$ mm）。试校核磨端面 2 的余量。

图　1-17

2. 图 1-18 所示的圆环，外圆表面要求镀铬，镀前进行磨削加工，需保证尺寸 ϕA。镀铬时控制镀层厚度为 0.025 ~ 0.040mm（双边为 0.05 ~ 0.08mm，可写成 $0.08^{0}_{-0.03}$ mm），并间接保证设计尺寸 $\phi 28^{0}_{-0.045}$ mm。试确定磨削时的工序尺寸 ϕA 及上下偏差。

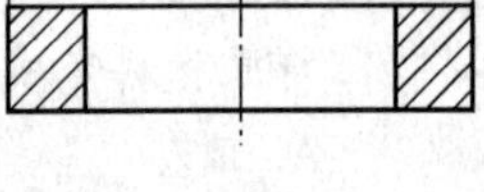

图　1-18

第二章　机械加工质量

●**学习目标**

知识目标

1. 能正确阐述加工精度和表面质量的基本概念；
2. 能简单叙述获得加工精度的方法；
3. 熟知影响加工精度的主要因素有哪几个方面；
4. 能简单解释表面质量对零件使用性能的影响；
5. 能正确说明影响表面质量的工艺因素有哪些。

能力目标

1. 会根据实际加工案例，分析出造成加工误差的主要原因；
2. 会根据造成加工误差的原因，采取相应的工艺措施来减少误差，提高加工精度；
3. 能简单解释表面质量对零件使用性能的影响；
4. 能正确说明影响表面质量的工艺因素有哪些；
5. 会采取相应的措施来控制影响表面质量的工艺因素；
6. 会针对零件的不同使用要求采用相应的加工方法来提高零件的表面质量；
7. 会简单分析加工中振动的原因和掌握几种减振的方法。

对零件制造的基本要求就是要做到多、快、好、省。其中最重要的就是"好"。"好"的含义就是好的质量。因为零件的质量直接影响着机器的性能、寿命、效率、可靠性等指标，是保征机器质量的基础，而零件的制造质量，是依靠其毛坯的制造方法、机械加工、热处理以及表面处理等工艺来保证的。因此，在零件制造的各个环节都要始终把保证质量放在首位。

衡量零件加工质量的指标有两大类：一是机械加工精度，二是机械加工表面质量。

第一节　机械加工精度

一、加工精度的概念

1. 加工精度和加工误差

加工精度是指零件加工后的实际几何参数（尺寸、形状和位置）与图纸规定的理想几何参数符合的程度。这种相符合的程度越高，加工精度也越高。所谓理想几何参数，对于尺寸而言就是零件的公差带中心；对于表面形状而言，就是绝对准确的圆柱面、平面、圆锥面等；对表面位置而言，就是绝对的平行、垂直、同轴和一定的角度等。

在加工中，由于各种因素的影响，实际上不可能将零件的每一个几何参数加工的与理想几何参数完全相符，总会产生一些偏离。这种偏离，就是加工误差。实际上，从多快好省的全面

观点来看,也没有必要将零件的尺寸、形状和位置加工得绝对精确。因此,只要能保证零件在机器中的功能,加工时允许零件存在一定的加工误差反而有利于“多、快、省”。只要零件的加工误差不超出零件图上所规定的公差,就可以说保证了零件的加工精度要求。由此可见,“加工精度”和“加工误差”这两个概念是从两个侧面来评定零件加工质量的。加工精度的低和高是通过加工误差的大和小来表示的。所以,保证和提高加工精度的问题,实际上就是限制和减小加工误差的问题。

2. 获得加工精度的方法

加工精度可以分为尺寸精度、形状精度和位置精度。因此,加工精度的高、低是以尺寸公差、形状公差和位置公差来衡量的。

(1)获得零件尺寸精度的方法。

①试切法:这种方法就是通过试切、测量、调整、再试切,反复进行直到被加工尺寸达到要求为止。例如,在车床上车削外圆时,首先在工件端部试切一小段,然后停车、退刀,用外卡钳或游标卡尺测量其直径,再调整切削深度,之后再切削。经多次试切,直到尺寸达到要求时再车出整个表面来。这种方法能达到较高的加工精度,但它的效率低,对操作者的技术水平要求高,主要适用于单件小批生产。

②调整法:这种方法是先调整好刀具和工件在机床上的相对位置,并在一批零件的加工过程中保持这个位置不变,以此保证被加工尺寸的精度。工件的加工精度很大程度上取决于调整精度,调整好之后,能自动保证加工精度,大大缩短了加工所需的辅助时间,因此生产率高。这种方法广泛用于各类半自动、自动机床和自动线上,适用于成批、大量生产。

③定尺寸刀具法:这种方法是用刀具的相应尺寸和形状来保证被加工部位的尺寸和形状。例如,钻孔、铰孔、拉孔、镗孔、攻螺纹和铣槽等。这种方法的加工精度主要由刀具本身的精度来保证。由于可以提高刀具制造精度,因此用定尺寸刀具加工能达到相当高的加工精度,同时又避免了试切过程,生产率较高。其主要缺点是刀具的制造复杂和耗费较大,使用的尺寸范围受到一定的限制。此法适用于各种生产规模中的孔、螺纹和成型表面的加工。

④自动控制法:这种方法是用度量装置、进给机构和控制系统构成加工过程的自动循环,即自动完成加工中的切削、度量、补偿调整等一系列工作,当工件达到要求的尺寸时,机床自动退刀停止加工。此法适用于成批和大量生产。

(2)获得零件形状精度的方法。在现代船机制造技术中,可以用各种加工方法来获得特定的几何形状。在机械加工中,常见的有轨迹法、成型法和展成法。零件的几何形状精度主要由机床精度和刀具精度来保证。

①轨迹法:这种方法是依靠刀尖运动轨迹来获得所要求的表面几何形状的。刀尖的运动轨迹取决于刀具和工件的相对运动(成型运动),如凸轮的靠模加工。用轨迹法加工所得到的几何形状精度取决于成型运动的精度。

②成型法:这种方法是用与工件表面形状相适应的成型刀具来获得特定的几何形状的。这种方法简单、生产效率高,但成型刀具受到被加工表面的形状和尺寸的限制。另外,由于成型刀具制造较困难,因此在批量小或表面形状复杂时,使用成型刀具在经济上是不合算的。

③展成法:这种方法是通过一定形状的刀具与工件按规定的关系运动来获得表面形状的。各种齿轮的齿形加工常采用这种方法。滚刀切削齿轮时,刀具相对于工件做展成啮合的成型

运动。被加工表面即是刀刃在展成啮合运动中的包络面。

为了保证达到零件的形状精度,必须保证各成型运动本身及其相互关系的准确性。机床精度或刀具精度对零件的形状精度有决定性的影响。例如,在车床上加工轴类零件的外圆柱面时,其圆度、圆柱度等形状精度,主要取决于车床主轴的回转精度、导轨的平行度及导轨在垂直面内的平行度以及主轴回转轴心线与导轨之间的相互位置精度。车床两顶针的同轴度误差也将引起工件的圆柱度误差。此外,刀具的磨损也会引起工件的圆柱度误差。当用成型刀具加工时,零件的形状精度将取决于刀具的形状精度。

(3)获得零件位置精度的方法。零件的位置精度主要由机床精度、夹具精度与刚度、刀具的精度与刚度和工件的装夹精度来保证。例如,在平面上钻孔时,孔轴线对平面的垂直度误差取决于钻头进给方向与工作台或夹具定位面的垂直度。在车床上车端面时,端面对轴线的垂直度误差取决于车床横向溜板进给方向与主轴轴线的垂直度。在铣床上用下平面定位铣削与之相平行的上平面时,上下两平面的平行度误差取决于工件在铣床上的装夹精度,如图2-1所示。

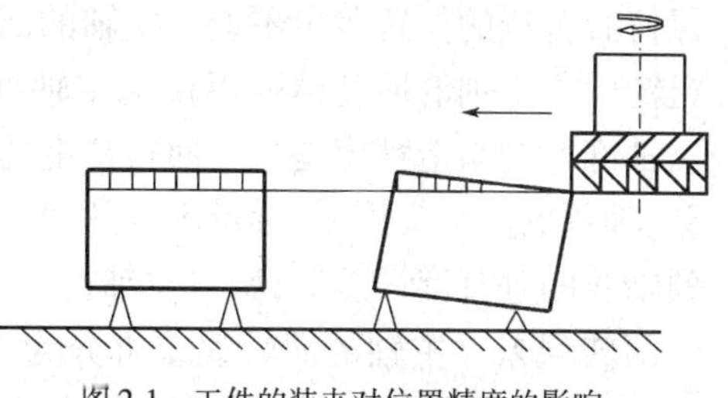

图2-1　工件的装夹对位置精度的影响

综上所述,零件的加工精度与机床、夹具、刀具等的制造误差及工件装夹误差、测量误差和调整误差等一系列因素有关。

二、影响加工精度的因素

在机械加工中,工件的尺寸、形状和表面相互位置的形成,取决于工件和刀具在切削运动过程中相互位置的关系,而工件和刀具,又安装在夹具和机床上面,并受到夹具和机床的约束。因此,在机械加工时,机床、夹具、刀具和工件就构成一个完整的系统,称之为“工艺系统”。加工精度问题也就涉及整个工艺系统的精度问题。工艺系统中的种种误差,就是在不同的具体条件下,以不同的程度反映为加工误差。工艺系统的误差是“因”,是根源;加工误差是“果”,是表现。因此把工艺系统的误差称之为“原始误差”。加工中出现的原始误差有以下几方面。

1.加工原理误差

加工原理误差亦称加工方法误差,是由于在加工过程中采用了近似的刀刃形状或成型运动代替理论的刀刃形状或成型运动而产生的。在实际加工中,用成型刀具加工复杂的曲线表面时,要使刀口作出完全符合理论曲线的轮廓,有时非常困难,所以往往采用圆弧、直线等简单、近似的线形。例如齿轮模数铣刀的成型面轮廓就不是纯粹的渐开线,所以会产生一定的加工原理误差。此外,为了精简刀具数量,对于每一种模数,只设计一套(8~26把)模数铣刀来分别加工某一齿数范围内的所有齿轮。这样一来,由于每把铣刀是按照一种模数的一种齿数而设计和制造的,因而加工其他齿数的齿轮时,就会在轮齿上产生齿形的原理误差,如图2-2所示。

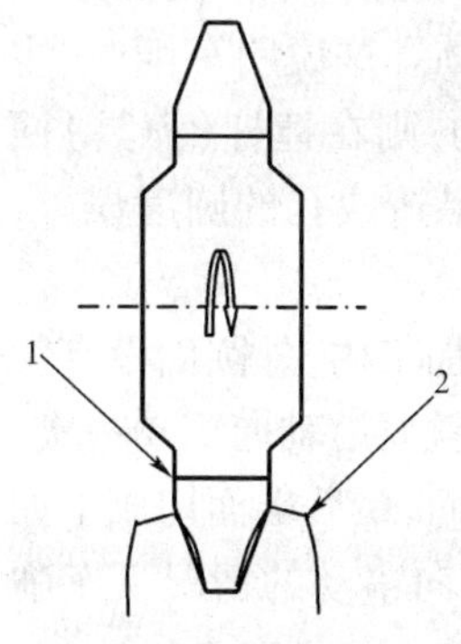

图2-2　用模数铣刀铣齿轮时的齿形误差
1-齿轮铣刀;2-齿轮

在生产中,采用近似的加工方法,对于简化机床和刀具的设计与制造、降低加工成本,往往是十分必要的。因此不能认为凡有加工原理误

差的方法,都不能成为一种完善的加工方法。只要使加工误差控制在公差范围内,能满足工件的使用要求,采用近似的加工方法是完全合理和可行的。

2. 机床误差

机床误差是由机床的制造误差、安装误差和使用中的磨损引起的。其中机床的制造精度,是影响被加工工件精度的重要因素。通常,一定精度的机床只能加工出相应精度的工件。机床经长期使用后会磨损。其精度降低,因而被加工工件的精度亦随之降低。影响加工精度较大的机床误差主要有:机床主轴的回转误差;机床的导轨误差(直线度和平行度);主轴轴线与床身导轨的平行度误差;机床传动链误差。下面分别进行简要的分析。

(1)机床主轴的回转误差。机床主轴是决定工件或刀具的位置基准和运动基准,其误差直接影响工件的加工精度。对主轴精度的要求最主要的就是回转精度,即要求主轴回转时能保持其轴线的位置稳定不变。主轴的回转精度直接影响被加工零件的形状、位置精度和表面粗糙度。主轴的回转精度不仅与主轴部件的制造精度有关,而且与受力和受热的变形有关。主轴部件的制造精度是主轴回转精度的基础。在主轴部件中,由于存在着主轴轴颈的圆度误差、轴颈的同轴度误差、轴承本身的误差、轴承之间的同轴度误差、主轴的挠度和支承端面对轴颈轴线的垂直度误差等,所以主轴在每一瞬间,其回转轴线的空间位置都是变动的,亦即存在着回转误差。主轴的回转误差可分为径向跳动、轴向窜动和角度摆动等三种基本形式,如图2-3所示。不同形式的主轴回转误差对加工精度的影响不同,同一形式的回转误差在不同的加工方式(如车削和镗削)中对加工精度的影响也有所不同。

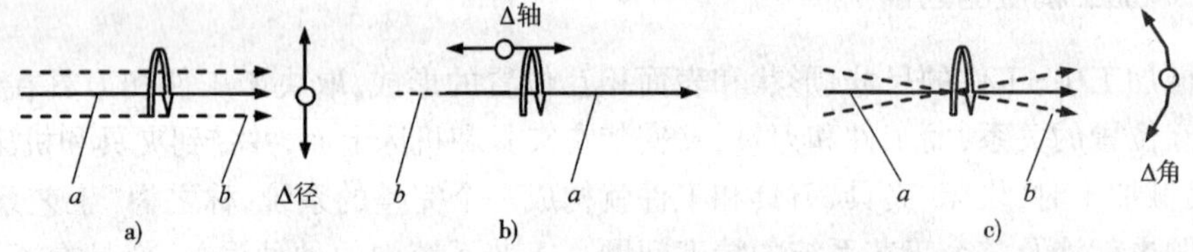

图2-3　主轴回转误差分析图

a)Δ径—径向跳动;b)Δ轴—轴向窜动;c)Δ角—角度摆动

①主轴径向跳动对加工精度的影响。在车削圆柱形工件时,如果车床主轴存在径向跳动,假定主轴沿Y坐标做简谐径向跳动,如图2-4a)所示,则工件在1处(主轴轴线径向跳动最大处)切除的半径要比在2、4处切除的半径小一个振幅值A,而在工件3处切除的半径则要比2、4处切除的半径大一个振幅值A。由此可见,所车出的工件接近一个真圆。这说明车削时,主轴径向跳动对工件的圆度影响很小。而对于镗孔,由于主轴的径向跳动,则在镗杆(刀具)回转时,使刀具瞬时回转中心与工件孔表面之间存在径向位移的变化,结果造成孔的圆度误差,如图2-4b)所示。

②主轴轴向窜动对加工精度的影响。当主轴存在轴向窜动时,对于加工内、外圆面没有影响,但当加工端面时却会使端面与内、外圆轴线不垂直。主轴每转一周,就要沿轴向窜动一次,向前窜动的半周中形成了右螺旋面,向后窜动的半周中则形成了左螺旋面,最后端面切成了如同端面凸轮一样的形状,而在端面中心附近出现一个凸台。若在主轴轴向窜动的情况下车削螺纹时,必然会产生单个螺距内的周期误差。

③主轴角度摆动对加工精度的影响。主轴回转时轴线的纯角度摆动,在车削外圆时仍然能得到一个圆的工件,但工件是一个圆锥体。而在镗床上镗孔时,镗出的孔将是椭圆形的。

实际主轴在回转过程中,主轴几何轴线的回转误差的三种基本形式是同时存在的,综合影响着工件的加工精度。

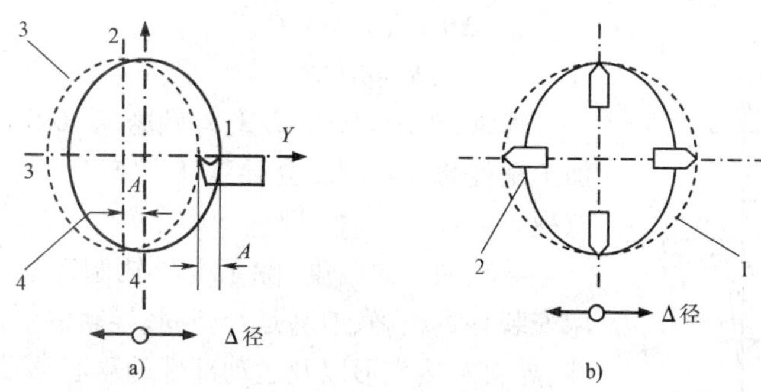

图 2-4　主轴径向跳动对加工精度的影响

a)车外圆;b)镗内孔

1-实际镗孔形状;2-理论镗孔形状;3-实际位置;4-理论位置

(2)机床的导轨误差。机床导轨既是确定机床主要部件相对位置的装配基准,又是保证刀具与工件之间导向精度的基准,它的误差将直接影响被加工工件的精度。导轨误差分为:导轨在水平面内的直线度误差(弯曲);导轨在垂直面内的直线度误差(弯曲);两导轨间的平行度误差(扭曲)。现以车床为例,阐述导轨误差对工件加工精度的影响。

①导轨在水平面内的直线度误差。导轨在水平面内的直线度误差将影响刀尖运动轨迹的变化,使工件产生圆柱度误差。此项误差使刀尖在水平面内产生位移 ΔY,造成工件在半径方向的误差 ΔR($\Delta Y=\Delta R$),如图 2-5 所示。当导轨向前凸出时(对操作者而言),将产生鼓形加工误差;而当导轨向后凸出时,工件上将产生鞍形加工误差。

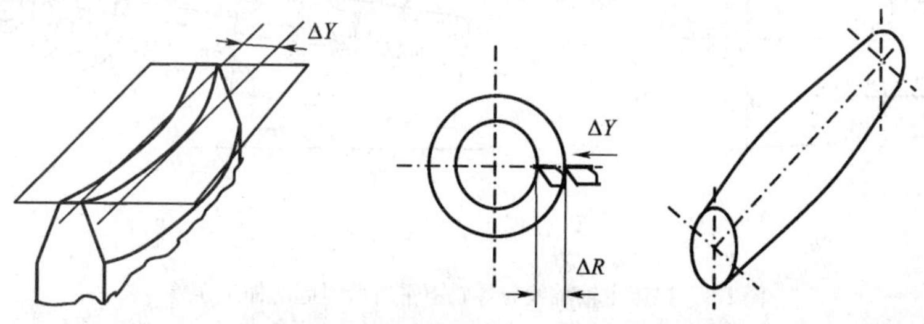

图 2-5　车床导轨在水平面内的直线度误差对加工精度的影响

②导轨在垂直面内的直线度误差。导轨在垂直面内的直线度误差同样会使刀尖运动轨迹产生变化,但由于这时刀尖运动轨迹的位移是发生在被加工表面的切线方向上,所以对于加工精度的影响很小,可以忽略不计。然而在六角车床上加工时,如图 2-6 所示。刀具往往垂直装夹,这时导轨在垂直面内的误差将直接影响到工件的直径尺寸。由此可见,刀尖与工件间的相对位移,若是发生在被加工面的法线方向,则对工件加工精度就有直接的影响。这一点很重要,在分析加工精度问题时经常要用到它。

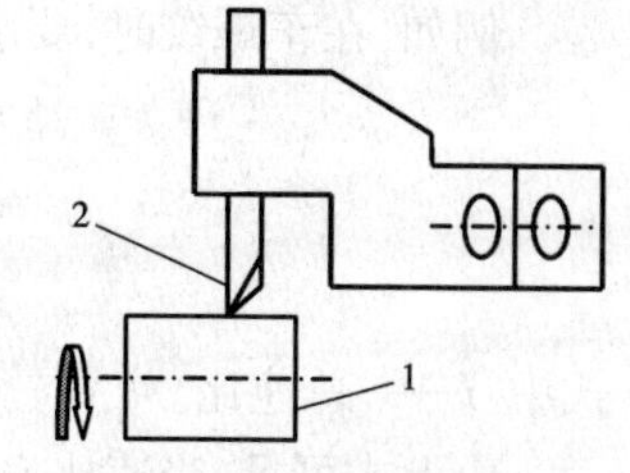

图 2-6　在六角车床上刀具的安装

1-工件;2-刀具

③两导轨间的平行度误差。当两导轨在垂直面内存在平行度误差(扭曲)时,将使车床纵向溜板沿导轨移动时刀架与工件之间的相对位置发生变化,使刀尖运动轨迹变成一条空间曲线,结果就

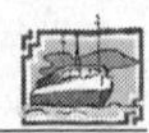

引起了工件的形状误差，如图2-7所示。设车床中心高为H，两导轨宽度为B，两导轨在垂直面内的平行度误差为δ，刀尖相对于工件的水平位移为ΔR，由几何关系可知：

$$\Delta R : H \approx \delta : B$$

则

$$\Delta R \approx \delta H / B$$

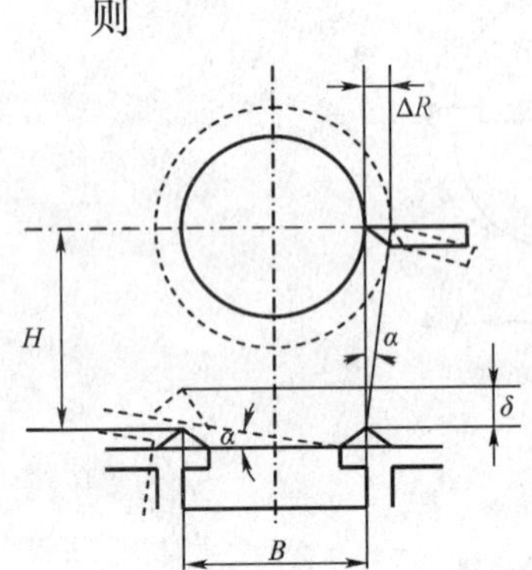

图2-7　导轨扭曲对加工精度的影响

通常，车床$H/B \approx 2/3$；外圆磨床$H/B \approx 1$，可见此项误差对加工精度影响很大，会导致工件产生圆柱度误差，因此不可忽视。

导轨的导向精度，除了受导轨制造误差的影响外，还受机床安装是否正确、地基是否坚固、导轨的润滑状况、磨损的均匀性、导轨的热变形以及运动部件的重心移动和过大切削力引起的导轨弹性变形等因素的影响。

为了减少机床导轨误差对工件形状精度的影响，必须提高床身材料的稳定性和耐磨性，保持机床的原始精度，加强定期维修保养，改善摩擦润滑条件，以延长导轨的使用寿命。对于精密机床及大型机床，在使用期间必须定期复校并调整其导轨的直线度和平行度。

(3)主轴轴线与床身导轨的平行度误差。在车床上加工外圆表面时，若主轴的回转轴线与导轨不平行，则被加工工件将产生圆柱度误差。当主轴回转轴线与导轨在水平面内不平行时，加工表面将形成圆锥体，如图2-8a)所示；当主轴回转轴线与导轨在垂直面内不平行时，则加工表面将形成双曲面体，如图2-8b)所示。

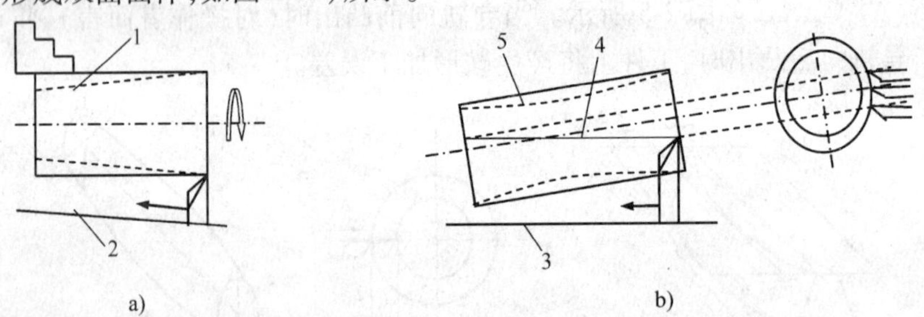

图2-8　机床主轴轴线与导轨不平行所引起的加工误差

1-加工后形状；2、3-导轨；4-刀尖运动轨迹；5-加工后形状

(4)机床传动链的误差。传动链的误差是指机床传动齿轮系中首、尾两端传动元件之间相对运动的误差。传动链误差一般不影响圆柱面和平面的加工精度。但在车削或磨削螺纹和滚(插、磨)齿时，则是影响加工精度的重要因素。

例如，在车螺纹时，要求主轴与传动丝杆的转速比恒定，如图2-9所示，即：

$$\begin{aligned} S &= (z_1/z_2)\cdot(z_3/z_4)\cdot(z_5/z_6)\cdot(z_7/z_8)\cdot T \\ &= i_1\cdot i_2\cdot i_3\cdot i_4\cdot T \\ &= i\cdot T \end{aligned}$$

式中：i——总速比。

由上式可见，当速比i与机床丝杆导程T存在误差时，工件的导程S将出现误差。

提高传动链传动精度的措施有：

①尽可能缩短传动链,即通过减少传动链中的传动元件数目,缩短传动链,以减少误差的来源。

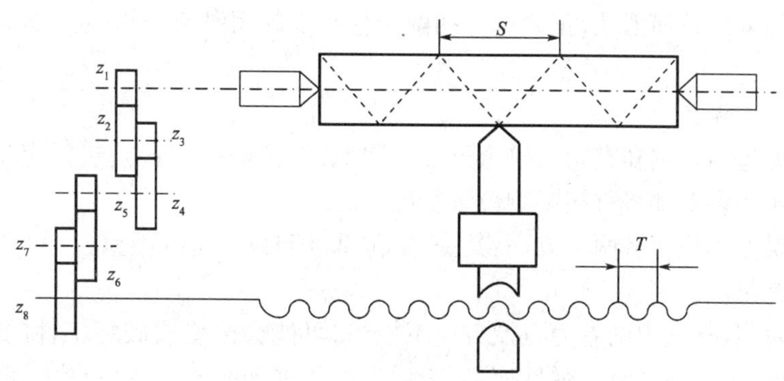

图 2-9　车螺纹的传动误差示意图

S-工件导程;T-丝杆导程;$z_1 \sim z_8$-各齿轮齿数

②提高传动元件(尤其是末端传动元件)的制造精度和装配精度,消除间隙等。由于末端元件把误差直接传给工件,故影响最大。

③采用降速传动(即 $i \ll 1$)。对于螺纹加工机床,机床丝杆的导程应大于工件的导程。对于齿轮加工机床,应使机床母蜗轮齿数远大于工件的齿数。

④采用传动误差校正机构(如车螺纹的校正机构)以及微机控制的传动误差自动补偿装置等。

3. 夹具误差

夹具误差是由夹具的制造误差和磨损造成的。它也会影响工件的加工精度。例如,用钻模在工件上钻相距一定距离的两个孔时,两孔中心距的尺寸精度就取决于钻模上两个钻套之间的距离精度。钻套与钻头间的间隙过大或钻套磨损,引起钻头位置的变动或偏斜,将影响钻出的两孔中心距的尺寸精度和轴线的位置度。又如,用镗模夹具加工箱体零件上的孔或镗机座主轴承孔、凸轮轴轴承孔,镗杆的位置完全由镗模来决定,因此工件各孔的位置精度就取决于镗模的精度。

所以在设计和制造夹具时,凡影响加工精度的夹具元件,应严格规定公差和控制其制造误差。此外,容易磨损的元件除采用耐磨材料外,如钻套、镗套、定位块等还应做成可拆式的。当这些易磨损元件磨损到一定程度时,可及时更换。

4. 刀具误差

刀具误差是由于制造误差和刀具磨损所造成的,其中普通单刃刀具(如车刀、刨刀等)的误差对加工精度没有直接的影响;而定尺寸刀具(如钻头、铰刀、内孔拉刀等)和成型刀具(切槽刀、键槽铣刀、镗刀块等)的误差将直接影响加工精度。

刀具的磨损,除了对切削性能、加工表面质量有不良影响外,也直接影响工件的加工精度。这种影响主要来源于刀刃在加工表面法向上的磨损量,即刀具的尺寸磨损。比如车削外圆时,刀具的逐渐磨损会使工件产生锥度误差,如图 2-10 所示。

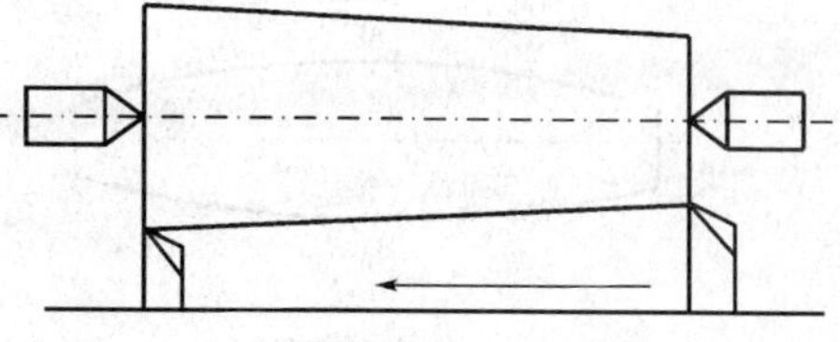

图 2-10　刀具磨损对车外圆精度的影响

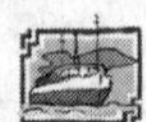

实践证明,刀具的磨损与被加工工件材料、刀具材料、刀具切削部分的几何形状及其刃磨、切削用量等因素有关。为了减少刀具的磨损,必须根据工件材料及加工要求,正确选择刀具材料及刀具切削部分的几何形状,正确选择切削用量和冷却润滑液,同时还应及时对刀具进行正确的刃磨。

5. 工件的装夹误差

工件的装夹包括定位和夹紧的整个过程。因此,工件的装夹误差包括定位误差和夹紧误差两个方面。这些误差都将直接影响位置精度。

产生定位误差的原因有两个方面:其一,定位基准与设计基准不重合;其二,定位元件和定位基准面本身有制造误差。

工件夹紧时,若夹紧力的着力点及方向不恰当,可能会改变或破坏工件的定位,因而影响加工精度。此外,工件夹紧时的弹性变形、工件定位基准面与夹具支承面之间的接触变形,都将直接影响工件的形状精度和位置精度,如图 2-11 所示。因此,在加工刚度较差的工件,如细长轴和薄壁零件(气缸套、轴瓦、套筒)时,特别要注意夹紧变形。

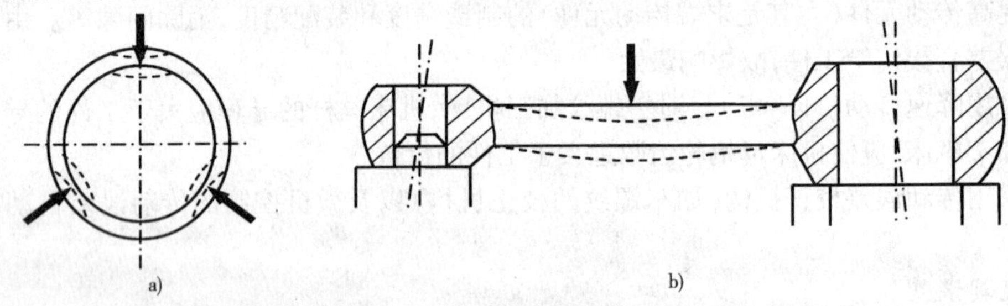

图 2-11　加紧力不当引起的加工误差

a)薄壁套筒的径向夹紧变形;b)连杆杆身的夹紧变形

6. 工艺系统受力变形所引起的误差

整个工艺系统是由加工中的机床、刀具、夹具和工件组成的一个弹性系统。在机械加工过程中,由于切削力、夹紧力、重力和惯性力等的作用,将使工艺系统各环节产生相应的弹性变形;同时,系统各环节相互结合处由于存在间隙和摩擦等原因,将会产生相对位移,改变了刀具切削刃与工件加工表面间的相对位置,这不但严重影响着工件的加工精度,而且还制约着表面质量和生产率的提高。因此,工艺系统受力变形问题,是船机制造技术中一个很重要的问题,必须进行分析讨论。

(1)工艺系统的刚度。由于工艺系统是一个弹性系统,所以机械加工过程中,在各种力的作用下,整个工艺系统要产生相应的变形。这种变形会引起刀具和工件相对位置的变化,影响切削过程的稳定性,造成零件尺寸、形状和相对位置的加工误差。例如,在车床顶针间加工细长轴时,如图 2-12 所示,如不采取任何工艺措施,在切削力的作用下,轴将产生弹性变形,随着刀具的进给,切削深度会发生变化,结果使细长轴被车成两头细中间粗的腰鼓形。

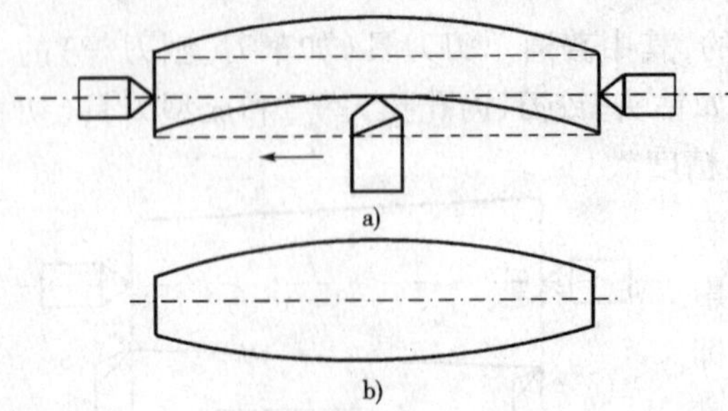

图 2-12　车削细长轴变形所产生的加工误差

为了减少工艺系统变形引起的加工误差,整个系统必须具有足够的抵抗各种力作用的能力,这种能力称为"工艺系统的刚度"。工艺系统的刚度由组成工艺系统的各个部件的刚度以及它们的连接所决定。

(2)工艺系统受力变形引起的加工误差。工艺系统受力变形对加工精度的影响可归纳为下列几种常见的形式。

①切削力作用位置变化产生的形状误差。工艺系统的刚度随着切削力作用位置变化而在沿轴线各个位置上也是变化的,因而加工的工件将产生形状误差。如工件装夹在车床两顶针间加工,当工件较长、刚度较差,但床头和尾座具有较大的刚度时,结果工件就出现图 2-12b)所示的鼓形。若工件刚度很大,而床头和尾座的刚度比较小,结果工件就会出现如图 2-13a)所示的鞍形。当工件装在卡盘中,无尾顶针加工时,由于床头刚度较大,结果将出现如图 2-13b)所示的渐缩喇叭形。

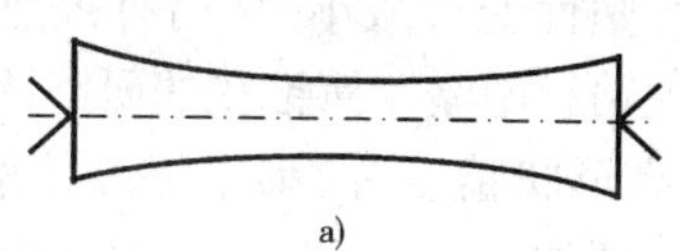

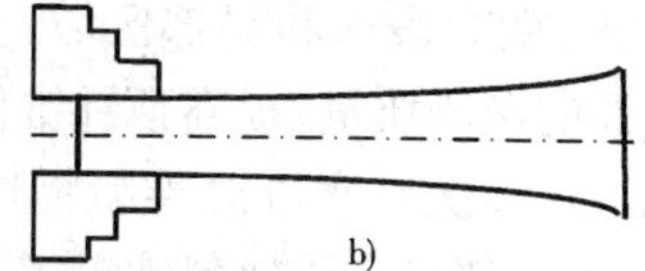

图 2-13 工艺系统刚度对加工精度的影响

②切削力大小变化引起的加工误差。在切削过程中,经常由于毛坯的几何形状误差、加工余量和材料硬度不均匀,引起切削力大小的变化。在工艺系统刚度为一定的情况下,工艺系统的变形随着切削力大小的变化而产生相应的变化,从而造成工件的尺寸误差和形状误差。

图 2-14 所示是车削一个有椭圆形圆度误差的毛坯,将车刀刀尖调整到要求的尺寸(图中的点划线圆)。在工件每一转的切削过程中,由于切深发生变化(从 t_1 到 t_2),因此切削力也会发生变化(从 F_{max} 到 F_{min}),从而引起工艺系统的变形发生相应的变化,即由 y_1 变到 y_2。这样就使毛坯的圆度误差复映到被加工表面,形成被加工表面的圆度误差,这种现象称之为"误差复映"。

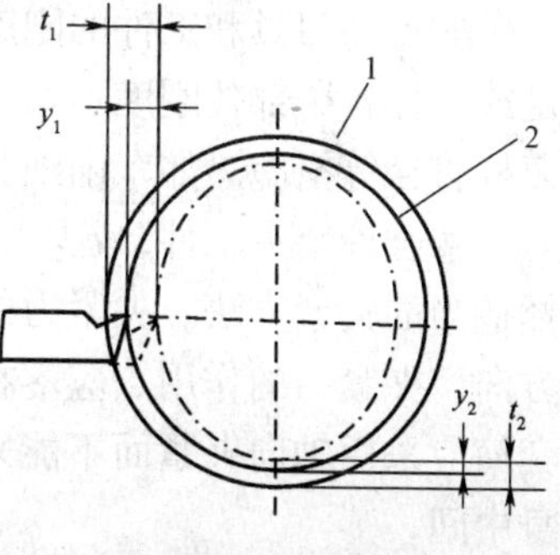

图 2-14 毛坯形状误差的复映

1-毛坯形状;2-工件形状

由于工艺系统具有一定的刚度,因此在被加工表面复映的误差比起毛坯表面的误差值已大大减小了。换句话说,工艺系统的刚度越高,加工后复映到被加工表面上的误差就越小,当经过数次走刀后,加工误差也就逐渐减小到所允许的范围。

(3)工艺系统中其他作用力对加工精度的影响。

①惯性力的影响。在高速车削加工时,如果工艺系统中有不平衡的高速旋转的构件存在,就会产生离心力,当不平衡质量的离心力大于切削力时,车床主轴轴颈和轴承内孔的接触点就会不断地变化,轴承孔的圆度误差将传给工件的回转轴线。此外,周期变化的惯性力还常常引起工艺系统的强迫振动。因此,机械加工中若遇到这种情况,可采取"对重平衡"的方法来消除这种影响,即在不平衡质量的反向加装重块。使两者的离心力相互抵消。必要时亦可适当降低转速,以减少离心力的影响。

②重力的影响。工艺系统有关组成部分由于在加工中位置的移动,改变了其自重对机床、立柱、横梁等作用点的位置,使工艺系统受力变形的情况改变,也会造成加工误差。图 2-15 所

示为摇臂钻床的摇臂在主轴箱的自重影响下发生变形,造成主轴轴线与工作台不垂直。从而使被加工的孔与定位面不垂直。

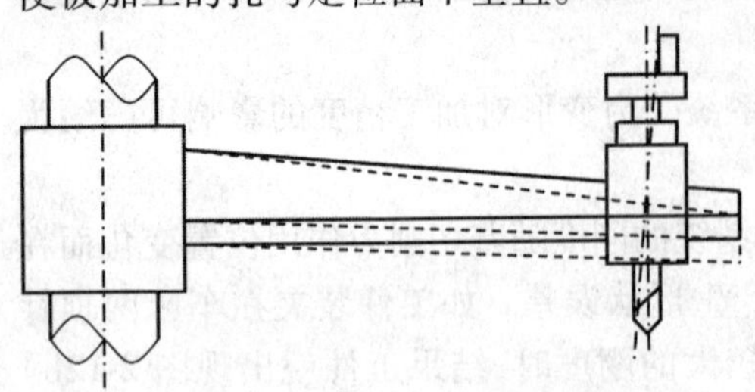

图2-15　自重引起的加工误差

有些大型工件,其自重引起的变形会成为加工误差的主要原因。

(4)减少工艺系统受力变形的主要措施。减少工艺系统受力变形是机械加工中保证加工精度和提高生产率的有效途径。生产实际中,可以从以下几个方面采取措施:

①提高接触刚度。所谓"接触刚度"就是互相接触的两表面抵抗变形的能力。提高接触刚度是提高工艺系统刚度的关键。常用的方法是改善工艺系统主要零件接触面的配合质量,提高配合面的表面粗糙度和形状精度。这样可以使实际接触面积增加,微观表面和局部区域的弹性、塑性变形减小,从而有效地提高接触刚度。如提高机床导轨面的刮研质量;提高顶针锥体同主轴和尾座套筒锥孔的研磨质量;对精密零件加工用的中心孔进行多次研磨以改善粗糙度、提高形状精度等,都是提高接触刚度的有效措施。另外,通过合理调整机床导轨斜铁等零部件来预加载荷,可以消除配合面的间隙,增大实际接触面积,有效提高接触刚度。此外,提高接触表面的硬度也是提高接触刚度的重要手段。

②提高工件定位基准面的加工质量。工件的定位基准面一般都要承受夹紧力和切削力。如果定位基准面有较大的尺寸、形状误差和表面粗糙度,就会产生较大的接触变形。因此,精密轴类零件的中心孔,随着工艺过程的进行要多次修研;精镗箱体零件的重要孔时,承受夹紧力的精基准面,需要刮研和磨削。这些都是保证零件形状、位置精度的重要条件。

③提高刀具和工件的刚度。切削力引起的加工误差,往往是因为刀具和工件本身刚度不足或工件各个部位刚度不均匀而产生的。通常可以采用增加辅助支承、减少悬伸量,以及增大刀杆直径等措施。如车削细长轴时使用跟刀架或中心架,以增强工件的刚度,减小受力变形。

④合理装夹工件,减少夹紧变形和切削力变形。当工件本身刚性差时,夹紧应特别注意选择适当的夹紧方法。夹紧力的方向应朝向工件刚性好的方向和能抵消使工件变形的切削力的方向。夹紧力的作用点应落在工件刚性好的部位和主要支承面上。如图2-11a)所示的薄壁套筒应采用轴向夹紧而不能采用径向夹紧;连杆的夹紧力作用点应落在两端而不能作用在杆身中间。

7. 工艺系统热变形所引起的误差

工艺系统的热变形是由于各种热源的存在和在加工过程中工艺系统受热不均而产生的。精密机械制造和大型工件加工中的热变形所产生的误差,对加工精度的影响是不可忽视的。在机械加工过程中存在的热源主要有:摩擦热、切削热、环境温度、辐射热等。

(1)工件热变形对加工精度的影响。在加工过程中,工件受热将产生热变形。工件在热膨胀的状态下达到规定的尺寸精度,冷却收缩后尺寸会变小,甚至可能超出公差范围。工件的热变形可能有两种情况:均匀受热(如车、磨外圆和螺纹,镗壁厚均匀的内孔等)和不均匀受热(如铣平面和磨平面等)。前者一般只影响尺寸精度。变形量可按下式计算:

$$\Delta L = \alpha L \Delta t$$

$$\Delta D = \alpha D \Delta t$$

式中：α——工件的线膨胀系数；

L、D——分别为工件原有的长度、直径，mm；

Δt——温升，℃。

通常车削轴类零件时，开始工件的温升接近于零，随着温升逐步增加，工件的直径也逐渐膨胀，但其胀大量均被刀具切去，工件冷却后收缩，使表面产生锥度误差。如工件在两顶针间车削，工件受热伸长而顶针不能轴向位移时。工件会产生弯曲变形，严重影响加工精度。

不均匀受热的工件，例如在磨削薄片零件时，被磨的上表面温度高，热膨胀使工件向上凸起，凸起部分被磨去，冷却后工件变成下凹，造成形状误差。这是由于加工面与不加工面温度差形成不均匀变形的结果。

为了减小工件热变形对加工精度的影响，可采取下列一些措施：

①在切削区域内供给充分的冷却液，以减小工件的温升。

②提高切削速度或加快进给，使传到工件上的热量减少。

③粗加工后将工件停放一段时间，待工件冷却后再进行精加工。

④勤修砂轮、勤磨刀具，以免它们过钝而增加切削热和磨削热。

⑤使工件在夹紧状态下有伸缩的自由，例如采用弹簧后顶针、气动后顶针等。

(2)机床热变形对加工精度的影响。机床在运转与加工过程中温度会逐步上升。机床各部件受热程度是不均匀的，温升也有差异，因而造成机床各部件的相对位置发生变化。机床经过一段时间的运转以后，各部件的受热和散热相等，温度不再上升，各部件的热变形也不再继续扩展，各部件的相对位置也稳定下来，这种状态称为“热平衡状态”。在机床达到热平衡之前，机床的几何精度是变化不定的。精密加工一般都要求在机床达到热平衡之后进行。

为了减小机床热变形对加工精度的影响，常采取如下一些有效措施：

①在精加工前先开空车运转，待机床达到或接近于热平衡状态(温升稳定)之后再进行加工。精密磨削时常采用这种方法。

②当依次加工一批工件时，间断时间内不要停车或尽量减少停车时间，以免破坏机床热平衡。

③严格控制切削用量以减少工件的发热。

④将精密机床安装在空调室内，以减小环境温度变化对加工精度的影响。如无空调设备，精密加工宜在夜间进行，此时环境温度变化较小。

(3)刀具热变形对加工精度的影响。切削加工过程中，切削热的作用会引起刀具的热变形。虽然切削时传到刀具上的热量并不大，但由于刀具体积小、热容量不大，所以仍有相当程度的温升。例如车刀工作表面温度高达700～800℃，因此刀体仍有较大的热伸长，从而影响加工精度。

刀具受热伸长时对加工精度的影响与刀具磨损的影响情况相反，但一般都造成形状误差。实践证明，刀具温升一般能较快地达到热平衡，此时刀具不再伸长。所以，刀具受热变形对加工精度的影响，常常不如刀具磨损的影响那样显著，加工大型工件时更是如此。

为了减少刀具热变形对加工精度的影响，可以采取下列措施：

①改进刀具切削部分的几何角度和选择合理的切削用量，以减小切削热。

②减少刀具伸出长度，以改善散热条件。

③充分冷却，加快刀具散热速度。

8. 工件内应力所引起的误差

所谓内应力是指在去掉外加载荷或外部因素作用后，仍然残存在工件内部的应力。内应力又称为残余应力，主要是由于金属内部宏观或微观的组织发生了不均匀的体积变化而产生的。有内应力的工件，其内部组织处于一种不平衡状态，它有强烈的倾向要恢复到一个平衡的、没有应力的状态，即使在常温下工件也会缓慢、不断地进行这种变化，直到内应力消失为止。在这一转化过程中，内应力就要重新分布，使工件产生变形，以达到新的平衡，从而影响到工件原有的精度。

工件中内应力的产生原因有以下几个方面：

(1)毛坯制造过程中产生的内应力。无论是铸、锻、焊、热处理等工艺，都容易产生内应力。在热加工过程中，工件因冷热缩胀不均和金相组织转变时的体积变化，都会产生相当大的内应力，这种内应力有时甚至可能超过材料的强度极限，使工件产生变形和裂纹。

(2)由于采用了冷校直、冷轧制、冷压加工等工艺，工件表面出现塑性变形，因此产生了内应力。

(3)切削加工过程中，由于工件表面内应力层被切去和工件表面层材料的塑性变形，使工件产生了内应力。

为了减小工件内应力对加工精度的影响，可采取以下措施：

①合理设计零件的结构。如铸、锻件应壁厚均匀；焊接件应使焊缝均匀布置，坡口形状合理等。

②尽量不采用冷校直工艺，对精密零件应严禁使用冷校直，可以用热校直或加大余量多次车削来消除弯曲变形。

③合理安排时效处理。毛坯铸、锻、焊后和工件粗加工后都应进行时效处理，以减小或消除内应力。时效处理分自然时效和人工时效两种。自然时效是将工件置放于室外，任其风吹雨淋一段时间，内应力可自行消失。柴油机主要零件的铸件常用此法处理。此法缺点是生产周期太长，占场地大和需要占用大量流动资金；优点是简单、方便。生产上广泛使用人工时效来消除工件的内应力。它是将工件放在焖火炉内加温，使工件金属原子运动速度加快，有足够的能量进行原子组织的重新排列，以达到消除内应力的目的。还有近来国内外推广使用的振动时效方法，即让工件受到激振器或振动台的振动，或将工件装入滚筒内，在滚筒旋转时使其相互撞击，以消除铸件内应力。此法经济、简便、效率高、效果好。

④合理安排工艺过程。如让粗、精加工分开在不同的工序中进行，粗加工后有一定时间让内应力重新分布，以减少对精加工的影响。加工大型工件(如柴油机的机座、机体和气缸套)时，由于粗、精加工往往在一个工序中完成，此时应在粗加工后松开工件，使工件能够自由变形，然后再用较小的夹紧力夹紧工件，进行精加工。

9. 测量误差和调整误差

机械加工中所用的量具本身有一定的制造误差、使用过程中量具有磨损、判断测量结果有主观性等，都是造成测量误差的原因。测量误差是测得值与被测量的真值之差。所以，精确的测量是保证加工精度的基本条件。在一般生产条件下，为了减少加工时的困难，应正确选择量具，尽量使量具的测量极限误差控制在工件公差的 1/16～1/10 以内，当工件精度较低时可放

宽到1/3。此外,量具磨损后必须及时进行鉴定、校正、检修和更换,以恢复其精度。

引起测量误差的因素很多,除量具本身的误差外,还与室温、振动、灰尘等环境条件及操作者的测量技术熟练程度等有关。测量大型精密零件(如曲轴、增压器主轴)时,室温的变化能引起显著的测量误差。当加工批量较大、采用自动测量时,可增加测量结果的客观性,减小由于测量力、人体温度和读数判断的主观性等对测量精度的影响。

调整误差是指在机械加工过程中由于工艺系统未调整到应有的正确位置而产生的误差。工艺系统的调整工作包括:在机床上安装夹具、调整刀具切削刃相对于工件定位基准或相对于机床、夹具上定位面的距离,以保证达到尺寸精度的要求;刀具和夹具的位置固定后检查调整精度(包括试切工件)等。

为了减小调整误差,可在调整过程中采取如下一些措施:

(1)为使夹具在机床上安装时能迅速而自动获得正确的位置,常采用定位键和锥度配合等夹具定位元件。

(2)在调整刀具时,除了根据夹具上的对刀装置或标准样件进行调整以外,还可根据调整后试切出来的几个零件进行补充调整,则可减少调整误差。

(3)在车床上加工螺纹时,若采用对刀显微镜,可减少刀具的调整误差。

(4)在坐标镗床、数控机床上,采用光测、电测仪器时,可提高调整精度。例如采用光学读数头、光栅等检测装置,可使调整误差减小到1μm以下。

(5)在精密磨床上,采用主动测量装置,可以消除调整误差。

三、减少误差、提高加工精度的工艺措施

在实际加工过程中,影响加工精度、产生加工误差的因素通常不仅仅是某一种单一因素,而可能是多种因素的综合影响,因此要针对具体情况分析和找出可能产生加工误差的主要原因,从而才能有的放矢地采取相应的解决办法。下面介绍几种生产实践中行之有效的减少加工误差、提高加工精度的工艺措施。

1. 直接消除或减少误差法

这是生产中应用较为广泛的一种方法,是在加工前预判出可能产生加工误差的主要原因之后,而采取有针对性的措施来消除或减少误差。如在加工精密零件时,应尽可能提高所使用机床的几何精度、刚度及控制加工过程中的热变形;在加工刚度差的工件时,尽量减少工件的受力变形;在加工工件的成型面时,尽量减少成型刀具的形状误差及刀具的安装误差。

例如,在车床上加工细长轴时,因工件刚度差,即使在切削用量较小的情况下,也容易产生弯曲变形和振动,造成工件的形状误差。采用跟刀架后,虽有所改善,但仍难车出较高精度和较理想的粗糙度。因为采用跟刀架后,虽然能增加工件的刚度,消除径向切削分力把工件“顶弯”的因素,但还不能解决轴向切削分力及工件受热伸长将工件“压弯”的问题。工件长径比(L/D)较大时,这种弯曲变形更为显著。弯曲后的工件在高速回转下,由于重心的偏移产生离心力的作用,加剧了变形,并引起振动。同时工件在切削热的作用下产生热伸长,而卡盘和顶针间的距离是固定的,工件轴向不能自由伸长,因此产生了轴向力,更进一步加剧了工件的弯曲。如加工丝杆时,在粗车外圆和粗车螺纹工序之后,如不松开顶针,这种现象十分明显。

为了消除或减少上述误差,可采取下列措施:

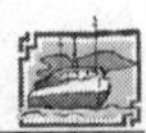

(1)采用反向进给的切削方法和弹性尾顶针。如图 2-16 所示,进给方向由卡盘一端指向尾座,此时轴向切削分力对工件的作用(从卡盘到切削点的那一段)是拉伸而不是压缩,同时采用弹性的尾顶针,可以容纳工件的轴向伸长而不致弯曲。

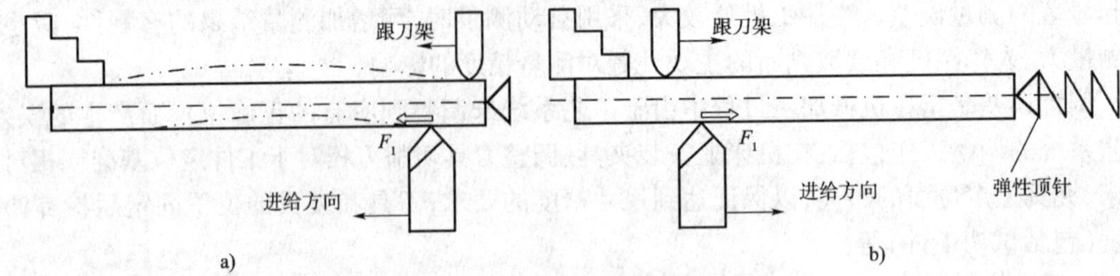

图 2-16　顺反进给车削细长轴对比

a)顺向;b)反向

(2)采用大进给量反向切削和较大的主偏角车刀,增大轴向切削分力 F_1,工件在强有力的拉伸作用下,还能消除径向的振颤,使切削平稳。

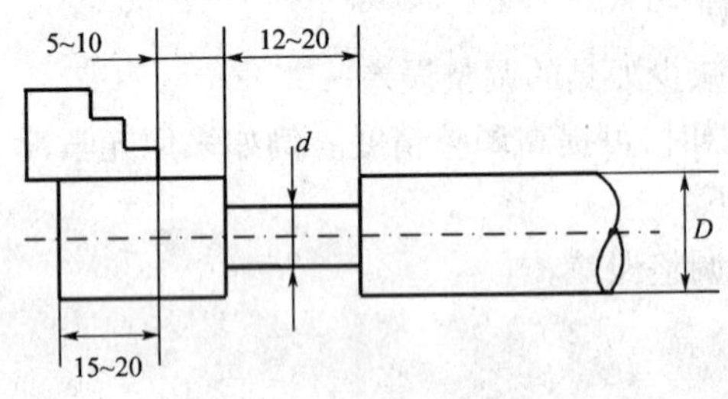

图 2-17　车出缩颈增加柔性

(3)在卡盘一端的工件上车出一个缩颈部分,如图 2-17 所示。缩颈直径 $d \approx D/2$,D 为工件坯料直径。工件在缩颈部位的直径减小后,柔性就增加了,起到了像万向接头一样的作用,消除了由于坯料本身的弯曲而在卡盘强制夹持下轴心线歪斜的影响。

(4)在用跟刀架进行粗车时,先用粗车刀车出 50 ~ 80mm 一段长度后,再装上跟刀架。跟刀架的支承块宜装在刀尖后面 1 ~ 2mm 处,然后进行全长度的粗车,如图 2-18a)所示。而精车时跟刀架的支承块宜装在刀尖前面,以粗车过的表面作为支承面,以避免支承块在已经精车了的表面上划出痕迹. 如图 2-18b)所示。

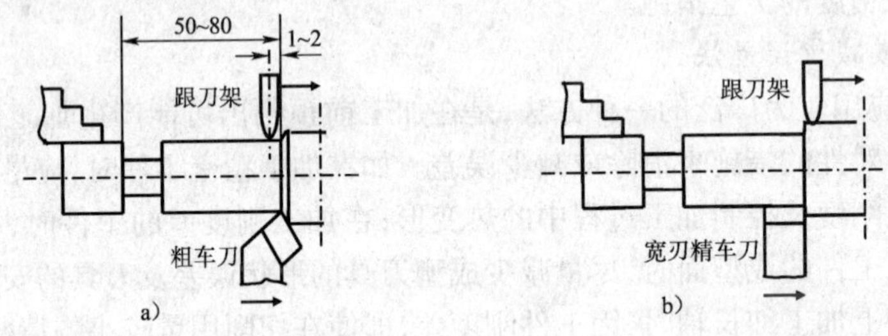

图 2-18　跟刀架安装法

a)粗车;b)精车

2. *误差补偿法或抵消法*

误差补偿法就是人为地造成一种新的误差去补偿加工、装配或使用过程中的误差。当原来的误差是负值时,人为的误差取正值,反之取负值。误差抵消法是利用原有的一种误差去抵消另一种误差,尽量使两者大小相等、方向相反,从而达到减少误差,提高加工精度的目的。

误差补偿和误差抵消在方式上虽有区别,但本质上却是一样的,生产中往往把两者统称为误差补偿。生产实践中采用误差补偿的场合是很多的。例如,龙门铣床横梁导轨装有两个立

铣头,在立铣头的自重影响下横梁将产生向下的弯曲变形。采用误差补偿的做法是,在刮研横梁导轨时,故意使导轨面产生“向上凸”的几何形状误差,去抵消横梁因立铣头重量而产生“向下垂”的受力变形,从而保证了精度,如图2-19所示。

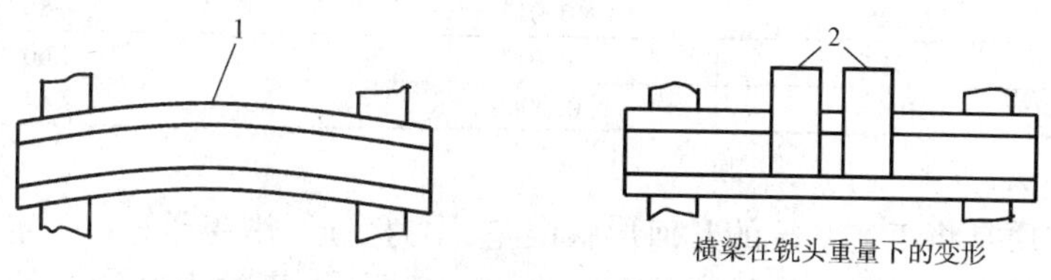

图2-19　龙门铣床横梁导轨误差补偿实例

1-刮研后轨面向上凸起;2-铣头

利用误差抵消提高加工精度的一个例子是采用前后双刀架“对刀”切削。如在加工 $L/D>25$mm 的细长轴时,既不用中心架,也不用跟刀架,而是采用了前后双刀架“对刀”切削,前后两把车刀径向相对,同时沿着工件轴向走刀,如图2-20所示。车刀1是半精车刀,车刀2是反装了的精车刀。适当选择刀具的几何角度,使精车刀具有负后角,因此后刀面对工件产生了摩擦和压光作用,也就增大了切削力,使径向切削力相互抵消,消除了细长轴切削时容易变形的弱点,这样就可以用高切削速度和大进给量同时进行半精车和精车,获得了良好的效果。

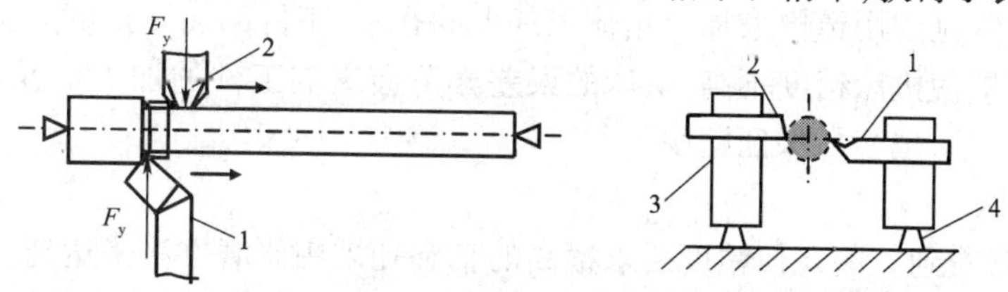

图2-20　误差抵消法(对刀切削)提高加工精度的实例

1-半精车刀;2-精车刀;3-刀架;4-导轨

3. *误差分组法*

在机械加工中,即便本工序的工艺系统精度是稳定的,但如果上道工序来的工件精度起了变化,这时如果仍按原来的工艺加工,就会出现超差,造成本工序的加工误差。上工序工件精度的变化可能是由于工件材料性能改变引起的,也可能是由于上道工序的工艺改变而产生的。

解决这类问题可以采用分组调整(即均分误差)的方法。这个方法的实质就是把上道工序来的工件按误差的大小分为 n 组,每组误差的范围就缩小为原来的 $1/n$,然后按各组分别调整刀具相对于工件的位置,这样就能较容易地保证本工序的加工精度。

如在V形块上铣削一个轴类工件的上平面,如图2-21所示。要求保证尺寸 h 的公差 $\Delta h=0.02$mm。由于改用了精锻工艺,所以用作定位基准的外圆表面不再进行切削加工,其直径的误差为 $\Delta D=0.05$mm,按照夹具设计计算公式,定位误差为:$\Delta h=0.707\times\Delta D=0.035$mm。

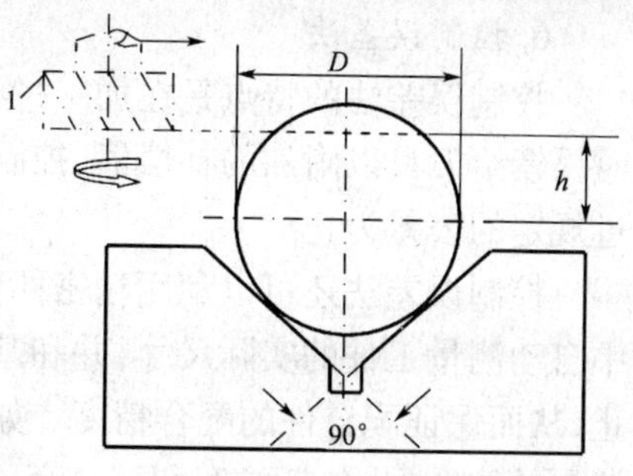

图2-21　在V形块上铣上平面

1-铣刀

显然,由于上道工序尺寸误差而产生的定位误差已经超过了公差要求,因此必须采取误差分组的方法。现将工件分组如表2-1所列:

由此可见,分组数以3或4组为宜,可视具体情况而定。

误差分组法　　表2-1

分组数	各组误差 ΔD(mm)	定位误差 Δh(mm)	定位误差占工件公差的百分比(%)
2	0.025	0.017	85
3	0.017	0.012	60
4	0.0125	0.0088	44

4. 误差转移法

本方法的实质是将工艺系统的几何形状误差、受力变形、热变形等在一定的条件下转移到不影响加工精度的方向或误差不敏感的方向上去。这样,在不减少原始误差的情况下。同样可以获得较高的加工精度。

误差转移法的实例很多,如当机床精度达不到零件的加工要求时,往往不是只限于提高机床的精度,而是在工艺方法和夹具上进行改进,使机床的各类误差转移到不影响工件加工精度的方面去。如前述龙门铣床常由于主铣头等部件重力的作用而使横梁产生弯曲变形。为了消除此误差,除了采用误差补偿法外,还可以在横梁上再增加一根主要承受主铣头重量的附加梁,把弯曲变形转移到附加梁上去。显然,附加梁的受力变形对加工精度是没有任何影响的。

在成批生产中,可以采用专用工夹具或其他辅助装置,在一般精度的机床上加工出精度较高的工件。例如,常见的用镗模来加工箱体工件上的孔系,工件的加工精度完全取决于镗杆和镗模的制造精度,即使机床精度不高,机床的误差亦不会影响工件的加工精度,并且制作工夹具比制造机床要简单,也容易保证精度。

5. 误差平均法

在加工中经常看到一些几何精度要求很高的轴和孔采用研磨方法来达到。研具本身并不要求具有很高的精度,但它却能在和工件作相对运动中对工件进行微量切削。最初是工件和研具的表面粗糙度的最高点相接触,在一定的压力下,高点先磨掉(工件磨去得多,研具磨去得少),然后接触面扩大,高低不平处逐渐接近,工件的几何形状精度(圆度、圆柱度)也逐渐提高。这种表面间相对研磨的过程,也就是误差不断减少的过程,称之为误差平均法。

误差平均法的实质是:利用有密切联系的表面相互比较、相互检查,从对比中找出误差后,或是相互纠正(如偶件的对研),或是互为基准进行加工。这里所说的有密切联系的表面有三种类型:一种是配偶件表面,如精密标准丝杆与螺母研具;另一种是成套件的表面,如三块一组的原始平板、直尺;还有一种是工件本身相互有牵连的表面,如分度盘的各个槽。

6. 控制误差法

控制误差法的特点是在加工过程中,利用测量装置连续地测量出工件的实际尺寸精度随时反馈给刀具以附加的补偿值,控制刀具和工件间的相互位置,直到实际值与调定值的差不超过规定的公差为止。

控制误差法还可以利用精密偶件中的一件为基准,控制另一件的加工尺寸。在加工过程中自动测量工件的实际尺寸,并和基准件的尺寸比较,直至达到规定的差值时,机床便自动停止,从而保证配合件的配合精度。如柴油机高压油泵柱塞的自动配磨就可以采用此法。高压油泵的柱塞副[包括柱塞和柱塞套,如图2-22a)所示]是一对很精密的偶件。柱塞和柱塞套本身的几何精度在0.0005mm以内,而轴与孔的配合间隙为0.0015~0.003mm。可见柱塞副的精度要求非常高。过去在生产中一直采用放大尺寸公差,然后再分级选配和互研的方法来达

到配对要求。现在研制成功了一种自动配磨装置，它以自动测量出的孔径为基准去控制轴的外径的磨削，故又称“基孔配轴法”。这个装置除了能够连续测量工件尺寸和自动操纵机床动作以外，还能按照偶件预先规定的间隙，自动决定磨削的进给量，在粗磨到一定尺寸后自动变换为精磨，再自动停车。自动配磨装置的原理如图2-22b)所示。

当测孔仪和测轴仪进行测量时，测头的机械位移，改变了电容发送器的电容量。孔与轴的尺寸之差转化为电容量变化之差，使电桥2的输入桥臂的电参数起了变化，在电桥的输出端形成了一个输出电压。电压经过放大器和交直流转换以后，送给执行机构，从而控制磨床的动作和指示灯的亮灭。

在工件磨配前，先用标准偶件调整仪器，使控制部分起作用的上下两个范围为 $C = D$（孔）$- d$（轴），于是在磨配时仪器就能在 C 值的范围内自动控制磨削循环。不经过重新调整，C 值是不会变的。所以，无论孔径 D 变大变小，磨出的轴径 d 也随着相应地变化，始终保持偶件轴孔间的间隙量。这样测一个磨一个，就可以避免以往那样分级选配和互研等繁复的工序，提高了生产率。

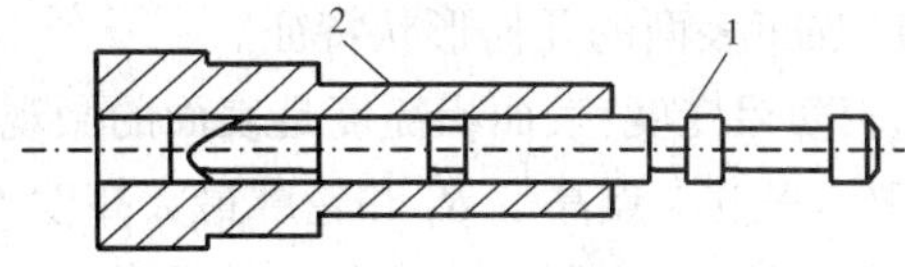

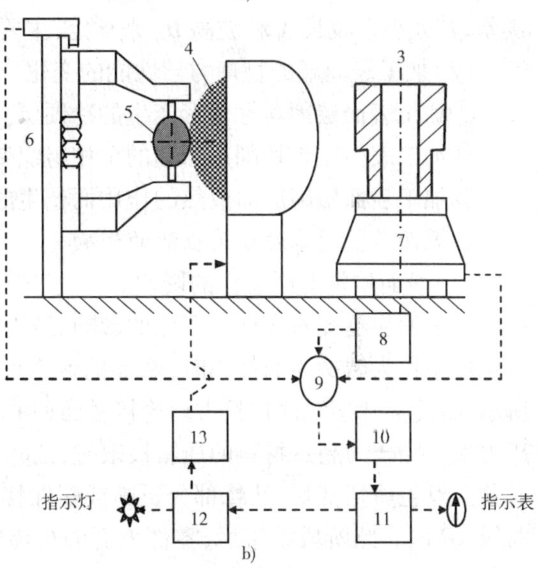

图2-22　油泵柱塞副及高压油泵偶件配磨示意图

a)油泵柱塞副；b)高压油泵偶件配磨示意图

1、5-柱塞；2、3-柱塞套；4-砂轮；6-测轴仪；7-测孔仪；8-高频振荡发生器；9-电桥；10-三级放大器；11-相敏检波；12-直流放大器；13-执行机构

误差控制法是一种积极的方法，现代机械加工中的自动测量和自动补偿就属于这种形式，即在加工中随时测量出工件的实际尺寸（形状、位置精度），然后及时给刀具以附加的补偿量以控制刀具与工件间的相对位置。这样，工件尺寸的变动范围始终在自动控制之中。

以上有关保证和提高加工精度的方法和措施是人们在生产实践中经过不断地分析、研究加工过程中各种误差产生的原因、影响因素以及变化规律后，提出相应的措施，经过实践的检验，最后归纳总结形成的。由于生产实际情况千差万别，究竟采用哪一种方法，要重视调查研究，对具体问题进行具体分析，不能生搬硬套。

第二节　机械加工表面质量

一、机械加工表面质量、影响因素及控制方法

1. 表面质量的基本概念

机器零件的损坏（如磨损、疲劳断裂等）多数都是从零件表面开始的，机器的工作性能，尤

其是它的可靠性及寿命,在很大程度上取决于主要零件的表面质量。工件在机械加工后的表面质量包括以下内容:

(1)加工表面的几何形状特征。

①表面粗糙度:表面粗糙度是表面的微观几何形状误差,其大小以表面轮廓算术平均偏差 R_a、微观不平度十点高度 R_z 和轮廓最大高度 R_y 来评定。

②表面波度:表面波度是介于宏观形状误差与微观形状误差之间的带周期性的几何形状误差,其大小以波长 λ 和波高 H_b 来评定,主要是由加工过程中工艺系统的振动所引起。

(2)加工表面层的物理力学性能的变化。

①加工表面层因塑性变形产生的冷硬层。

②加工表面层因切削热引起的金相组织变化。

③加工表面层因应力或热的作用而产生的残余应力。

2. 表面质量对零件使用性能的影响

(1)表面质量对耐磨性的影响。

①表面粗糙度对零件耐磨性的影响:经机械加工后的零件表面都具有一定的粗糙度。当在机器中作为摩擦表面使用时,摩擦的两表面最初接触的只是一些凸峰的顶部,如图 2-23a)所示,因此实际接触面积只占理论接触面积的一小部分。由于接触面积小,单位面积上的实际压力大。当压力超过材料的屈服极限时,凸峰部分产生塑性变形。当两接触表面做相对运动时就会发生剪切变形,凸峰部分折断或塑性移动,出现初期急剧磨损阶段,如图 2-23b)所示的曲线 AB 段。此阶段结束后,零件表面的粗糙度将减小 65% ~70%,此时接触面积增大,单位面积上的压力降低,摩擦副进入正常磨损阶段,如曲线 BC 部分。

由实践和实验得知,在一定的摩擦条件下,表面粗糙度有一个最佳数值,如图 2-24 所示。粗糙度过大,磨损会加剧。反之,如果表面粗糙度小于最佳数值,由于两光滑表面间润滑油被挤出,油膜遭到破坏,分子亲和力也增加,结果磨损反而显著增加。

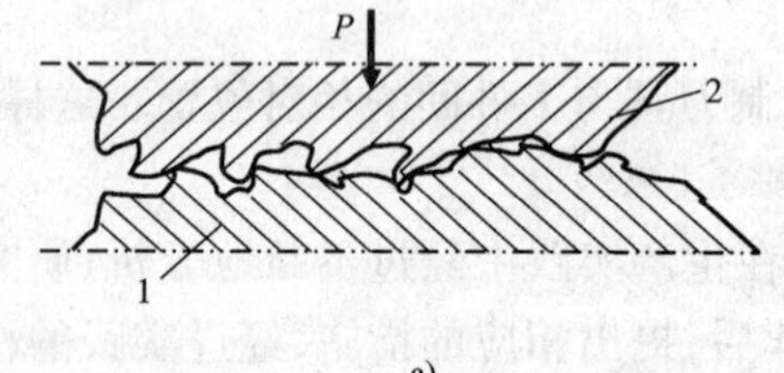

图 2-23 零件表面接触情况及磨损过程

1-零件;2-零件 2

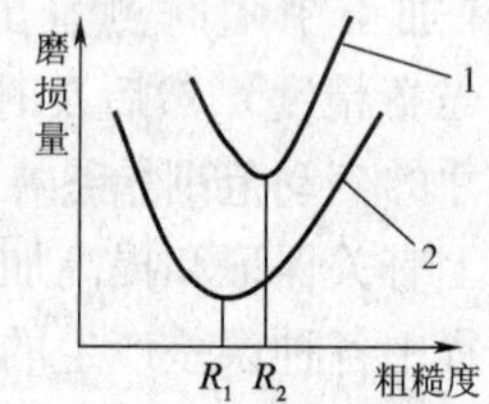

图 2-24 磨损量与粗糙度的关系

1-重载;2-轻载

②表面冷硬层对耐磨性的影响。零件表面的冷硬层可以提高零件表面的硬度和刚度,减小摩擦表面的塑性变形和金属的粘结现象,从而能显著提高零件的耐磨性。但硬度过大,会使金属变脆,表层金属易剥落,磨损反而增大。

(2)表面质量对零件工作精度的影响。表面粗糙度小的表面,摩擦系数小,使动配合表面运动的灵活性提高,工作表面的接触刚度也高,故可提高零件的工作精度,减少发热和功率损失。加工表面层的残余应力,会使零件在使用中继续变形,失去原有的精度,甚至导致表面出现细微裂纹。因此,已加工表面存在过大的残余应力,会使零件的工作精度下降。

(3)表面质量对疲劳强度的影响。

①表面粗糙度对疲劳强度的影响。表面粗糙度大的表面,微观不平的凹谷处会造成应力集中,在交变载荷的作用下会产生疲劳裂纹而加速零件的疲劳破坏,如图2-25所示。

零件上易产生应力集中的沟槽、倒角、圆角等形状突变处的表面粗糙度对疲劳强度的影响更大。因此,承受交变载荷的零件如连杆、曲轴,即使是非工作表面,通常也要求很小的表面粗糙度。

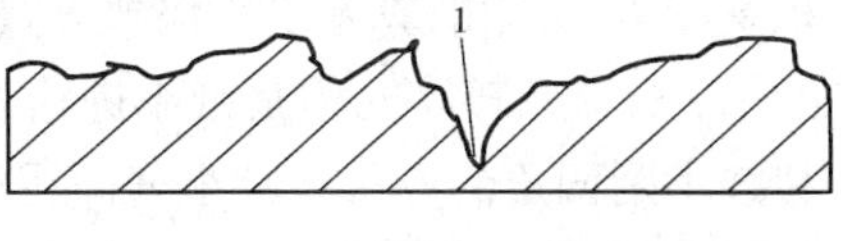

图2-25　零件的疲劳裂纹
1-微观裂纹

②表面层对疲劳强度的影响。零件加工后,适当的表面冷硬层有助于提高疲劳强度。因为加工硬化过的表面层可以阻碍疲劳裂纹的出现和扩展。但冷硬程度过高会增加金属脆性,反而容易出现裂纹,使疲劳强度降低。表面层残余应力的性质对零件疲劳强度有很大影响。若表面层中具有残余压应力,则可以提高零件的疲劳强度。因为零件的疲劳裂纹主要是由拉应力造成的,而压应力又可部分地抵消拉应力的作用。若表面层具有残余拉应力,则将显著地降低零件的疲劳强度。

(4)表面质量对抗腐蚀性的影响。零件表面粗糙度越小,其抗腐性就越强。由于粗糙表面在凹谷处容易积聚腐蚀介质,而且不易清除,所以会造成腐蚀。因此处于腐蚀工作环境的零件,其非工作表面也要求有很小的表面粗糙度。

表面应力状态对于在腐蚀条件下工作的金属零件的疲劳强度也有影响。若零件表面层中存在残余压应力,则有助于表面微小裂纹空间封闭,使零件对腐蚀作用的敏感性降低,提高抗腐蚀性能。

(5)表面质量对配合性质的影响。表面粗糙度对机器零件配合性质的稳定性有影响。对于间隙配合,零件表面粗糙度越大,磨损越大,使配合间隙迅速增大,这就改变了原先的配合性质,降低了配合精度;对于过盈配合来讲,在装配时由于配合表面的凸峰被压平,使其实际有效过盈量减小,从而降低了结合强度,影响配合的可靠性。

综上所述,零件使用性能对表面质量的要求是:

①减小表面粗糙度,能提高零件的耐磨性、疲劳强度、耐腐蚀性和配合性质的稳定性。但对于一定条件工作的摩擦副则有一个最佳的表面粗糙度要求,粗糙度过小反而不利。

②零件加工后的表面冷硬层有利于提高零件的耐磨性、疲劳强度和耐腐蚀性。但冷硬程度不能过高,否则会使金属变脆。

③表面层具有残余压应力,能提高零件的疲劳强度和抗腐蚀疲劳能力。若表面存在拉应力,零件的疲劳强度将显著降低。

因此,我们必须利用上述规律,有针对性地提高零件加工后的表面质量,以便提高零件的使用性能。

3. 影响表面质量的工艺因素及其控制方法

(1)影响表面粗糙度的工艺因素及其控制方法。在机械加工中,表面粗糙度形成的主要因素有两个方面,一是几何因素,即刀刃与工件相对运动轨迹所形成的切削层的残留面积;二是物理因素,即与被加工材料性质及切削机理有关的因素。此外,工艺系统的振动也常是影响因素。下面以车削加工为例,对这些因素进行分析。

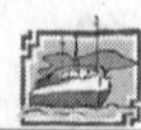

①刀具几何参数的影响。在车削加工时，刀刃会在加工表面上留下十分清晰的刀具与工件相对运动的轨迹。如车外圆时，已加工面将留下整齐的螺纹状的痕迹（称为残留面积），如图2-26所示。图2-26a）为没有刀尖圆弧的情况；图2-26b）为圆头车刀车削后的情况。

由图可见，减小进给量f、主偏角X_r和副偏角X'_r或增大刀尖圆弧半径r，均会减小残留面积高度H，则轮廓算术平均偏差R_a也随之减小。在精加工中，为了减小表面粗糙度，选取的进给量f一般都较小。但是减小进给量会降低生产率，因此越来越多地采用增大刀尖圆弧半径和减小副偏角的方法来减小表面粗糙度。

此外，刃口的直线度对工件已加工表面的粗糙度也有影响，精加工时特别显著。在精车时，车刀的切削刃应进行研磨。刀具磨钝后，加工表面的粗糙度数值增大，其R_z值可能增大50%～60%。

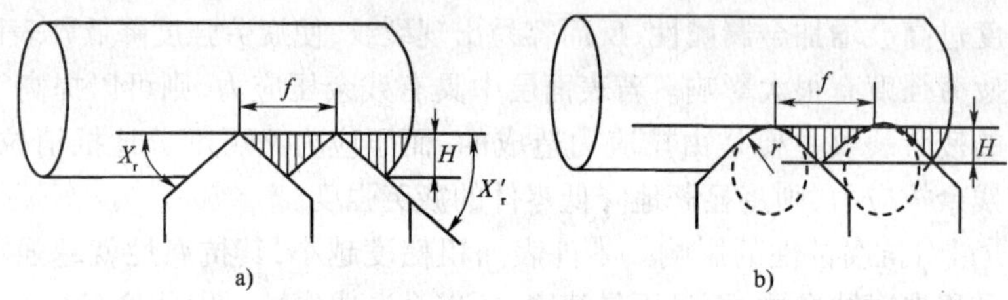

图2-26　切削层的残留面积

②切削用量的影响。在切削韧性材料时，切削速度v对产生积屑瘤的影响很大，因而对表面粗糙度的影响也很大。在$v<0.05\sim0.07$m/s的情况下，因切削温度低，没有积屑瘤产生，所以能获得较小的表面粗糙度数值；v提高到0.3～0.5m/s，容易产生积屑瘤，所以表面粗糙度数值增大；$v>0.83\sim1.17$m/s，积屑瘤逐步减小，再提高切削速度，积屑瘤就逐渐消失，表面粗糙度数值减小。当切削脆性材料（如铸铁）时，被切削层是脆性破裂，在刀具前刀面不产生积屑瘤，故切削速度对加工表面的表面粗糙度影响很小。

切削深度对表面粗糙度的影响一般不大。如果切深过小，由于切屑过薄，刀刃咬不住金属而“打滑”，刀刃就不能按理想运动轨迹切削出工件表面，使表面粗糙度数值增大。对磨削来说，砂轮的种类、质量及其修整、磨削用量以及磨床质量等对磨削表面粗糙度影响很大。

③工件材料性能的影响。一般来说，韧性越大的塑性材料，加工后粗糙度越大。这是因为材料的塑性越大，越容易产生积屑瘤和鳞刺。此外，切削晶粒大小不均匀的金属材料也会使表面粗糙度数值增大。所以切削钢材时，为了获得较小的表面粗糙度数值，可预先进行调质或正常化热处理，以得到均匀细密的晶粒组织和较高的硬度。在加工同一种金属材料的情况下，热处理得到的硬度越高，切削加工后得到的表面粗糙度数值也越小。因此，一般对被加工材料预先进行热处理，适当提高其硬度是减小表面粗糙度的有效措施。

脆性材料的加工，如切削铸铁时，切屑呈碎块状，同时石墨易从工件表面脱落而形成凹痕，从而使表面粗糙度增大。

④冷却润滑液的影响。切削加工时使用冷却润滑液，可以减少材料的变形和摩擦以及刀具的摩擦和磨损，降低切削区和刀具的温度，抑制积屑瘤和鳞刺的产生，有利于减小表面粗糙度。

⑤金属切削过程的振动。机械加工过程中工艺系统产生的振动，不仅使加工表面产生明

显的振痕,严重恶化工作表面质量,而且会缩短刀具和机床的寿命,降低生产率。振动的噪声还会危害工人的健康。

(2)影响表层金属物理力学性能的工艺因素及其控制方法。在加工过程中,工件由于受到切削力、切削热的作用,其表面层的物理力学性能会产生很大的变化,而与基体材料性能有很大的不同,最主要的变化是表面层的金相组织变化、微观硬度变化和在表面层中产生残余应力。不同的材料在不同的切削条件下会产生不同的表面层特性。当切削塑性金属时,如图2-27所示,被切削金属层在刀具切削刃和前刀面的作用下,经挤压而产生剪切滑移变形。同时,由于加工表面的弹性恢复,刀具后刀面与加工表面金属摩擦等使表层金属晶粒被拉长。这样一来,在切削过程中,由于刀具与加工表面的挤压和摩擦,金属发生变形,同时产生大量的热,使加工表面温度升高,于是在表面层中主要出现了以下几种变化现象:

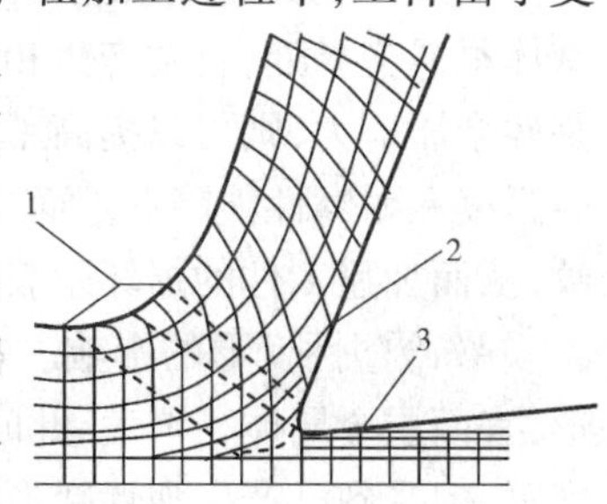

图2-27　金属表面层的形成
1-剪切变形区;2-挤压变形区;3-刀具后刀面挤压摩擦作用区

①加工表面的冷作硬化。切削过程中表面层产生的塑性变形使晶体间产生剪切滑移,晶格严重扭曲,并使晶粒拉长、破碎和纤维化,引起材料强化。这时它的强度和硬度都提高了,这就是冷作硬化现象。

表面层的硬化程度决定于产生塑性的变形力、变形速度以及变形时的温度。力越大、塑性变形越大,因而硬化程度越高;变形速度越快,塑性变形越不充分,硬化程度也就减弱;变形时的温度不仅影响塑性变形的程度,还会影响变形后的金相组织的“恢复”(歪扭的晶格局部得到恢复),从而减低冷硬作用。如果温度超过$0.4T_{熔}$(熔化绝对温度),就会发生金属的再结晶,即产生恢复现象,也就会部分消除冷作硬化。

影响加工表面冷作硬化程度的工艺因素有以下几方面:

A.刀具刃口的钝圆半径越大,已加工表面在形成过程中受挤压的程度也越大,加工硬化就越强。

B.刀具后刀面的磨损量增大时,后刀面与已加工表面的摩擦随之增大,冷作硬化程度也增加。

C.减小刀具的前角,加工表面层塑性变形增加,切削力增大,冷作硬化程度和深度都将增加。

D.切削速度增大时,刀具对工件的作用时间缩短,塑性变形不充分,随着切削速度的增大和切削温度的升高,冷作硬化程度将会减小。

E.进给量增大,使切削力增大,塑性变形的程度随之增加,冷硬现象加重。

F.被加工工件材料的硬度越低、塑性越大时,冷硬现象越严重。

②金相组织的变化。机械加工中,由于切削热的作用,使工件的加工区及其邻近区域温度升高,温度升高到超过金相组织变化的临界点时,金相组织就会产生变化。对于切削加工来说,一般还不至于严重到如此地步。磨削加工是一种最典型的易出现加工表面金相组织变化的加工方法,磨削传热性能特别差的高合金钢时,极易出现相当深的金相组织变化层(回火层),并伴随出现极大的表面残余应力甚至裂纹,同时出现彩色氧化膜,这就是磨削烧伤现象。

磨削烧伤使零件的性能和使用寿命大大下降,甚至成为废品。磨削烧伤的主要原因是磨

削温度过高。因此,采用硬度稍软的砂轮,选用较小的磨削深度和磨削速度,适当增加工件速度和轴向进给量以及充分冷却等措施,都可以降低磨削区温度,防止磨削烧伤。

③加工表面的残余应力。切削加工中表面层发生形状或组织的变化时,在表面层及其与基体材料交界处,就会产生相互平衡的弹性应力,这种应力就是表面层的残余应力。如果表面是残余压应力,则可以提高工件表面的疲劳强度和耐磨性能;如果存在残余拉应力,则会使疲劳强度和耐磨性能降低。而当残余应力超过材料的疲劳强度极限时,工件表面层就会出现裂纹,从而加速工件的损坏。表面层产生残余应力的原因如下:

A. 冷塑性变形的影响。在切削力的作用下,已加工表面层受拉应力产生伸长的塑性变形,表面层金属体积增大,此时基体金属尚处于弹性变形状态。切削力去除后,基体金属趋向恢复,但受到已产生塑性变形的表面的限制,不能恢复到原状,因而在表面层产生残余压应力,里层则产生残余拉应力与之相平衡。

B. 热塑性变形的影响。在切削(磨削)过程中,金属表面层局部温度比里层要高,表面层产生的热膨胀较大,因此表面层产生压应力和塑性变形,里层产生拉应力和弹性变形。切削过程结束后,表层温度下降快,表层收缩快,收缩量大,受到里层的阻碍而使表层产生残余拉应力。

C. 金相组织变化的影响。切削时的高温会使表面层的金相组织发生变化。表面层金属发生金相组织变化会引起体积的变化,必然导致内应力的产生。当表面层体积膨胀时,因受到基体的限制,产生残余压应力;而表面层体积缩小时,则产生拉应力。如在高速切削时,刀具与工件的摩擦面间温度可达600~800℃,表层金属有可能发生相变而形成奥氏体,冷却后变成马氏体。由于马氏体的体积比奥氏体大,因而表层金属膨胀,但受到里层金属牵制,结果使表层出现压应力,而里层存在拉应力。

由此可知,加工后表面层的残余应力是三个方面因素综合作用的结果。在切削加工中,当切削热不高时,是以冷塑性变形为主,此时表层中常产生残余压应力;而磨削时一般热量较高,相变和塑性变形占主导地位,故表面层常产生残余拉应力。

二、提高表面质量的工艺方法

综上所述,在加工过程中影响表面质量的因素是非常复杂的。为了获得所要求的表面质量,就必须对加工方法、切削参数进行适当的控制。控制表面质量常会增加加工成本,影响加工效率,所以对于一般船机零件的加工,用常规的加工工艺保证其表面质量就可以了,不必提出过高要求,而对于一些直接影响机器性能、寿命和安全工作的重要零件的重要表面就要根据其使用条件来控制表面质量。如船舶柴油机中的连杆、曲轴工作中要承受高应力和交变载荷,因此需要控制受力表面不产生裂纹与残余应力;为了提高轴承表面的接触疲劳强度,必须控制表面不产生磨削烧伤和微观裂纹;油泵柱塞偶件主要是保证其配合尺寸精度及稳定性,故必须严格控制表面粗糙度和残余应力等。提高表面质量的方法大致可以分为两大类:一类着重于减小加工表面的粗糙度;另一类着重于改善表面层的物理力学性能。

1. 减小表面粗糙度的加工方法

减小表面粗糙度的加工方法很多,其共同点都在于只切除少量的金属层。根据是否能提高工件的尺寸精度又可分为以下两类:

(1)可提高尺寸精度的精密加工方法。这类加工方法的共性特点是要求极高的工艺系统刚度、定位精度和极锐利的切削刃。

①金刚石精密切削。用单晶金刚石刀具切削铜、铝或其他软金属材料,能得到尺寸精度为0.1μm 和表面粗糙度 R_a 为0.01μm 的超精密加工表面。

金刚石精密切削的切削厚度在1μm 以下,切削是在高速下进行的,但进给量和切深都很小,因此工件的温度并不高。

这种精密切削对机床精度,如主轴回转精度、微小位移进给精度等都有极高的要求。机床必须安装在恒温室内,并置于隔振地基下。常采用吸屑器吸收切屑或进行充分的冷却润滑,以防止切屑擦伤加工表面。

金刚石刀具一般不用于加工黑色金属。钢铁材料常用立方氮化硼刀具或采用超精密磨削和镜面磨削的方法来得到极高的表面质量。

②超精密磨削和镜面磨削。通常将能获得加工精度为0.1μm 数量级、表面粗糙度 $R_a <$ 0.025μm 的磨削加工称为超精密磨削。将能获得 $R_a <$0.01μm 的磨削称为镜面磨削。

超精密磨削对机床精度和加工环境的要求与超精密切削类似。对冷却润滑液除要求充分供应外,还要严格过滤,确保洁净。

(2)光整加工方法。在一般情况下,用切削、磨削加工难以经济地获得小的表面粗糙度,此外这些方法也受到工件形状的限制。因此,在精密加工中常用粒度很小的油石、磨料等作为工具对工件表面进行微量切削、挤压和擦光,以有效地减小加工表面的粗糙度,这类方法统称为光整加工。光整加工不要求机床有很精确的成型运动,故对所用设备和工具的要求较低。在加工过程中,磨具与工件间的相对运动十分复杂,工件表面上的高点比低点受到磨料更多、更强烈的作用,使各点的高度误差逐步均化,从而获得很小的表面粗糙度。

①超精加工。用细粒度的磨条以一定的压力压在旋转的工件表面上,并在轴向做往复运动进行微量切削的光整加工方法。常用于加工内外圆柱面、圆锥面(如柴油机气缸套)。超精加工后表面粗糙度可达 $R_a \leq$0.012μm,表面加工纹路由波纹曲线相互交叉形成,如图2-28 所示。这样的表面持油性能好,可改善润滑效果,因此耐磨性好。由于切削温度低,表面层有轻度塑性变形,所以表面带有小的残余压应力。

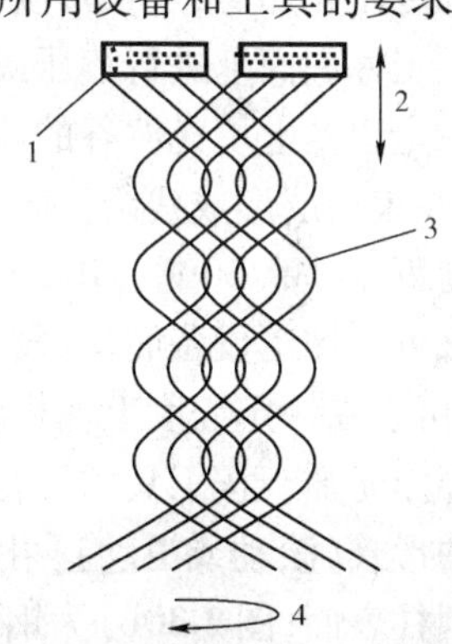

图2-28 超精加工表面的加工纹路的形成
1-磨条;2-磨条往复运动;3-加工纹路;4-工件回转运动

②珩磨。与超精加工类似,只是使用的工具不同以及运动方式不同。珩磨头带有若干块细粒度的磨条靠机械或液压的作用张紧和施加一定的压力在工件表面上,并相对工件作旋转与往复运动,结果在工件表面上形成由螺旋线交叉而成的网状纹路,如图2-29 所示。此种方法主要用于内孔的光整加工(如缸套内孔)。

由于珩磨时使用多块较长的磨条,所以与孔表面的接触面积较大,加工效率高。珩磨头与机床是浮动连接的,所以珩磨条可以与孔壁很好贴合,加工时不改变孔的中心位置。

③研磨。将研磨剂涂敷(干式)或浇注(湿式)在研具与工件间,工件与研具在一定压力下做不断变更方向的相对运动,在磨粒的作用下逐步刮擦并微量切除工件表面很薄的金属层。

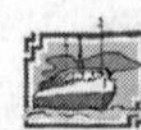

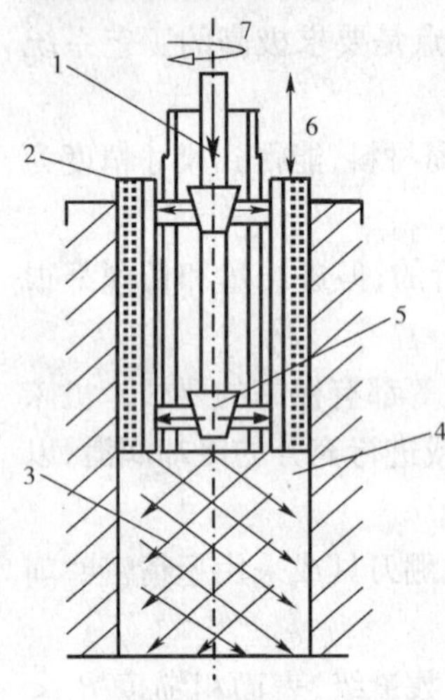

图 2-29　珩磨加工示意图

1-机械或油压力；2-磨条；3-珩磨加工纹路；4-工件；5-顶杆；6-往复运动；7-回转运动

此种方法可适用于各种表面的加工，粗糙度可达 $R_a < 0.12\mu m$，精度可达 5 级以上。研磨剂一般采用煤油、润滑油或油脂与研磨粉混合而成。有时还加入活性添加剂如油酸、硬脂酸等使研磨有一定的化学作用。研具一般采用比工件软的材料，常用的有细小珠光体铸铁、夹布胶木、玻璃、紫铜等。研磨的效率一般较低，且对工人的技术要求高。若将配合偶件进行对研，可以达到良好的气、液密封配合，但对研偶件只能成对使用，不能互换。

④抛光。是在布轮、布盘等软研具涂上抛光膏，利用抛光膏的机械和化学作用，去掉工件表面粗糙度的峰顶，使表面达到光泽镜面的加工方法。抛光时去掉的余量很小，因此只能减小表面粗糙度，不能提高零件的精度。

2. 改善表面层物理力学性能的加工方法

表面强化工艺可以使材料表面层的硬度、金相组织和残余应力得到改善，有效地提高零件的物理力学性能。常用的方法有表面机械强化、化学热处理和喷镀表面金属等，其中机械强化方法还可以同时降低表面粗糙度。

(1)机械强化。表面机械强化是通过机械冲击、冷压等方法，使表面层产生冷塑性变形，以提高硬度，减小粗糙度，消除残余拉应力并产生残余压应力。

①冷压光加工，是在常温下用硬材料(淬火钢、硬质合金、红宝石、金刚石等)制成的压光工具在工件表面上进行滚压或挤压，从而使工件表面层金属产生塑性变形，并可使粗糙度的波峰在一定程度上填充波谷的一种工艺方法。此方法的特点是：可以获得粗糙度数值较小的表面，并在表面层形成残余压应力，提高零件的疲劳强度，如曲轴轴颈圆角经冷压光加工后，其疲劳强度可以提高 50% ~100%。冷压光加工还可以提高零件表面的显微硬度和零件的耐磨性。该方法加工设备简单，效率高，一般在普通车床上装上压光工具即可进行加工，所以应用广泛，可以在一定程度上代替磨削、珩磨、研磨等。

冷压光加工按工具的压光元件(如钢球、滚轮等)或工具的压光部分(如挤压环)相对工件运动的形式(滚动或滑动)，可分为滚压加工和挤压加工。如图 2-30 所示，图 2-30a)为滚柱滚压外圆柱表面；图 2-30b)为钢球滚压外圆柱表面；图 2-30c)为在拉床上用拉挤工具对内孔进行挤压加工。

从冷压光加工的实质和特点中可以看出，凡是冷态下可以产生塑性变形的金属，都可以采用这种方法进行加工。用此法加工碳钢、合金钢、铜合金、铝合金以及铸铁等都可以获得良好

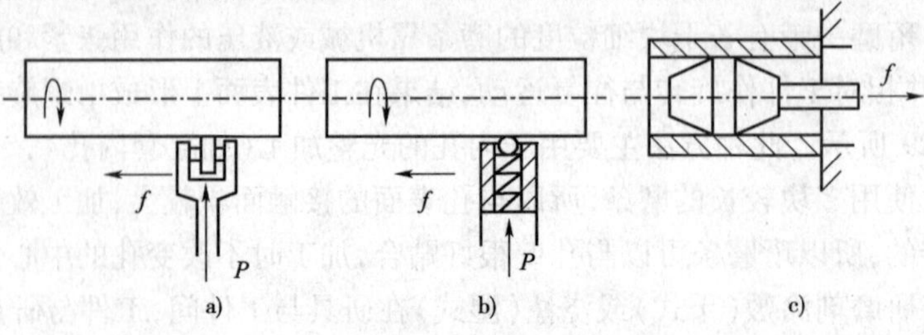

图 2-30　冷压光加工示意图

的效果。

冷压光加工方法可以用来加工各类型的工件表面，如内、外圆柱表面、圆锥表面、平面以及一些简单的成形表面等。

外圆冷压光加工通常是在工件经过精车或半精车以后直接在车床上进行滚压加工。曲轴轴颈及过渡圆角、凸轮轴等尺寸较大、技术要求较高的表面特别适宜于采用冷压光加工。这不仅是因为受设备限制难以进行磨削加工，更重要的是因为冷压光加工后零件的表面质量可以得到很大的提高。

②喷丸强化，是利用压缩空气或离心力将大量直径为0.4～2mm的钢丸或玻璃丸以35～50m/s的高速向零件表面喷射，使表面层产生很大的塑性变形，改变表层金属晶粒的形状和方向，从而引起表面层的冷作硬化，产生残余压应力的一种表面强化工艺。

喷丸强化可以加工形状复杂的零件。硬化深度可达0.7mm，粗糙度可从$R_a=2.5\sim5\mu m$减小到$R_a=0.32\sim0.63\mu m$。喷丸后零件的使用寿命可提高数倍至数十倍。喷丸在磨削、电镀等工序后进行可以有效地消除这些工序带来的有害的残余拉应力。若要求更小的粗糙度，则可以在喷丸后再进行小余量磨削，但要注意磨削温度，以免影响喷丸的强化效果。

(2)化学热处理。常用渗碳、渗氮或渗铬等方法，使表面层变为密度较小，即比容较大的金相组织，除提高硬度外，还在表面层产生残余压应力，提高了疲劳强度。其中渗铬表面强化性能好，是目前用途最为广泛的一种化学强化工艺。此外，对零件进行退火、时效等热处理，也能消除零件加工过程中所产生的残余拉应力。

(3)采用表面覆盖层。为了提高船机零件表面的综合力学性能，可在其表面喷涂或电镀一层金属或其他物质。常用的有：镀铬、镀铅—铟、喷钼等。

SIKAO YU LIANXI

一、简答题

1. 何谓加工精度？
2. 一个零件的加工精度包括哪些方面的内容？
3. 机械加工过程中影响加工精度的主要原因有哪些？
4. 什么是加工原理误差？举例说明。
5. 为什么一些有“加工原理误差”的加工方法仍被采用？
6. 何谓“工艺系统”？它对加工精度有哪些影响？
7. 何谓“误差复映规律”？有何实用意义？
8. 何谓表面质量？表面质量对零件使用性能有何影响？
9. 机械加工过程中，为什么会造成加工表面层物理力学性能的变化？这些变化对零件表面质量有哪些影响？
10. 工艺因素对表面层物理力学性能有何影响？

11. 表面质量的含义包括哪些主要内容?
12. 影响切削加工表面粗糙度的主要因素有哪些?
13. 磨削烧伤的主要原因是什么?采取什么措施可防止磨削烧伤的发生?
14. 表面强化工艺为什么能改善表面质量?生产中常用的表面强化工艺方法有哪些?
15. 简述减小表面粗糙度的加工方法有哪些?各有何特点?

二、判断题(对的打√,错的打×)

1. 加工后,表面层的物理力学性能的变化包括冷硬层、金相组织和残余应力的变化。( )
2. 表面层的残余应力对零件的使用性能都会产生不利的影响。( )
3. 表面层的冷塑性变形会使表面残留压应力。( )
4. 光整加工方法可以改善表面层物理力学性能。( )
5. 冷压光加工是一种不切除金属的表面力学强化的工艺方法。( )
6. 喷丸强化可以使表面产生残余拉应力。( )

第三章　柴油机主要零件的制造技术

●**学习目标**

知识目标

1. 能简单叙述船机典型零件的加工工艺过程；
2. 能正确描述船机典型零件加工主要工序的工艺；
3. 能简单叙述船机典型零件加工工艺的的特点。

能力目标

1. 会结合船机典型零件的加工工艺制订出类似零件的加工工艺；
2. 会进行加工基准、机床的选择及船机典型零件的检测。

第一节　曲 轴 制 造

一、概述

1. 曲轴的技术要求

曲轴是柴油机中最主要的零件之一，也是最难以保证加工质量的零件，其造价占一台柴油机总价的 10% ~20%。曲轴在工作时承受很大的扭转力矩及大小和方向都在不断变化的弯曲力，有时还承受扭转振动。它承担着输出柴油机全部功率的作用。由于工况条件恶劣，对曲轴的制造质量要求十分严格，其中任何一个环节没有保证质量，都将严重影响曲轴的寿命和整机的可靠性。因此，对曲轴的各部分尺寸、形状和位置精度以及表面粗糙度提出了较高的要求，如图 3-1 所示。

(1)尺寸精度和形状精度。曲轴工作时，由于各主轴颈和曲柄销与轴瓦在高单位面积压力和高速滑动摩擦条件下工作，为了减少磨损，对各轴颈的尺寸和形状精度均提出下列几项要求，见表 3-1。

曲轴的尺寸和形状精度　　表 3-1

序号	加工部位(误差项目)	精 度 要 求
1	主轴颈和曲柄销的直径尺寸	低速柴油机按 IT 7 级公差加工
		中速柴油机按 IT 6 级公差加工
		高速柴油机按 IT 6 级公差或更高一级加工
2	各轴颈长度尺寸和曲柄臂厚度	按 IT 9 级公差加工
3	曲柄半径的偏差	每 100mm 长不大于 ±0.15mm
4	法兰螺栓孔(与飞轮或联轴器连接)	按 IT 7 级公差加工
5	自由尺寸	按 IT 14 级公差加工

续上表

序号	加工部位(误差项目)	精 度 要 求
6	轴颈形状公差(圆度和圆柱度)	低速柴油机为尺寸精度 IT 9 级公差的 1/4
		中高速柴油机为尺寸精度 IT 7 级公差的 1/4
7	轴颈过渡圆弧	样板检验,间隙不超过 0.2mm

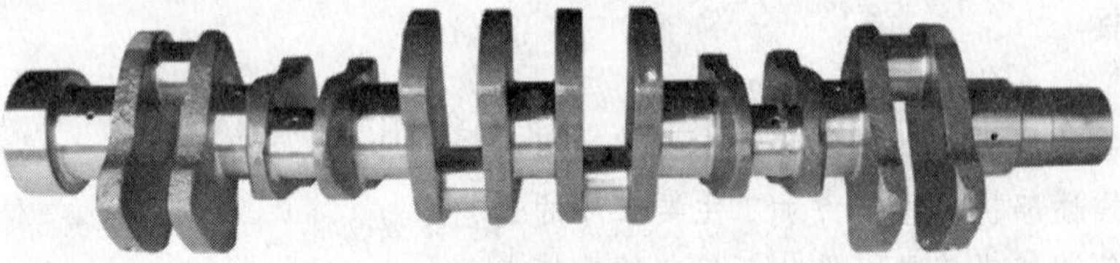

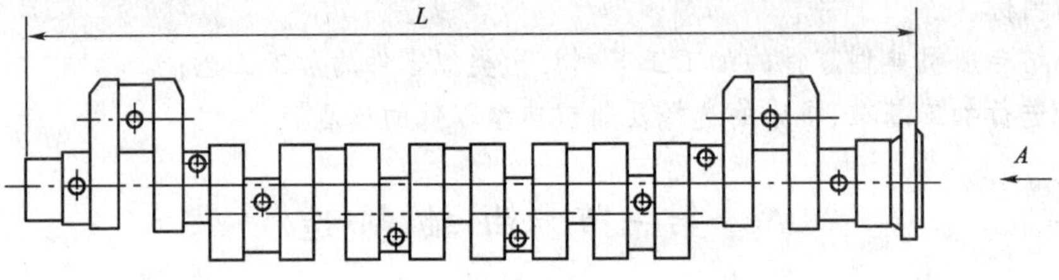

图 3-1　曲轴零件图

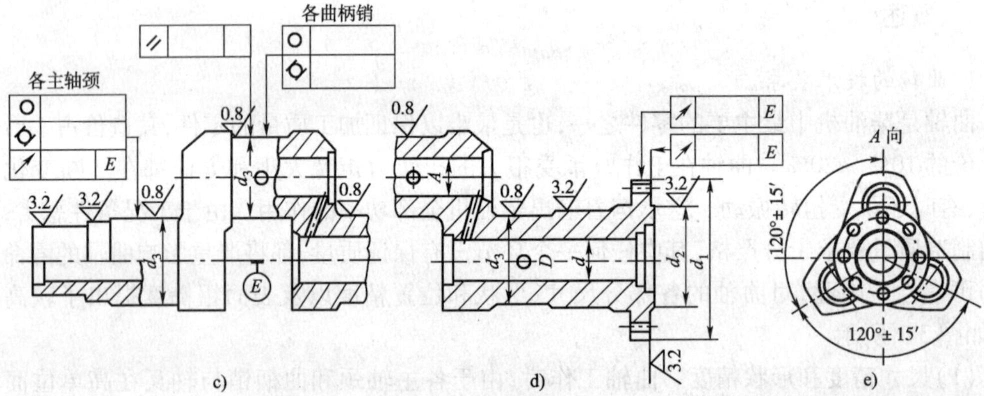

(2)位置精度。为使活塞连杆运动部件不走歪,减少曲轴的附加应力,避免轴颈与轴瓦产生不均匀磨损,使柴油机正时准确,运动平衡和工作可靠,对曲轴位置公差提出下列几项要求,见表 3-2。

曲轴的位置精度表　　表 3-2

序号	加工部位(误差项目)	精 度 要 求
1	各主轴颈的轴线应在一条直线上。主轴颈对曲轴轴线的径向圆跳动量	高速柴油机为 0.02 ~ 0.04mm
		中、大型柴油机为 0.04 ~ 0.08mm
2	曲柄销轴线与主轴颈轴线的平行度误差	每 100mm 长度上不大于 0.01mm
		手工修刮的曲柄销,每 100mm 长度上不大于 0.015mm
3	各曲柄间夹角误差	不大于 ±15′

续上表

序号	加工部位(误差项目)	精度要求
4	曲轴法兰端面应与曲轴轴线垂直,端面圆跳动误差	法兰直径在300mm以下不大于0.03mm
		法兰直径300mm以上不大于0.05mm
5	曲轴法兰外圆对曲轴轴线的径向圆跳动误差	不得大于0.02~0.05mm
6	曲轴的臂距差	每米活塞行程不大于0.075mm
		活塞行程小于400mm时,每米活塞行程不大于0.10mm,总值不超过0.03mm

(3)表面粗糙度。表面粗糙度对曲轴的疲劳强度、耐磨性和抗腐蚀性都有很大的影响,因此,为了适应各类型柴油机的工作需要,对曲轴各个表面提出下列几项要求,见表3-3。

曲轴的表面粗糙度　　表3-3

序号	加工部位(误差项目)	粗糙度要求
1	曲轴主轴颈和曲柄销	低速柴油机为 R_a1.6μm
		中速柴油机为 R_a0.8μm
		高速柴油机为 R_a1.6~0.8μm
2	油孔孔口和轴颈过渡圆弧	R_a1.6μm
3	曲轴法兰外圆和端面	R_a3.2μm
4	曲柄臂侧面	R_a12.5~3.2μm

必须指出,如果曲轴材料为合金钢,因它对应力集中非常敏感,故曲轴表面应较为光滑即使是非配合表面,其表面粗糙度也应为 R_a1.6μm。

对高速柴油机曲轴应进行动平衡实验,动平衡精度为0.005N·m。

2. *曲轴的材料和毛坯*

由于曲轴在极其复杂和恶劣的条件下工作,因此,制造曲轴的材料应具有足够高的强度,冲击韧性、疲劳强度和优良的耐磨性能。

(1)曲轴材料。现代大量生产的小型柴油机曲轴材料,一般采用球墨铸铁和普通碳素钢,例如QT600-3和35、40、45钢等。

船用大型低速柴油机曲轴,多采用半组合式制造,这时主轴颈常用35、40钢,曲柄则采用ZG270~500、ZG310~570;ZG25MnV铸钢。

船用中、高速柴油机整体式曲轴采用35、40、45、40Cr 35CrMoA钢为多,也有采用球墨铸铁QT600-3、QT700-2、QT800-2。对于高速强载大功率柴油机则多采用合金钢,如35CrMoA、18CrNiMoA、18CrNiWA。

球墨铸铁的强度、塑性、韧性以及疲劳强度接近钢,作为曲轴材料,目前已得到广泛应用。

(2)曲轴毛坯制造方法。曲轴毛坯制造方法常取决于曲轴的大小、结构、材料、生产批量

和工厂具体情况。曲轴毛坯的主要制造方法有下列几种(图3-2)：

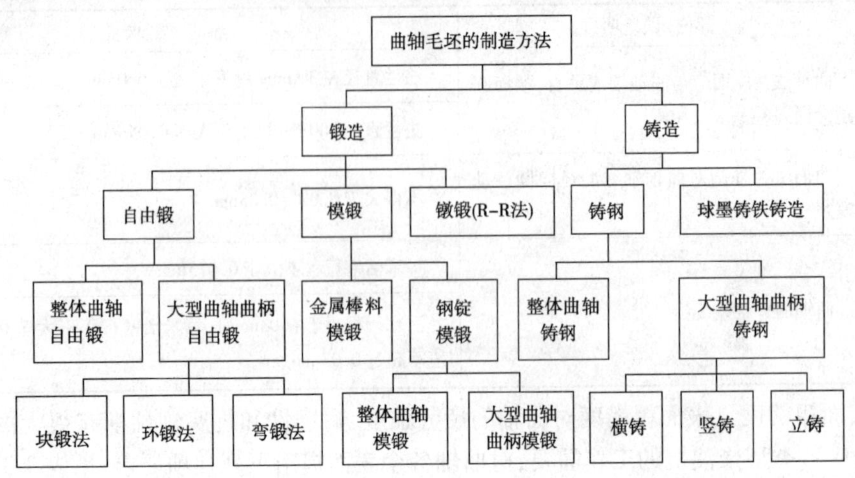

图3-2 毛坯制造方法

整体曲轴自由锻适用于单件或小批量生产的中小型曲轴毛坯制造,它通常按图3-3所示方法锻造成型。方法1在锻造过程中确定各曲柄之间的角度;方法2是先锻成图中工序2所示形状,然后锻出或粗车出主轴颈部分再扭转曲柄至所要求角度。在锻造时一般只锻出主轴颈,而曲柄销是从每个锻成的曲柄实心方块上切去多余金属而制成的,称为曲柄成型。这种锻造方法材料利用率低、花工时多,曲柄成型中割断了金属锻造流线,削弱了曲柄强度,曲柄成型后,曲柄销表面上常会夹杂缺陷,影响曲轴质量。

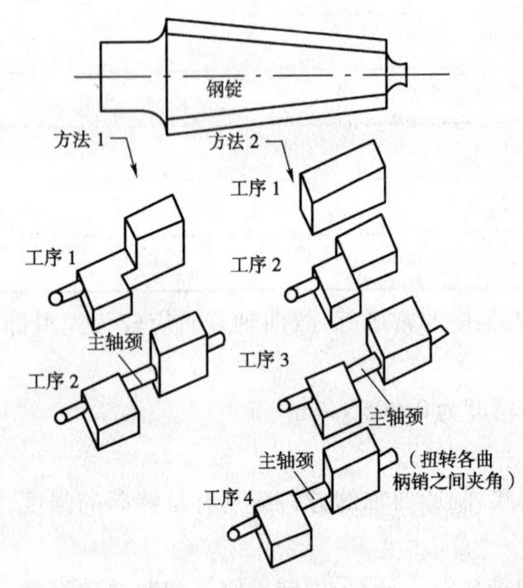

图3-3 整体式曲轴自由锻锻法

大型组合式曲轴曲柄的自由锻方法通常有三种:块锻法、环锻法、弯锻法,它们的锻造工艺过程如图3-4所示。金属棒料模锻法适用于小型曲轴毛坯制造,钢锭模锻适用于中型曲轴和大型组合式曲轴曲柄的毛坯制造。所谓模锻法是将金属棒料或钢锭通过一系列锻模锻造成曲柄毛坯。这种方法生产率高,材料利用率和成型性好,锻出的曲轴形状尺寸较精确,但它需制造一套专用锻模,成本较高,故适用于成批或大量生产的曲轴毛坯制造。

镦锻法是先把钢锭锻成圆棒,在其上锻出主轴颈、曲臂和曲柄销部位,如图3-5所示。在两主轴颈和曲柄销部位分别用模子压住,并由压力机的水平模块从轴的两端向中部镦锻,曲柄部分被镦锻成型,与此同时,压力机中间模具向下锻压曲柄销部分,因此产生镦锻弯曲作用,曲轴的一个曲柄就一次成型。用同样的方法镦锻其他个各曲柄,整根曲轴毛坯便锻造成功。此法已广泛用于缸径600mm左右的中速大功率柴油机整体曲轴毛坯的制造。

铸造曲轴其材料利用率高和成型性好、成本低廉,铸造曲轴可分为铸钢曲轴和铸铁曲轴两

种。前者主要用于小型曲轴毛坯和大型组合式曲轴曲柄毛坯的制造；后者主要用于中小型曲轴毛坯的制造。

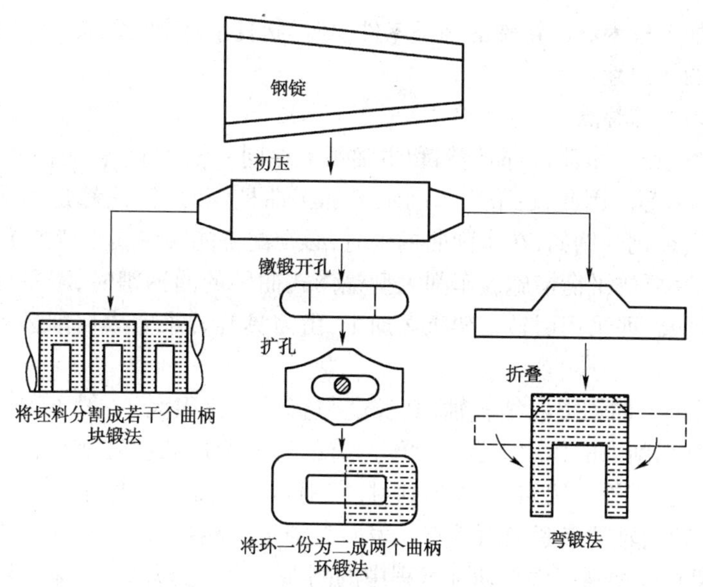

图 3-4　大型曲轴曲柄自由锻方法

铸钢曲轴按其材料分有铸碳素钢和铸合金钢两种，大型组合式曲轴曲柄毛坯的铸造一般用碳素钢，少数用合金钢。铸钢曲柄与锻钢曲柄比较，前者由于是铸造，所以其质量和疲劳强度等都比后者差。

铸铁曲轴具有较好的减振性能，轴颈的耐磨性、刚性好，但它的延伸率和冲击韧性较锻钢曲轴差。球墨铸铁是制造中小型曲轴毛坯的较好材料。

3. 曲轴的热处理

为了改善毛坯件材料组织和力学性能，消除内应力，对曲轴应进行必要的热处理。

对碳素钢曲轴锻件应进行正火处理，粗加工后进行退火处理，硬度为 HBS180 ~ 240。

对合金钢曲轴锻件应经正火处理，粗加工后进行调质处理，硬度为 HBS207 ~ 286（有时可达 HBS302 ~ 364）。对工作表面要求硬化处理的合金钢曲轴，轴颈表面可采用表面淬火或氮化处理硬度达 HRC50 以上，淬硬深度 > 2 ~ 3mm，氮化层深度 > 0.3mm。必须注意，各轴颈圆角处不应淬硬。

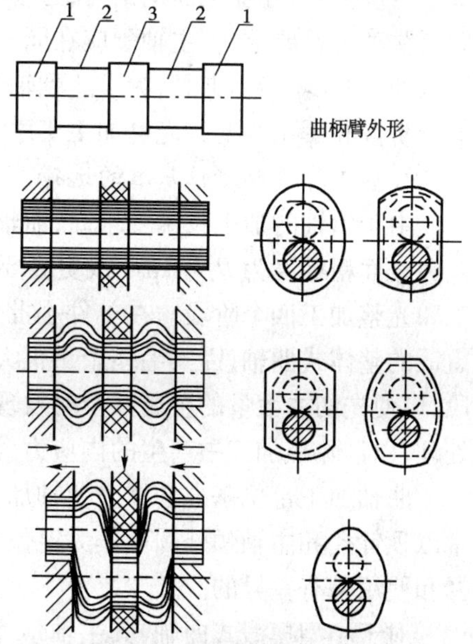

图 3-5　曲轴毛坯的镦锻

对铸钢曲柄应经过两次正火和回火处理，或高温扩散退火、正火及回火处理，粗加工后应进行退火处理。

对球墨铸铁曲轴应经正火处理，使材料力学性能符合要求，精加工前应进行退火处理，硬度为 HBS220 ~ 290。对工作表面要求淬硬的轴颈，推荐采用表面高频淬火，淬硬深度为 2.5 ~ 4mm。

二、曲轴加工特点与定位基准选择

曲轴是一种加工较困难的特殊的轴类零件，其形状复杂、刚性差，而加工技术又很高，这就决定了曲轴加工的特殊性。

1. 曲轴加工的工艺特点

(1)曲轴形状复杂。多曲柄，曲柄销和主轴颈不在同一轴线上，各曲柄在空间呈某一夹角分布，例如互呈120°等。因此，在采用车削工艺加工曲柄销时，往往都是不平衡回转的，这样便使得工艺过程复杂化。例如，在车削曲柄销时，必须配备能很快找正待加工曲柄销位置的偏心夹具，同时采取必要的平衡措施。车削大型整体式曲轴的曲柄销时，不平衡现象更为明显，这时不应使曲轴回转，而采用回转刀架机床加工，由刀具旋转来完成切削运动，这样就避免了不平衡力的产生。

(2)曲轴刚性差。曲轴类似细长轴，其长度与直径之比很大，一般 $L/D = 10 \sim 20$，所以刚度很差。在自重和切削力的作用下会产生较严重的弯曲变形和扭转变形，因此在工艺过程中必须采取相应的工艺措施。例如，在车外圆时，特别是在粗加工工序中，应采用具有大刚度的工艺系统；应尽量使曲轴的夹紧表面或支承表面与加工面相接近。为此须安装一些必要的辅助支承(如中心架)，以增强工件在切削过程中的刚性和改善受力情况；应采用双边(床头和尾座)同时传递转矩的机床，以减少工件的扭曲变形。

(3)技术要求高。由前述可知，曲轴的尺寸精度、形状精度和位置精度要求较高；表面粗糙度数值较小，所以，必须采取一系列措施才能达到加工要求。例如，为了达到曲柄销和主轴颈平行度要求，在加工曲柄销时，必须用已加工过的主轴颈为基准来定位；为了达到主轴颈径向圆跳动公差要求，各主轴颈应在同一安装中进行加工；为了达到曲柄夹角和曲柄半径尺寸的要求，必须采用专用夹具；为了达到轴颈的高精度和低表面粗糙度数值的要求，必须严格划分加工阶段和采用必要的光整加工工序等。

2. 加工阶段和定位基准的选择

由于曲轴的加工技术要求高，曲轴的主要表面如主轴颈和曲柄销加工精度达到IT6级公差和表面粗糙度为 $R_a0.8\mu m$ 或更高要求，所以一般将曲轴的加工分为粗加工、半精加工、精加工和光整加工四个阶段。在单件小批生产中，常把光整加工工序与精加工工序合并。对于自由锻的整体式曲轴，因其毛坯余量很大，且主轴颈几乎是多边形，故在粗加工前可安排荒车阶段，以便先切去大量的金属并及时发现轴颈表面的缺陷。在粗、精加工两阶段之间插入中间热处理，以消除粗加工中产生的内应力。

曲轴加工定位基准选择。曲轴加工时，由于各主要表面多数是旋转体表面和端平面，故通常以顶针孔和主轴颈外圆面作为定位基准，但是对不同结构和不同毛坯的曲轴，其定位基准选择和使用是有差异的。

对于小型模锻式曲轴，其主轴颈、法兰外圆和端面的加工，都是以顶针孔为定位基准，而曲柄销的加工则以主轴颈和角度定位销孔为定位基准。

对于中、大型自由锻整体式曲轴，其主轴颈、法兰外圆和端面的粗加工是以顶针孔初定位，然后采用找正安装工件，在以后的工序中则以主轴颈、法兰外圆和端面(或止口外圆和法兰外圆)为定位基准，这时如果继续使用顶针孔为定位基准，则顶针孔必须经过修正后才能使用。

法兰外圆和端面的加工以及修正顶针孔时，是以自由端主轴颈和靠近法兰端的主轴颈外圆作为定位基准。

对于铸造整体式曲轴，主轴颈的粗加工是以顶针孔为定位基准，有时也可选用法兰外圆和小端顶针孔为定位基准来粗加工各主轴颈和相应的其他表面。这是因为铸造曲轴毛坯的法兰外圆比较精确。必须指出，用这种方法定位时，粗加工后留给精加工的余量应比用已加工过的法兰外圆做定位基准时大些。

曲柄销的粗加工，无论是何种毛坯，都是以主轴颈、法兰外圆和端面及曲柄销的轴线为定位基准安装在夹具中，以保证达到曲柄销与主轴颈之间的尺寸和位置精度；而曲柄夹角的角度公差是以曲柄销加工的专用夹具上的分度装置的分度孔定位来达到要求的。

对于大型组合式曲轴，主轴颈的精加工和曲柄销修正加工是以主轴颈和法兰外圆为定位基准的。

三、整体式曲轴制造

1. 曲轴加工工艺过程

曲轴加工的工艺顺序，通常都是从加工定位基准或划线开始的，然后对各主要表面进行粗加工，接着插入中间热处理。精加工前应修正精加工工序的定位基准，次要表面的加工（如减轻孔、斜油孔、键槽等）可安排在主要表面加工工序之间，但应以不影响主要表面加工精度和表面粗糙度的获得为前提，如果轴颈必须光整加工，则应该安排在工艺过程的最后，以免再进行其他工序时破坏轴颈的表面粗糙度。

表 3-4 所列为在小批量生产条件下曲轴机械加工工艺过程。

整体六曲柄曲轴加工工艺过程　　表 3-4

工序号	工序主要内容	定位基准	机床或工作地点
1	毛坯检验、划轴线和加工线	毛坯表面	划线平台
2	打两端顶针孔	按划线痕	专用机床、镗床
3	粗车各主轴颈、曲柄外侧面及法兰外圆和端面（两次装夹）	顶针孔	车床
4	划法兰螺孔线、各轴颈减轻孔轴线及安装曲柄销加工夹具的找正线	主轴颈	划线平台
5	钻法兰螺孔	划线痕、主轴颈	专用钻床
6	粗加工曲柄销（曲柄成型）和曲柄内侧面、曲柄臂外形	主轴颈，法兰外圆及端面，划线痕	车床或专用铣床、回转刀架车床
7	钻、镗轴颈减轻孔	划线痕或主轴颈	镗床或专机
8	热处理	—	热处理车间
9	修整定位基准：两端及中间主轴承、法兰外圆	主轴颈及法兰外圆	车床
10	半精车曲柄销及曲柄内侧面	同工序 6	车床
11	车曲柄臂外形至要求尺寸	同工序 6	车床
12	半精车主轴颈及曲柄外侧面、法兰外圆和端面（两次装夹）	主轴颈及法兰外圆	车床

续上表

工序号	工序主要内容	定位基准	机床或工作地点
13	精镗减轻孔至尺寸要求	主轴颈	专用机床
14	修正定位基准(同工序9)	同工序9	车床
15	精车曲柄销及曲柄内侧至要求尺寸	同工序6	车床或曲轴磨床
16	精车主轴颈、曲柄外侧面、法兰外圆及端面至要求尺寸(两次装夹)	同工序12	车床或曲轴磨床
17	精镗法兰螺孔至要求尺寸	主轴颈	专用机床
18	铣键槽	主轴颈划线痕	铣床或专机
19	钻所有斜油孔和直油孔	主轴颈	专机或镗床
20	主轴颈光整加工	主轴颈	专用机床
21	钳工修整:油孔口倒角、去棱边毛刺	—	钳工
22	成品检验	—	—

2. 曲轴加工主要工序分析

(1)主轴颈加工。主轴颈粗加工(以六曲柄曲轴为例)时,由于加工余量比较大(对于自由锻毛坯),曲轴的刚性较大,不需要采取更多的工艺措施,可直接装夹到刚度较大的车床上加工。这时以曲轴两端的顶针孔定位。将曲轴吊装在车床床头及尾座顶针上定位后,曲轴凸缘端(或自由端)装夹在四爪卡盘中,另一端用尾座顶针顶住,自卡盘端或尾座端开始顺次粗车各主轴颈和曲柄外侧面。然后掉头装夹,加工法兰外圆和端面(或加工自由端轴颈)。对于铸造毛坯,在有些情况下,主轴颈粗加工时仍加装中心架。

主轴颈半精加工时,无论是铸造或是锻造毛坯,都必须加装中心架,以便提高曲轴加工的刚性。对于六曲柄曲轴加工如图3-6所示。

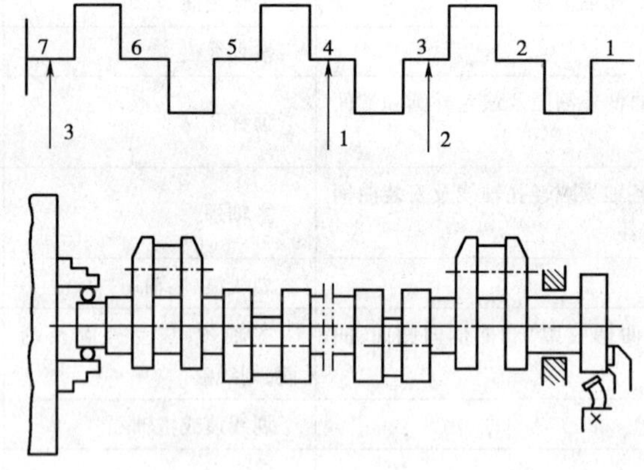

图3-6　曲轴主轴颈半精加工装夹简图

①以第4主轴颈作为中心架的支撑位置。这时曲轴以两顶针孔定位后,曲轴法兰夹紧在车床四爪卡盘中,另一端以尾顶针顶住,校正主轴颈的径向圆跳动量后,在第4主轴颈处修光及支上中心架并调整,使各曲柄的臂距差值在规定范围内(通常活塞行程在500mm以下时,臂距差值为0.03~0.05mm),然后固紧中心架,便可车削第1、2、3主轴颈。

②将中心架移装到第3主轴颈处，校正臂距差值达到上述同样要求范围时，即可半精车第4～7主轴颈。

③将曲轴掉头装夹，车削法兰外圆和端面。这时将小端夹紧在卡盘中，有时为了便于校中调整和防止轴颈被夹毛，必须在轴颈与卡爪间加垫小铜棒，并在第7主轴颈处（有时亦可在第3、5、主轴颈处）支以中心架，校正主轴颈的径向圆跳动量，校中后紧固中心架，便可车削法兰外圆和端面。

主轴颈精加工是曲轴机械加工中最重要的工序之一。为了达到高精度要求，必须提高曲轴加工时的刚性，对六曲柄曲轴通常可加装3～4个中心架，在精车各主轴颈的过程中，安放或移装中心架时，都必须严格校正轴线，使中心架处各主轴颈的径向圆跳动量小于成品曲轴该项要求的一半，各曲柄臂距差值小于成品曲轴该项要求的一半。

主轴颈精车时，将曲轴法兰夹紧在卡盘中，自由端轴颈和第4主轴颈上支中心架，如图3-7所示，其中第4主轴颈在支上中心架前应经过修正。校调主轴颈径向圆跳动量和各曲柄臂距差值达到规定要求，然后精车修整第1、3、5主轴颈作为支中心架用，接着在第1、3、5主轴颈处支上中心架，如图3-7b）所示，校调主轴颈径向圆跳动量和臂距差值后，精车第2、4、6、7各主轴颈和圆角至要求尺寸，再将中心架移到已精车好的第2、4、6主轴颈处，如图3-7c）所示，同样校调轴线合格后，精车第1、3、5主轴颈和圆角至要求尺寸，同时精车自由端平面至长度尺寸要求。在加工第1主轴颈和自由端平面时，为了避免由于悬伸太长而引起弹性变形造成轴颈形状误差超差的可能，可先将第3、5主轴颈加工至要求尺寸，然后将第6主轴颈处的中心架移至自由端小轴颈位置，如图3-7c）中虚线箭头所示，校调好后再加工第1主轴颈和自由端平面至要求尺寸。接着将曲轴调头装夹，自由端轴颈夹紧在卡盘中，第3、5、7主轴颈处支以中心架，如图3-7d）所示，校调轴线合格后即可精车凸缘外圆及端面至要求尺寸。

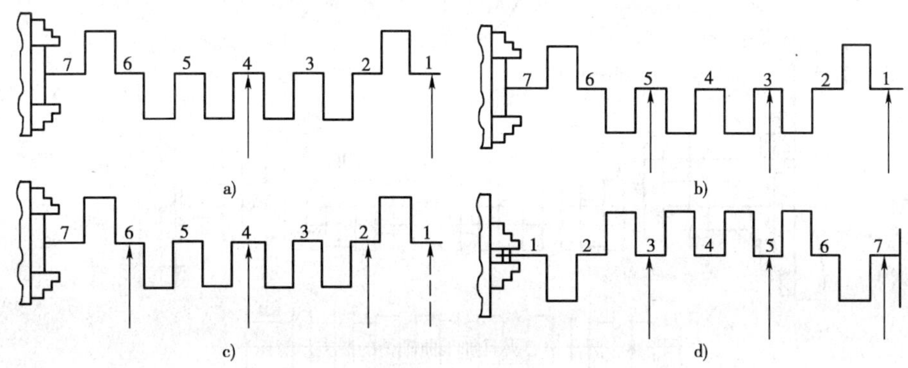

图3-7　精车主轴颈装夹示意图

在精车或半精车主轴颈的过程中，应同时将曲柄臂顶圆或外圆车至要求尺寸。

主轴颈的精加工，有时是在半精车后采用粗、精磨来达到的。特别是中、高速柴油机曲轴加工。磨削可在专用曲轴磨床（包括CNC曲轴主轴颈磨床）上进行，这时必须先修正精磨定位基准，使定位精度得以保证。精磨时，除应选择合适的磨削用量外，还应注意防止在磨削中产生工件跳动和振动的现象。

主轴颈的光整加工，在小批生产条件下，对中、大型柴油机曲轴，一般在精车后采用细砂布砂光，或采用特制的夹环手工操作进行抛光，或者采用轴颈抛光专用机床抛光。也可采用风动

工具进行圆角抛光。对球墨铸铁曲轴,采用专用圆角滚压器对轴颈圆角进行冷压光加工,效果更为显著。冷压光加工后,金属表层冷作硬化,从而产生残余压应力,曲轴的疲劳强度和使用寿命明显提高。抛光后的曲轴装机后可以减少整机热磨合试验时间。

(2)曲柄销加工。曲柄销加工是曲轴加工中较难的工序,它比主轴颈加工多了两个问题,即角度定位和曲轴旋转时的不平衡。

在小批量生产中,对于中型柴油机铸造曲轴,其曲柄销的加工,多数情况下在普通车床上进行,安装工件时应使待加工的曲柄销轴线调整到与车床回转轴线同轴,这可借助于偏心夹具来实现,如图 3-8 所示的圆盘形偏心夹具。加工时先将车头来具和尾座夹具分别装到曲轴的法兰端和自由端,用划线找正偏心夹具与某一方位上一对曲柄销的相应位置,使得加工的曲柄销轴线与夹具上的车头、尾座偏心孔轴线同轴。找正后,紧固尾座轴承螺栓和车头夹具角度定位盘与曲轴法兰及夹具本体的连接螺栓。曲柄之间夹角是通过车头夹具和尾座夹具上互呈 120°分布的分度孔和插入对定销来获得的,将装好夹具的曲轴吊上车床。这时先将车头夹具上的偏心孔装入车头主轴上的心轴,并将车头夹具与车床卡盘用螺栓紧固,然后将尾座夹具装入尾座心轴(顶针),这样就保证了待车削的曲柄销轴线与车床回转轴线同轴。图 3-8 所示为车削第 1、6 曲柄销时的装夹情况。当加工完某一对曲柄销后将夹具上的对定销取出,并松开车头、尾座夹具定位盘与本体的连接螺栓,然后将定位盘连同曲轴转 120°,再插入对定销和紧固连接螺栓,便可车削另一对曲柄销。

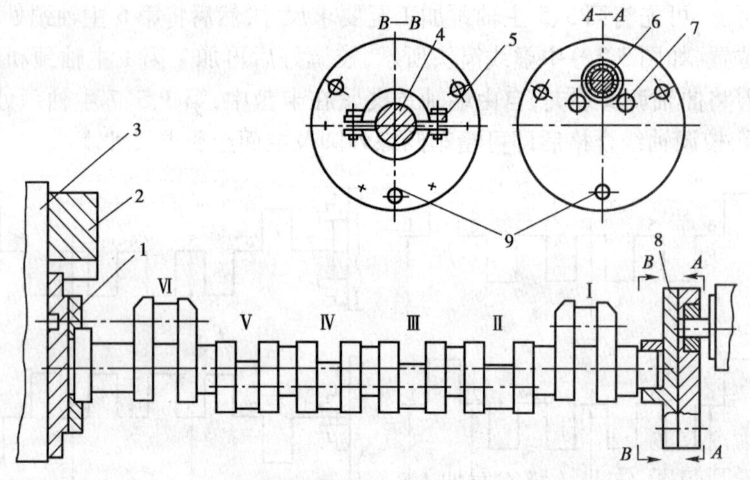

图 3-8　圆盘偏心夹具加工曲轴销的装夹示意图

1-车头夹具;2-平衡重;3-车床花盘;4-自由端轴颈;5-尾轴承座;6-尾顶针;7-车曲柄臂圆弧顶针孔;8-尾座夹具;9-分度孔;Ⅰ~Ⅵ-六曲柄铸

曲柄销加工时,是以主轴颈(或自由端轴颈)和凸缘外圆及端面(或凸缘端止口外圆及端面)为对定基准。因此,在曲轴加工工序中,每一次主轴颈和凸缘外圆及端面的加工,都为曲柄销加工准备了定位基准。

曲柄销加工时,由于车床要带动一个大而不平衡工件旋转,因此必须加装平衡块。平衡块的重量可根据曲轴偏心重量估算求得。在曲柄销粗加工、半精加工及精加工过程中,由于曲轴旋转的不平衡质量逐渐减小,所以平衡块重量应随之逐步减少。

为了提高曲柄销加工的生产率,对于中、大型柴油机整体自由锻曲轴曲轴销的加工,可采用具有旋转刀架的曲轴车床,或在普通车床上加装旋转刀架进行。这时工件固定不动,由刀架旋转和进给而完成切削加工。由于工件不动,不平衡问题就不存在了。

中、小型柴油机曲轴轴颈也可采用铣削加工。一般来说,对于锻造曲轴,当曲柄臂较长,加工余量大而不均匀、两曲柄臂间的宽度相当宽时,采用铣削法较为有利。当采用铣削加工时,曲轴根据铣床的类型或是固定不动或是只转几转,刀具绕工件回转一周或工件绕主轴颈轴线回转,与刀具做相对切削运动一周后铣出一个完整的轴颈(主轴颈或曲柄销),这样就避免了不平衡问题。又因用装有硬质合金刀盘切削,每次只有一个刀刃切削,所以作用到曲轴上的铣削力很小、工件变形小,加工精度得到提高,并且刀具寿命长。一台铣床可以加工出曲轴的主轴颈、曲柄销、台肩、曲柄臂侧平面、曲柄臂外圆及外圆倒角等部位,提高了机床的利用率。

曲柄销的光整加工同主轴颈一样,可在精车后用细砂布进行抛光,或者在轴颈抛光专用机床上抛光,也可采用冷压光加工方法,以进一步降低曲柄销的表面粗糙度数值和提高表面硬度,从而提高了曲柄销的疲劳强度和曲轴的使用寿命。

四、组合式曲轴制造

目前,大功率低速柴油机曲轴,常采用"组合式"(半组合式或全组合式)制造方法来生产。

"半组合式"制造曲轴是将曲轴各个单独的曲柄和主轴颈分开来制造(其中曲柄臂和曲柄销浇铸或锻造成整体称为曲柄),然后套合成整根曲轴,再经过少量加工修整而制成成品。

"全组合式"制造曲轴是将曲轴每一曲柄的主轴颈、曲柄臂和曲柄销分开来制造,然后套合成整根曲轴,再经过少量加工修整而制成成品。

"半组合式"方法应用较为广泛。下面说明采用"半组合式"方法制造曲轴的主要工艺过程。

1. 套合前曲轴的曲柄和主轴颈的机械加工

必须指出,提高曲轴各元件的机械加工精度,是提高组合曲轴制造质量的前提。所以对曲柄和主轴颈的机械加工,应提出较高的加工精度要求。在缺乏旋转刀架机床的情况下,曲轴套合后曲柄销通常不再进行机械加工而只作少量修整,这时应将曲柄销加工到留少量修整余量的尺寸,而主轴颈则进行精加工。因此,对曲柄加工应提出较高的技术要求。

曲柄和主轴颈的加工技术要求如图 3-9 所示。

曲柄销的尺寸精度,按 IT 7 级公差加工。

曲柄臂平面 K 与曲柄上主轴颈套合孔 M 的轴线垂直度误差不大于 0.05mm/m。

曲柄销轴线与套合孔 M 轴线的平行度误差不大于 0.10mm/m。

曲柄臂上两主轴颈套合孔的轴线应同轴,否则将直接影响曲柄相邻两主轴颈轴线的同轴度误差。此外,主轴颈、曲柄销以及套合孔的圆度和圆柱度误差应控制在 0.005 ~ 0.025mm 之内。若主轴颈 A、套合孔 M 表面存在较大的圆度和圆柱度误差,则套合后主轴颈的轴线偏离设计轴线,影响曲轴的套合质量。

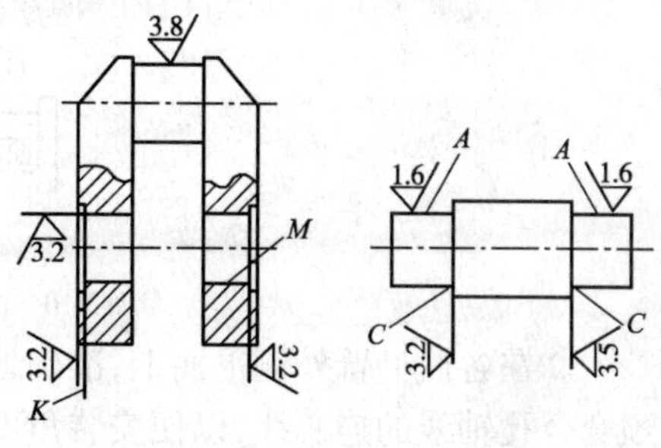

图 3-9 曲柄和主轴颈的加工技术要求

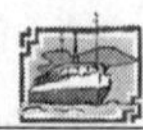

主轴颈尺寸精度，其套合部分 A，即套入曲柄臂套合孔 M 中的部分，按 IT 6 级公差加工；主轴颈非套合部分应留适当的加工余量（通常留直径余量为 4 ~ 5mm），以备套合后机械加工和修整用。主轴颈和曲柄各部分的表面粗糙度见图 3-9。

半组合式曲轴的主轴颈、曲柄上的主轴颈套合孔表面及曲柄销表面，应经过磁粉探伤检验，探伤后应退磁。

现以大功率低速柴油机半组合式曲轴的曲柄为例，曲柄材料为 ZG25MnV，毛坯已经过正火和回火处理，其套合前的机械加工顺序如下：

（1）划曲柄轴线及所有表面加工线。

（2）刨或铣曲柄外侧面及斜面。

（3）粗车曲柄销和曲柄内侧面。

（4）粗镗曲柄上主轴颈套合孔和曲柄销减轻孔。

（5）热处理（退火）。

（6）精车曲柄销。

（7）精镗主轴颈套合孔。

（8）光整加工曲柄销。

主轴颈套合孔和曲柄销减轻孔的加工，可在立式车床或卧式镗床上进行。

2. 组合式曲轴的套合

组合式曲轴的套合有红套和液压套合两种方法，而红套的方法应用较为广泛。

红套是利用金属材料热胀冷缩的变化规律，把比曲轴主轴颈直径稍小的曲臂孔加热胀大，将主轴颈套入曲臂孔中，冷缩后形成过盈配合，轴与孔（即主轴颈和曲柄）就形成了能传递转矩的结合体。这种套合工艺就叫作红套。曲轴红套工艺可分为红套前准备、单件套合和组件套合等三个阶段。

（1）曲轴红套前的准备。曲轴红套前的准备工作主要有如下几项：

①复查所有的曲柄和主轴颈有关尺寸，如孔径、轴径、轴向长度尺寸及过盈量等，并做好记录和分组编号，用标记注明前后，以免红套时套错，如图 3-10 所示。

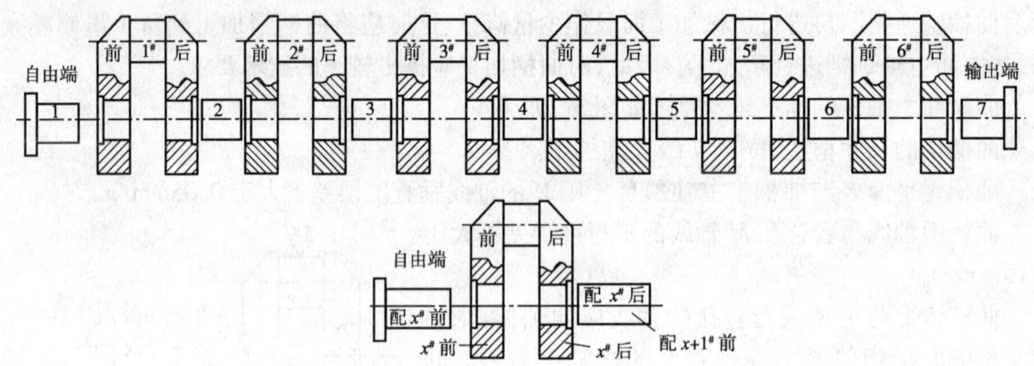

图 3-10　曲轴各主轴颈和曲柄红套前的编号

②在各曲柄臂外侧平面上，准确地划好曲柄臂对称平面线，即曲柄销轴线与曲柄臂上主轴颈套合孔轴线的连心线，以便安装角度定位器时作为定位基准之用。

③准备好红套时所需的一切工具,包括校平仪器、测量工具、定位工具、夹紧吊运工具、加热设备和清洁用具等。

(2)曲轴单件套合。曲轴红套时,有竖套和横套两种方式,我国各造机厂广泛采用竖套的方式。

曲轴单件套合是将某一曲柄与主轴颈套合成曲柄组。主要是保证主轴颈红套后的轴向尺寸、主轴颈轴线与曲柄销轴线的平行度要求。红套工艺顺序是将曲柄放于大平板上,由三个千斤顶支撑,两曲臂之间用支撑铁支撑,通过调节三个千斤顶用水平仪校平曲柄上表面,使其保持水平,用四氯化碳或酒精清洁轴和孔的套合表面,去除油脂。准备好加热设备。在主轴颈上安装好轴向定位箍和吊箍后吊起主轴颈,通过调节三个开式锁具螺旋扣即花篮螺栓,用水平仪校平主轴颈上表面,如图 3-11 所示。使主轴颈垂直,并将毛刺砂光,用四氯化碳或酒精清洗轴和孔的套和表面。然后对曲柄进行缓慢加热,图 3-12 为缸套时用丙烷气喷射加热曲柄的示意图,喷射加热器喷嘴 3 置于曲柄臂的两侧,每侧设四排喷嘴。为了使曲柄受热较均匀,在靠近曲柄销部位的曲柄臂内侧设置一横向加热区,此处加热喷嘴可设置一排或两排。用这种方法加热的效果良好,不仅能使曲柄臂上的主轴颈套合孔得到比较均匀的胀大,而且容易控制加热温度。当曲柄臂套合内孔表面温度到达 200℃左右(在曲柄臂外边缘的温度为 240℃左右)时,用内径量棒在套合孔的相互垂直的两个位置上检查孔径尺寸,满足要求后则清洁孔壁。将主轴颈对准孔,先用手动葫芦将主轴颈放入孔内 5 ~ 10mm 后,再由行车吊钩放下套入,到轴向定位箍端面与曲臂外侧平面接触时停止放下行车吊钩,改用手动葫芦放下套入,直到轴向定位箍端面与曲臂外侧平面贴紧为止。红套后向曲柄组件喷射压缩空气使之均匀冷却,这时曲柄仍须按套合时位置放置,使轴颈的轴线与地面垂直。

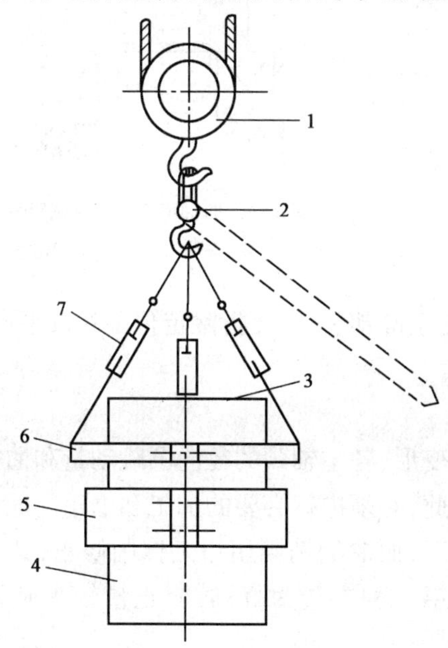

图 3-11　主轴颈的校平

1-行车吊钩;2-手动葫芦;3-校水平;4-主轴颈;5-轴向定位箍;6-吊箍;7-花蓝螺钉

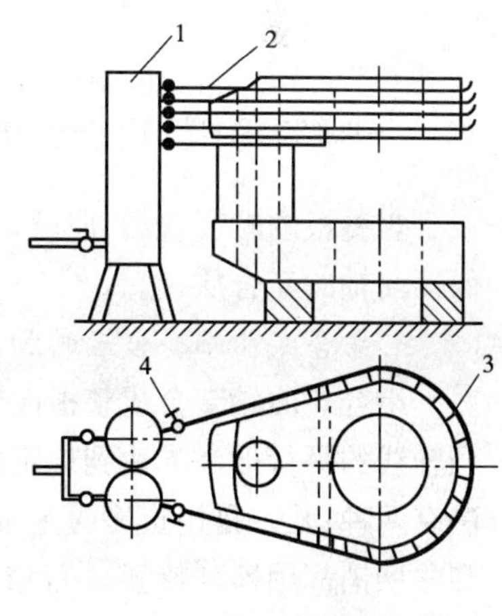

图 3-12　丙烷气喷射加热曲柄示意图

1-燃气箱;2-燃气管;3-喷嘴;4-阀

(3)组件套合成整根曲轴。组件套合是将单件套合好的曲柄组件套合成整根曲轴。这时除了要保证曲轴长度尺寸以外,还必须保证各曲柄之间的夹角要求。因此在组件套合加热前

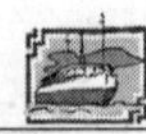

必须将轴向定位器和角度定位器安装正确。

红套的顺序通常是以法兰端为基础置于最下面,也可以自由端为基础,按先后次序逐一套合。组件套合时的加热、测量、套入方法等工艺与单个曲柄套合时相同。红套时应注意角度定位箍上的定位销对准角度定位座上的内孔套入,以保证相邻曲柄之间的夹角。为了加速红套进程,可将单件套合和组件套合平行交错进行,即在单件红套时,先套合作为基准的曲柄组及与之相套合的曲柄组,然后,一方面依次继续其他曲柄组的单件套合,一方面可开始组合件的套合。

在组件套合时,还必须注意吊运曲柄组件时的平衡问题。实践证明,用加装平衡重2的方法使之得到平衡,效果良好,如图3-13所示。如果不用平衡重,则可调节松紧螺旋扣(俗称花篮旋扣)借助水平仪3将曲柄组件校平后才吊运。当加装平衡重时,也要用同样的方法将曲柄组件校平后才吊运。曲柄组件的放置情况如图3-14所示。

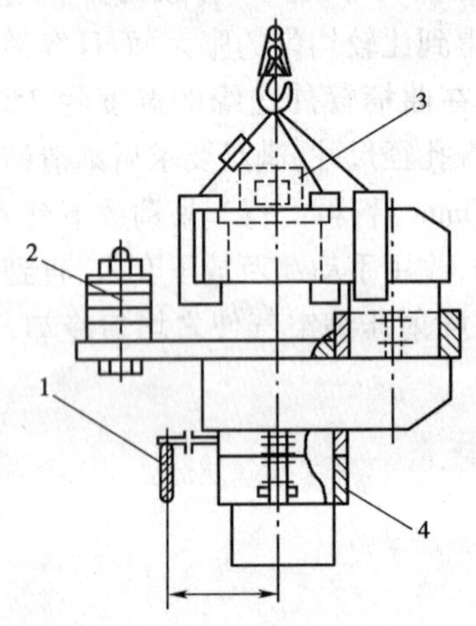

图3-13 曲轴红套时曲轴组件吊运情况

1-角度定位器;2-平衡重;3-水平仪;4-轴向定位器

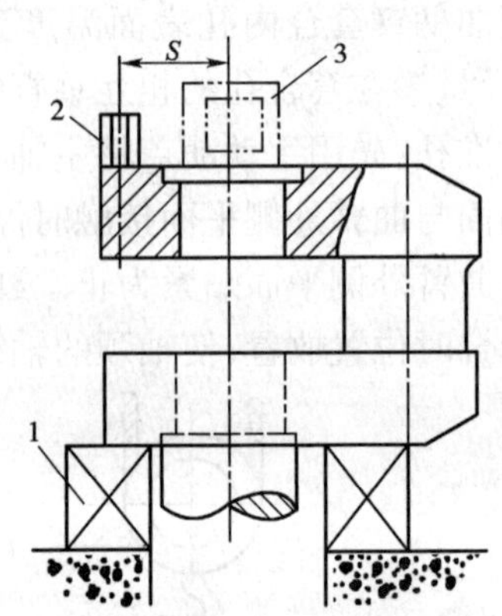

图3-14 曲轴组件红套时放置情况

1-垫块;2-角度定位座;3-水平仪

当整根曲轴套合后,应就地均匀冷却,待完全冷却后,才可拆除定位工具及平衡重等,以便保证曲轴的套合质量。

3. 组合式曲轴套合后的加工

组合式曲轴套合成整根曲轴后,由于红套变形,各主轴颈的径向圆跳动量和曲柄销与主轴颈轴线的平行度尚未达到规定的技术要求,因此,必须进行必要的加工和修正。通常采用的方法有两种:其一是用机床对主轴颈进行机械加工,而曲柄销则用钳工锉削修正;其二是主轴颈和曲柄销都用锉削修正。若修正量较大则用第一种方法为好;若修正量较小则采用第二种方法。

采用机械加工方法修正主轴颈可在车床上进行,工件的装夹和校调与整体式曲轴主轴颈精加工工艺方法相类似。所不同的是,红套后曲轴主轴颈的径向圆跳动量比整体式曲轴在半精加工后要大些。此外,在生产实践中,往往将红套后曲轴主轴颈的机械加工分为半精加工和精加工两个阶段,其加工方法和步骤视具体情况而定。

五、曲轴成品的检验

曲轴成品检验是指全部加工工序完毕后进行的全面检验。其主要内容如下：

1. 各轴颈直径和长度尺寸误差的检验

通常可采用外径千分尺进行。检验轴颈直径时，可在每个轴颈的首、中、尾三个位置（或首、尾两个位置）上相互垂直的平面内进行测量。这样不仅可以知道轴颈的尺寸精度，还可得出其圆度和圆柱度等形状误差值。

2. 臂距差测量

臂距差是指曲轴的某一曲柄位于两个相对位置时，其两曲柄臂间距离的差值。在生产中规定：曲轴的某一曲柄位于两个相对位置时，即在垂直平面内曲柄在上止点和下止点位置，在水平平面内曲柄在左舷和右舷位置，两曲柄臂间距离的差值，称为某一曲柄的臂距差。如图3-15所示，当某一曲柄在上止点时，曲柄臂间的距离为 L_1，曲柄在下止点时，曲柄臂间的距离为 L_2，因此曲柄的臂距差值（δ 表示）为：

$$\delta = L_1 - L_2$$

若 δ 为正，轴线为上凹形，若 δ 为负，轴线为下凹形。

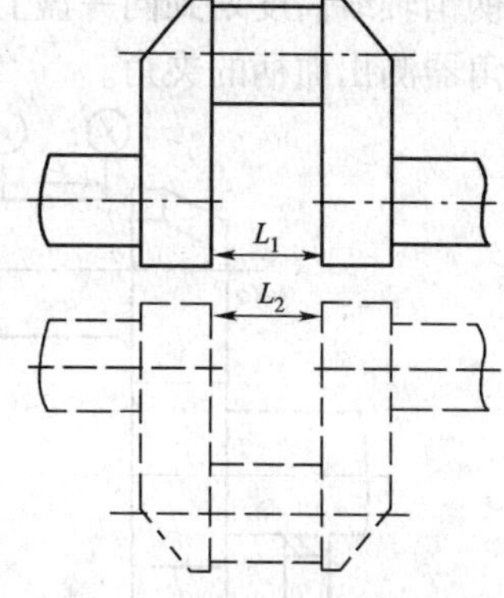

图3-15　曲轴臂距差的检测

同样在水平平面内，可采用同样方法测量。

测量臂距差时，可将曲轴置于车床上或平台支架上进行。支持曲轴的各支架应等高。支架的数目依曲柄的数目而定。

臂距差的测量步骤是：将测量工具安装在曲柄臂内侧离曲柄销轴线 $R+d/2$（R 为曲柄半径，d 为主轴颈直径）的位置，即离曲柄臂边缘10～15mm预先打好的样冲眼上，然后将曲轴顺着一个方向转动（一般取工作时顺转方向），读出每个曲柄在0°、90°、180°及270°四个位置的数值。为了得到准确的测量值，建议测量2～3次，将每次测量结果取算术平均值。

3. 主轴颈和法兰外圆径向圆跳动量测量

此项测量可在车床上或平台支架上进行。测量主轴颈径向圆跳动量时，在每个主轴颈的首、尾两端，距圆角10～30mm处，每转动45°时用百分表测量，将测量结果作出记录。

在同样安装情况下测量法兰外圆对曲轴轴线的径向圆跳动量。

在主轴颈和法兰外圆上百分表读数的最大值与最小值的差值，即为其径向圆跳动量。

4. 曲柄销与主轴颈平行度误差的检验

检验时，将曲轴放在平台支架或V形块上，校正曲轴轴线与平台平行，然后将被检验的曲柄转到上止点位置，用百分表分别在 a、b 两点测出其相对值，如图3-16所示。再将曲柄转到下止点位置，测出 c，d 两点的相对值。

根据测得的各点相对值，可按下式计算出曲柄销与主轴颈轴线的平行度误差 H：

$$H = \frac{(a-b)+(c-d)}{2l} \times 1000(\text{mm/m})$$

同样，将曲轴转到水平平面内的左舷和右舷位置，又可测出各点的相对值，也可按上式计算出其平行度误差值。在做此项检验时，必须注意到曲柄销圆柱度误差的影响。

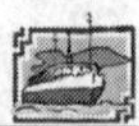

5. 曲轴曲柄夹角的检验

曲柄夹角检验的方法,大致有下列几种:

(1)用划线检验。其检验步骤是:先将曲轴置于平台支架上,并校正曲轴轴线与平台平行;将第一曲柄转到水平位置,测量出该曲柄销上、下母线与平台垂直距离,并求出该曲柄销轴线的高度(此高度为$\frac{h_1+h_2}{2}$);用划针将此轴线高度划到装在曲轴法兰端的圆盘1上(此圆盘约比法兰直径大1倍),如图3-17所示。同理求出其余曲柄销轴线的高度,并用划针逐次将曲柄销轴线高度划到同一盘上。当曲轴所有曲柄销轴线都已在圆盘上划出时,便可采用普通量角器测出曲柄的夹角。

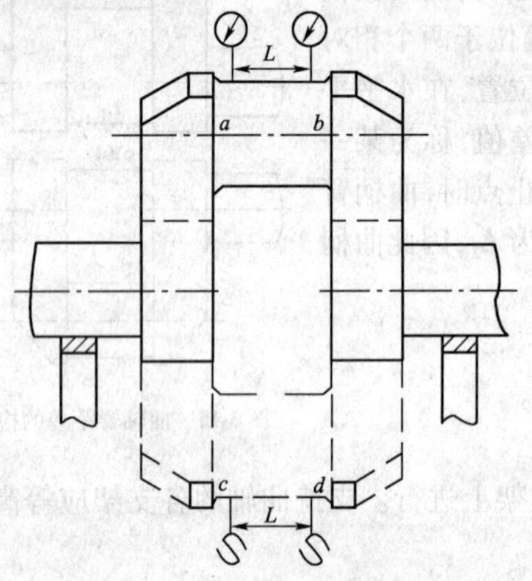

图3-16 曲柄销与主轴颈平行度误差的检验

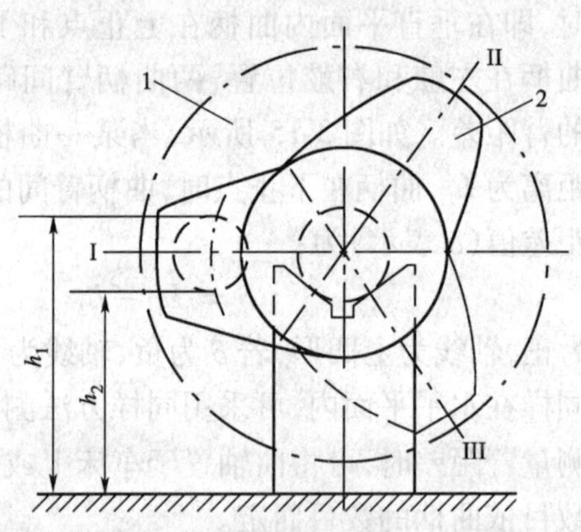

图3-17 用划线法检验曲柄夹角

1-圆盘;2-曲柄

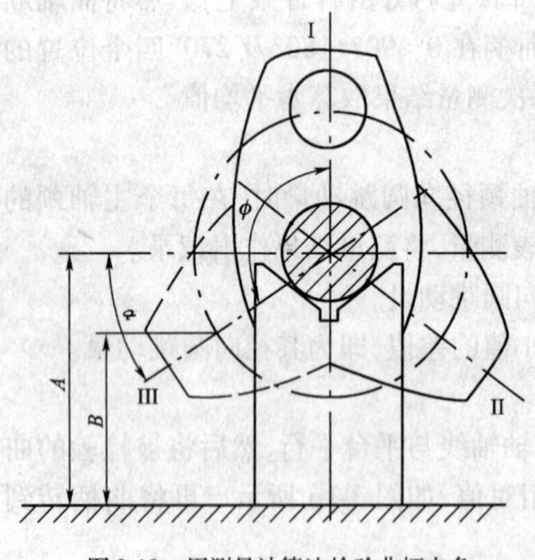

图3-18 用测量计算法检验曲柄夹角

(2)用测量计算法检验曲柄夹角。以曲柄夹角呈120°分布的六曲柄曲轴为例,其检验步骤是:将曲轴置于平台支架上并校平轴线;然后将第1曲柄的曲柄销转到上止点(或下止点)位置;分别测量出第Ⅱ、Ⅲ曲柄的曲柄销轴线的高度。同理将第Ⅱ(或第Ⅲ)曲柄转到上止点(或下止点)位置,并测量出第Ⅰ、Ⅲ(或第Ⅰ、Ⅱ)曲柄的曲柄销轴线的高度。如果在这三种情况下分别测得曲柄销轴线高度都相等,则认为三个曲柄夹角相等,均互为120°。如果测得的曲柄销轴线高度不相等,则应测量曲柄销轴线高度B及主轴颈轴线高度A,如图3-18所示,再用计算法求得曲柄夹角ϕ。其计算公式如下:

$$\phi = 90° + \alpha \quad 而 \quad \alpha = \sin^{-1}\left(\frac{A-B}{R}\right)$$

式中:R——曲柄半径。

除上述各项检验外,尚需进行各轴颈表面粗糙度检验、磁粉探伤或超声波探伤检验,平衡试验等。

第二节 气缸套制造

一、气缸套的材料和毛坯

气缸套的工作条件较为恶劣,其内壁与燃烧气体接触,在承受高温高压的同时还受到高温气体的腐蚀;上部润滑油由于高温燃烧,润滑条件极差,与活塞环形成半干摩擦,造成极大的磨损;又由于内外缸壁温差大,而产生很大的热应力。因此气缸套应选择具有较高机械强度、耐磨性、耐蚀性和热稳定性良好的材料,如灰铸铁、合金铸铁(铜铬合金铸铁、镍铬合金铸铁、矾钛合金铸铁)来制造。还可以采用球墨铸铁、高磷铸铁和含硼铸铁等。

中、高速强载柴油机可选用合金铸铁、含硼合金铸铁;大型低速柴油机和一般中、高速柴油机可选用球墨铸铁、高磷铸铁、矾钛合金铸铁。

在单件小批量生产中,采用垂直上注式完整的雨淋浇注系统浇注铸铁气缸套。成批生产中、小型气缸套,多采用离心浇注法。

采用低压铸造气缸套可以获得较好的铸造质量。由于金属液在压缩空气压力下,沿着与重力相反方向平稳缓慢地进入铸型,就避免了由于冲击和浇注过程中产生氧化和夹渣。铸件是在压力下凝固结晶,应此组织细密,具有足够的硬度和强度,铸造时应将气缸套上端朝上。

带气口的二冲程柴油机气缸套,通常都像四冲程柴油机气缸套那样浇注成完整的圆筒形。

二、气缸套机械加工的技术要求

四冲程柴油机气缸套(图3-19)和二冲程柴油机气缸套(图3-20)的机械加工要求如下:

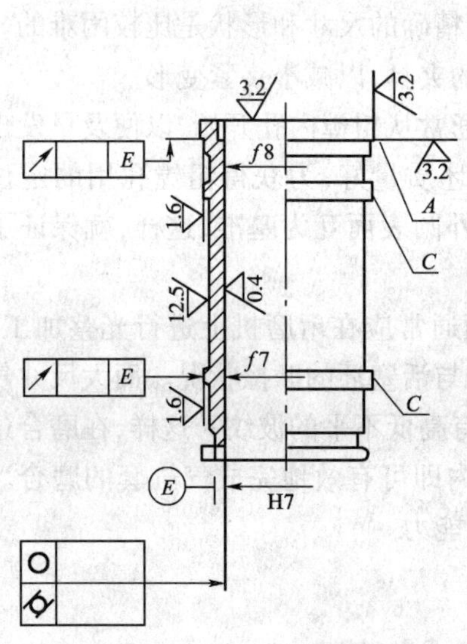

图3-19 四冲程柴油机气缸套

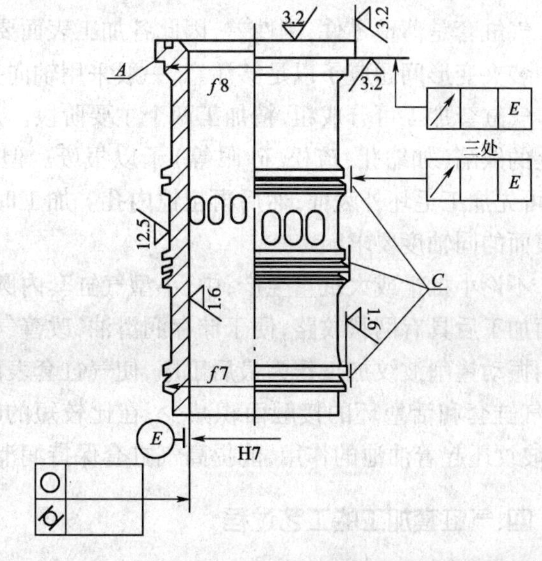

图3-20 二冲程柴油机气缸套

1. 位置精度

(1)安装凸肩面 *C* 对内孔轴线的径向圆跳动公差值:

缸径≤200mm,为0.08mm;缸径>200~400mm,为0.10mm;缸径>400mm,为0.12mm。

(2)支撑凸肩面 A 对内孔轴线的端面圆跳动公差值：

缸径≤200mm，为0.03mm；缸径>200mm，为0.05mm。

2. 尺寸和形状精度

(1)内孔尺寸精度。对中、高速柴油机公差带为H7；低速柴油机为H8；对于十字头式柴油机为H8。

(2)配合凸肩面的高度。上配合凸肩面 C 的公差带为f9，下配合凸肩面 C 为f7。

(3)内孔的圆度和圆柱度如表3-5所示。

内孔的圆度和圆柱度(单位：mm)　　表3-5

缸　径	圆度和圆柱度	缸　径	圆度和圆柱度
>75～150	0.013	>450～600	0.030
>150～300	0.020	>600～750	0.035
>300～450	0.025	>750～900	0.040

3. 主要加工表面的粗糙度

(1)内孔工作表面的粗糙度，对于高速柴油机不低于 R_a0.8μm；中速柴油机不低于 R_a1.6μm；十字头式柴油机不低于 R_a3.2μm。粗糙度不能太高，否则，初期磨合时的磨损加剧。但粗糙度不能太低，否则表面不能存油，难以形成油膜，反而降低使用寿命。

(2)外圆安装凸肩面 C 不低于 R_a3.2μm，上端面及支撑凸台面不低于 R_a6.4μm。

三、气缸套的加工工艺特点和定位基准选择

气缸套是薄壁零件，刚性差，因此各加工表面要达到精确的尺寸和形状是比较困难的。加工中装夹变形问题应予以足够注意，一般采用轴向夹紧的夹具，以减小夹紧变形。

气缸套加工可分成粗、精加工两个主要阶段。加工通常从粗镗内孔开始，以便及早发现铸造上的缺陷(如缩孔、疏松、砂眼等)予以报废。但若毛坯质量好，为获得粗镗孔用的定位基准，可先加工毛坯外表面，然后再粗镗内孔。加工时内、外圆表面互为基准，这样，就保证了内外表面的同轴度要求。

不论小批量或大批量生产，中、小型气缸套内圆表面通常应在珩磨机上进行光整加工，使表面加工后具有网状纹路，便于储存润滑油，改善气缸套与活塞环的摩擦状况。而大尺寸气缸套用振动镗削波纹加工作为最后工序，使气缸套表面具有高低不平的波纹。这样，在磨合过程中，气缸套和活塞环的接触面积减少，在比较短的时间内即可有效地完成气缸套的磨合。此外，波纹还起着油池的作用，能提高气缸套保持润滑油的能力。

四、气缸套加工的工艺过程

1. 二冲程柴油机气缸套的工艺过程

二冲程柴油机气缸套(图3-20)小批量生产时的加工工艺过程见表3-6。

2. 四冲程柴油机气缸套的工艺过程

四冲程柴油机气缸套(图3-19)大批量生产加工工艺过程见表3-7。

二冲程柴油机气缸套加工工艺 （材料：HT25-47，毛坯：铸件） 表 3-6

工序号	工序主要内容	定位基准	机床或工作地点
1	铸件检验，划粗加工内、外圆表面及切冒口线	按内、外圆表面校验	钳工
2	粗车外圆，上、下凸肩（台）及切上端面，切冒口	外圆面，按划线痕找正	车床
3	粗镗内孔，切下端面	外圆表面和上端面	镗床（或车床）
4	热处理消除内应力	—	热处理车间
5	精镗内孔	凸台和端面	镗床（或车床）
6	精车外圆，车紫铜圈槽，切端面	内孔	车床
7	液压试验	—	钳工工段
8	划进、排气孔线	以上端面为度量基准	钳工工段
9	钻进、排气孔	按划线痕	摇臂钻床
10	铣进、排气孔	内孔和端面	铣床（或镗床）
11	镶紫铜圈，修整气孔毛刺	—	钳工工段
12	珩磨内孔	端面和凸台外圆	珩磨机
13	车紫铜圈	内孔	车床
14	检验	—	—

四冲程柴油机气缸套大批量生产加工工艺 （材料：合金铸铁，毛坯：铸件） 表 3-7

工序号	工序主要内容	定位基准	机床或工作地点
1	粗车外圆、切冒口	外圆	液压多刀半自动车床
2	粗镗内孔	上端面及凸台外圆	立式镗缸专机
3	热处理消除内应力	—	热处理车间
4	半精车外圆及两端面	内孔，端面	液压多刀半自动车床
5	半精镗内孔并倒内角	同工序 2	立式镗缸专机
6	精镗内孔	同工序 2	立式镗缸专机
7	精车各外圆面和大端面凹槽、密封圈	同工序 40	车床
8	液压试验	—	钳工工段
9	珩磨内孔	端面和凸台外圆	珩磨机
10	检验	—	—

五、缸套加工主要工艺分析

1. 气缸套外圆表面的加工

大型气缸套主要是在车床上进行粗、精车外圆。在大批生产高速柴油机气缸套时，其外表面的加工，可采用多刀半自动车床和外圆磨床完成粗、精加工。

单件小批量生产时，应将气缸套冒口夹在卡爪内，另一端用星形轮支撑住，如图 3-21 所示按划线痕校中，然后进行外圆表面的加工并切割冒口。

图 3-22 所示为精车气缸套外圆的装置。由于将气缸套的一端装于锥形心轴 1 上（夹在卡盘中，具有 1°～2°锥度），此心轴是在一组气缸套加工前、在同一台车床上装好车成的，它与车

床主轴回转轴线保持良好的同轴性,因而提高了气缸套外凸肩与内孔的同轴性。气缸套的另一端用弹性心轴支撑。在本工序中,同时精车凸台、装紫铜圈的沟槽。切沟槽时使用成型车刀加工。

2. 气缸套内孔的加工

大型柴油机气缸套内孔通常是用镗削加工;中、小型柴油机气缸套则多用镗、珩磨,或者是镗、磨、珩磨的加工程序。

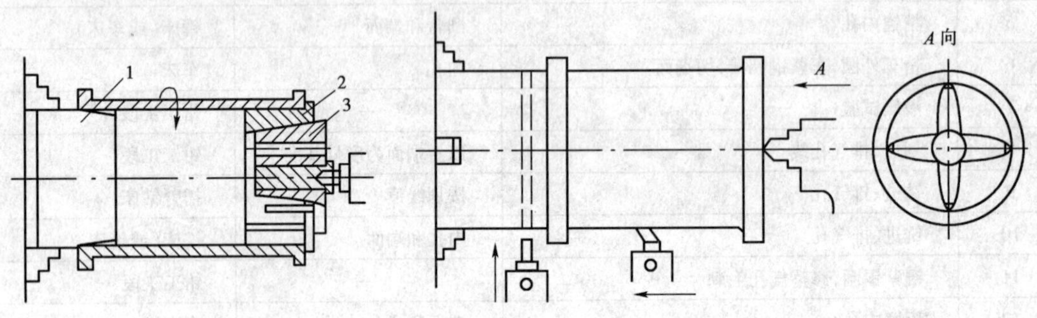

图 3-21　粗车气缸套外圆

1-锥形心轴;2-弹性套;3-锥形体

图 3-22　精车气缸套外圆

气缸套内孔的镗削可在万能镗床上或专用镗床、车床上进行。大型柴油机气缸套镗孔,采用立式专用镗床进行。立式镗缸优点是:减少了镗杆的弯曲变形对加工精度的影响,从而较易达到高的加工精度;镗床占地面积小。图 3-23 所示为立式镗缸机的结构示意图。加工时,气缸套 7 用以支承凸肩面和外圆面定位,并用压板轴向压紧。为了防止加工时的振动,在径向方向用可调压板 3 夹紧,镗杆 4 由主电动机 8 经动力头 1 带动旋转,通过齿轮行星轮系装置使镗杆凹槽中的丝杆 5 相对于镗杆转动,从而使镗刀实现上、下进给运动。

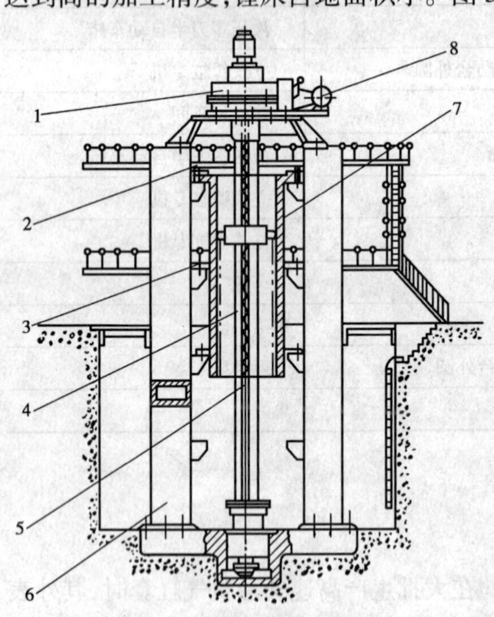

图 3-23　立式镗缸机构示意图

1-动力头;2-压板;3-可调压板;4-镗杆;5-丝杆;6-立柱;7-气缸套;8-主电机

珩磨是中、小型气缸套典型的光整加工方法,特别在大批大量生产中更为经济合理。为了合理使用磨条和选用切削用量,保证珩磨质量,提高生产率,气缸套内孔珩磨一般分为粗珩和精珩。粗珩时可用 60 ~ 120 号粒度的磨条,精珩时可以用成分为:28% 软木(粒度为50 ~60 号),60% 碳化硅磨料(粒度为 W40),再加 12% 的树脂或橡胶结剂的珩磨条。

3. 气缸套的液压试验

气缸套的液压试验一般都在切气口和内圆表面加工之前进行。在距气缸套上面凸肩三分之一长度范围内,用 1.5 倍最大爆发压力进行高压试验,整个气缸套包括气口分布区域和冷却水空间在内也要进行液压试验,试验压力为 0.4 ~ 0.6N/mm^2。

六、气缸套的表面处理

随着柴油机的强载度的不断提高,气缸的工作条件更为恶劣,要延长柴油机的使用寿命,提高气缸套的耐磨性就显得更为迫切。在中、高速筒形活塞柴油机中,气缸套外圆表面的严重"穴蚀"往往是影响柴油机工作可靠和寿命的重要困素,可采用镀锌、镀锡或涂环氧树脂等方法,以提高其抗腐蚀性能。

提高气缸套耐磨应从设计、材料、工艺及运转管理方面采取措施,本节仅就气缸套内圆表面强化工艺方面加以讨论。强化工艺有松孔镀铬、表面淬火、氮化、镶嵌碳化硅等。

1. 松孔镀铬

由于铬镀层硬度高,在高温下不会有很大变化,熔点高,不易引起摩擦副粘结;摩擦系数小,有利于减轻摩擦、磨损;松孔便于储存润滑油。因此,松孔镀铬层耐磨性很高。此外,气缸套松孔镀铬后还能提高活塞环的使用寿命。一般气缸套镀铬后寿命可提高2~10倍,其磨耗率为0.01~0.03mm/1000h,所以它是各种表面强化中较有效的一种,常用于大功率高强载度柴油机中。其缺点是工艺复杂、成本较高、润滑油消耗量大。在大型低速柴油机中因燃烧重油,气缸套镀层上常会出现所谓"白斑"的酸蚀现象,使磨损加剧。这是由于活塞环铸铁存积在气缸套镀铬层上,含有硫酸的油膜成为电解液导致电化学腐蚀所引起的.可采用适当的碱性润滑油来消除酸的影响,从而减小气缸套的磨损。当气缸套镀铬钼层后,使用中即无"白斑"现象出现,磨损也大大降低。

2. 淬硬、氮化气缸套

(1)高频淬火。缸套高频淬火后的金相组织为马氏体和石墨,硬度为HRC59~61。这种气缸套的耐磨性可提高一倍以上,实践表明对抵抗腐蚀磨损具有良好的效果,但对抗粘结磨损无效,更易出现拉缸。高频淬火工艺过程中如果控制不好会产生较大的变形值,甚至产生开裂等事故。因此,如何尽可能减少变形量仍是一个十分重要的问题。

(2)电火花淬火。气缸套电火花接触淬火具有工艺简单、变形小的优点,故得到了广泛的应用。它是将滚轮与工件接触,形成接触电阻,当低电压(2~4V),大电流(1000~1200A)通过时,在工件与滚轮的接触点上形成局部的高温。随着滚轮的移动,加热点便随之自行冷却(也可用液体助冷),从而达到气缸套工作表面的淬火处理。工作时滚轮一边移动,一边绕气缸套轴线旋转,处理后,在气缸套内圆表面得到既有淬硬的花纹层,也有软基体。淬火层的金相组织为马氏体,硬度在HRC54以上,淬火层达0.3mm左右,淬硬的表面层表面为气缸套内圆表面的40%~50%。淬火前气缸套内圆表面粗糙度应达到R_a3.2μm,以免出现弧烧损或淬火断续现象。淬火后气缸套内圆表面应珩磨加工。

(3)氮化。氮化后在气缸套内圆表面形成一层氮化铁和碳化铁化合成物。氮化物层的硬度在HRC50以上,而且在500~600℃温度下硬度不变,使气缸套在高温下不易产生擦伤和粘结。由于氮化层化学性稳定,对于气缸套耐腐蚀耐磨损也有利。氮化处理可以提高耐磨性一倍左右。

3. 镶嵌碳化硅缸套

镶嵌碳化硅缸套是用机械方法在缸套工作表面镶嵌硬化物。由于硬化物碳化硅(HV3100~3400,熔点2700℃)磨损很小而形成了支撑的第一摩擦面,软基体铸铁磨损快而形成能储油的

第二摩擦面，所以处理层具有很高的耐磨性。实机实验中，机器运行 1 万 h，缸套仍能正常工作，磨损很微小。镶嵌工艺是以珩磨机为主要设备。将碳化硅与载液搅拌均匀，加入珩磨头与缸套之间，以珩磨头压力将碳化硅挤入缸套体内。处理层深度为 3.8 ~ 14μm，硬度达 HV400 ~ 560。工作中不但不脱落还能进一步向体内挤渗，耐磨性稳定，并且与活塞匹配良好。因此它是较有发展前途的一种缸套表面处理工艺。

在提高气缸套使用寿命的各种措施中，一般是首先考虑结构设计的合理性，以及正确选用材料，不要盲目采用强化措施，特别是对那些载荷不高的柴油机，否则将使工艺复杂，成本增加。当采用强化措施时，还要注意柴油机的特点，有针对性地选用。

第三节 活塞制造

一、活塞的材料和毛坯

活塞是柴油机的主要运动件之一，如图 3-24 所示，它是在高温、高压和高速往复运动条件下工作的。因此承受着很大的机械应力和热应力。为此要求活塞材料具有足够的强度和硬度，优良的导热性，高的耐磨性和耐蚀性以及热稳定性；密度应小，以减少惯性力。同时，其线膨胀系数最好与气缸套材料的线膨胀系数相接近。

图 3-24 活塞

船用柴油机活塞材料一般采用灰铸铁、球墨铸铁、铝合金和铸钢，常用的铸铁为 HT25-47，HT30-54 灰铸铁或合金铸铁。灰铸铁常用于中、低速柴油机。对于中、高速柴油机为了减轻重量和减少惯性力、增加热传导，广泛采用铝合金作为活塞材料。

为了适应强载的中、高速大功率柴油机的需要，发展了组合式活塞。它的头部常采用 25 钢、30Mo 钢和不锈耐热钢制造，以提高活塞顶部的强度和耐热性；裙部则采用铝合金或铸铁。

整体式铸铁活塞毛坯多用砂模浇铸。大量生产的小型铸铁活塞采用金属模浇铸。砂模浇铸的活塞毛坯的精度低，毛坯的机械加工余量大。

整体式铝活塞毛坯的制造有铸造和锻造两种。铝活塞毛坯的铸造，成批生产时，广泛使用金属硬模浇铸。为了提高铝活塞的铸造质量，广泛的采用低压铸造，所谓低压铸造是在密闭的坩锅内通入干燥的空气和惰性气体，使其保持在一定温度的铝合金溶液上面的空气，具有一定的压力，铝合金溶液在压力下通过输液管进入铸件型腔，并保持容器内气体压力，至合金溶液完全凝固为止，此法可以提高活塞强度，提高生产率。

铝活塞毛坯的锻造。用锻铝合金模锻活塞，工艺较复杂，但力学性能较铸造好，在高速强载柴油机铝活塞毛坯制造中采用较多。

液态模锻。它是进一步提高活塞毛坯制造质量的一种新工艺。利用液态金属直接注入金属型模内，然后在压力作用下使液态金属成型，并在这种压力下结晶凝固和产生塑性变形，从而制造出活塞毛坯。

二、活塞加工的技术要求

图 3-25a）所示为桶形整体活塞，图 3-25b）所示为组合式活塞，图 3-25c）所示为十字头式柴油机用活塞。活塞加工的技术要求见表 3-8 ~ 表 3-11。

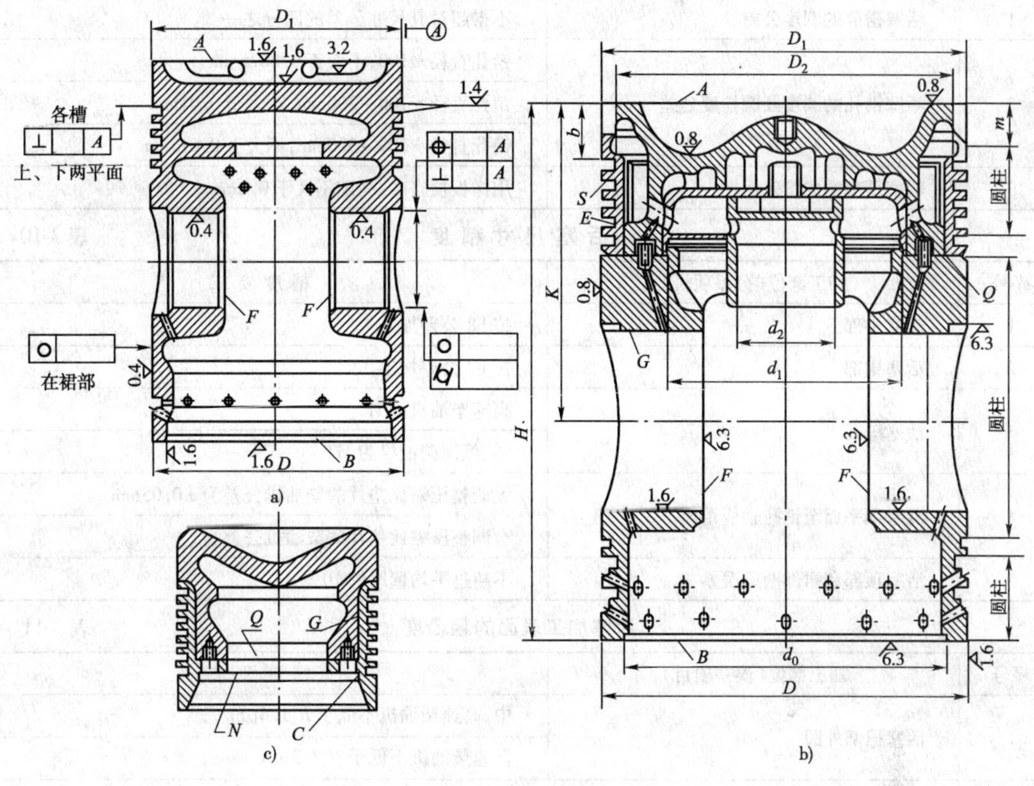

图 3-25　活塞结构

活 塞 位 置 精 度　　表 3-8

序号	加工部位（误差项目）	精 度 要 求
1	活塞销孔轴线应与活塞轴线垂直	垂直度公差为 0.15mm/m
2	活塞销孔轴线应与活塞轴线相交，位置度误差	活塞直径≤200，不大于 0.20mm
		活塞直径＜200，不大于 0.40mm
3	活塞环槽平面与活塞外圆轴线垂直度公差	活塞直径≤200，不大于 0.20mm
		活塞直径＜200，不大于 0.40mm
4	组合式活塞裙部端面 Q 与外圆 D 和内孔 d_1 的垂直度公差	0.05mm/m，目的使活塞裙部和活塞头部与活塞杆组装时便于对中
5	活塞头端面 A 与活塞轴线的垂直度公差	0.10mm/m，保证组装时对中
6	减磨环外圆与裙部外圆径向圆跳动公差	0.05mm
7	活塞销孔轴线的同轴度公差	ϕ0.04mm

除以上各项要求以外，对每个成品活塞重量误差也有限制，以保证柴油机运转平稳。高速柴油机其活塞重量误差为±1.5%；中速柴油机为±2%；低速柴油机为±2.5%。

活塞形状精度 表3-9

序号	加工部位（公差项目）	精度要求
1	活塞裙部的圆度公差	不得超过其尺寸公差的四分之一
2	活塞销孔的圆度及圆柱度公差	销孔直径≤100，不大于0.0075mm
		销孔直径>100～200mm，不大于0.01mm
		销孔直径>200～300mm，不大于0.015mm
3	活塞顶部的成型表面	用样板检查时，间隙不大于0.2mm

活塞尺寸精度 表3-10

序号	加工部位（公差项目）	精度要求
1	活塞头部	按h8公差加工
2	活塞裙部	按h7公差加工
3	活塞销孔	高速柴油机为H6
		中、低速柴油机为H7
4	活塞顶平面至销孔轴线距离	无调整压缩比垫片的柴油机公差为±0.05mm
		有调整压缩比垫片的柴油机公差为h8
5	活塞顶部和裙部壁厚误差	不超过平均壁厚的10%

活塞加工表面的粗糙度 表3-11

序号	加工部位（误差项目）	精度要求
1	活塞裙部外圆	中、高速柴油机不低于$R_a1.6\mu m$
		低速柴油机不低于$R_a3.2\mu m$
2	活塞销孔	无衬套活塞销孔不低于$R_a1.6\mu m$
		有衬套活塞销孔不低于$R_a3.2\mu m$
3	活塞环槽平面	不低于$R_a3.2\mu m$

三、整体式活塞机械加工工艺特点

柴油机活塞壁厚较薄，在加工中较易变形，而其各主要表面尺寸精度、几何形状精度、相互位置精度要求都很高。因此，希望用统一基准来加工这些表面。目前，生产中大多数采用活塞下端面和止口作为统一基准。在精车环槽、精车外圆、车圆锥面、车裙部偏心、精磨外圆时，用止口处锥面和顶部顶针孔定位，其他各表面加工都用止口和下端面定位。采用下端面和止口（或锥面和顶针孔）作定位基准有下列优点：

（1）利用此基准可以加工外圆、顶部、环槽和销孔等主要表面及其他表面，并且在一次装夹中便可完成外圆、顶部、环槽的加工，这样不仅能保证活塞主要表面之间的位置精度，而且能提高生产率。

（2）由于活塞的径向刚度较低，利用此基准可以对活塞进行轴向装夹，从而减少了夹紧变形。

(3)修理活塞时,也能利用此基准加工各个表面。

选择活塞下端面和止口(或止口处锥面和顶针孔)作定位基准,存在下述缺点:

(1)要增加一道该基准的加工工序,而且这些表面的精度高、粗糙度要求小,止口直径的公差带为 H9 ~ H6,粗糙度为 $R_a 1.6\mu m$,还要增加一道切除工艺搭子、精车燃烧室的工序。因此要增加设备和工时。

(2)在活塞主要表面位置精度要求中,环槽、销孔等的位置精度都是以活塞外圆轴线为基准,但加工中是用止口定位的,止口与活塞外圆的不同轴度误差就会影响环槽、销孔的位置精度。

上述缺点与保证活塞质量所起的作用相比,优点是主要的,所以这种基准被广泛采用。

四、整体式活塞机械加工艺过程

活塞的加工一般由几个加工阶段所组成,即粗加工和精加工,中间插入热处理。

粗加工阶段包括的主要工序是粗车外圆和顶部等;精加工阶段包括的主要工序是精车外圆、环槽,精镗活塞销孔,加工顶部和裙部椭圆等。表 3-12 是 300 型活塞在成批生产时的加工工艺过程。材料为合金铸铁,毛坯用金属硬模浇铸。

300 型活塞成批生产时的加工工艺 表 3-12

工序号	工序主要内容	定位基准	机床或工作地点
1	切断冒口	—	立式车床
2	粗车外圆及车端面 *A*	内孔和端面	多刀半自动车床
3	粗车燃烧室,车工艺搭子平面,钻顶针孔	外圆和端面	多刀半自动车床
4	车隔板平面、止口及倒角、内孔,精车端面 *B*	外圆和端面	多刀半自动车床
5	粗镗销孔,刮销座开挡平面 *F*	止口内圆、端面和销孔	专用卧式镗床
6	热处理:退火,硬度为 HB180 ~ 220	—	热处理车间
7	半精车外圆,精车端面 *A*,粗切环槽	止口内圆、端面和顶针孔	多刀半自动车床
8	半精车和精车环槽	止口锥面和顶针孔	多刀半自动车床
9	精车外圆、车环槽倒角及顶部	止口锥面和顶针孔	多刀半自动车床
10	车顶部圆锥面	止口锥面和顶针孔	车床
11	精车活塞销孔,刮销座开挡平面 *F*	止口内圆、端面和销孔	专用卧式镗床
12	钻环槽直油孔及斜油孔,钻销孔处定位孔	外圆和底面	专用多轴钻床
13	钻顶面螺孔及刮螺孔端面,钻隔板螺孔,钻销孔处斜油孔,钻隔板孔	隔板内孔、端面和销孔端面	Z35 摇臂钻床
14	铣顶部四个缺口	外圆、销孔、底面	专用四轴铣床
15	车偏心圆弧	止口锥面、销孔和顶针孔	车床
16	精磨锥度	止口锥面、销孔和顶针孔	外圆磨床
17	精磨外圆	止口锥面和顶针孔	外圆磨床
18	车去工艺搭子,精车燃烧室	止口内圆及端面	车床
19	修理圆弧,去毛刺		钳工
20	调整重量	—	立式车床
21	成品检验	—	—

由上述加工过程表可知,活塞的加工主要由两个加工阶段组成:粗加工和精加工,中间插入热处理。粗加工阶段包括的主要工序是粗车外圆和顶面;精加工阶段包括的主要工序是精车外圆、环槽,精镗活塞销孔,加工顶部和裙部椭圆等。

在制订加工工艺规程时,应注意生产批量的大小和毛坯的制造方法,并根据设备、加工能力等因素而有所差别。大批生产时,加工工序的划分可以分得更细致;更多地采用专用设备和夹具;由于采用了专用夹具,可免除划线工序和节省装夹时间。因此,大批生产的工艺过程,除保证产品质量外,还能提高生产率和降低成本。在单件小批量生产条件下,其加工的显著特点是:工序比较集中,专用夹具少,多采用划线和直接找正装夹。这样做尽管生产率会比大批生产时低得多,但从经济观点看,还是可行的。

五、筒形活塞加工主要工序分析

1. 活塞外圆表面的粗加工

活塞外圆表面粗加工时,选择安装方法和加工设备着眼点是放在如何保证活塞筒壁厚薄均匀和加工方便上。因此,活塞外圆表面的粗加工在很大程度上取决于活塞尺寸、生产批量和毛坯制造方法。

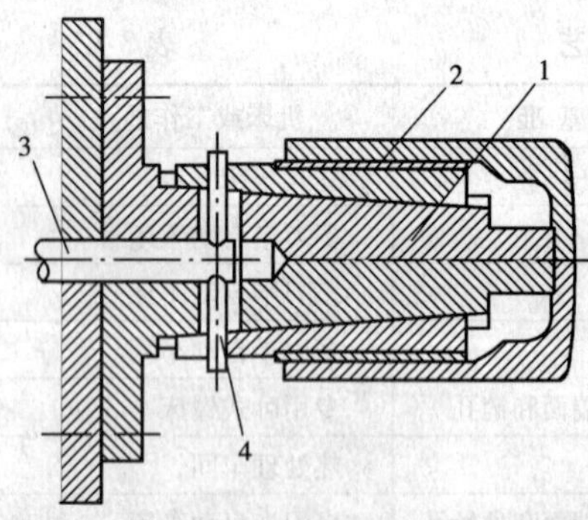

图 3-26　粗车活塞外圆表面的撑开式夹具
1-定位器;2-卡爪;3-拉杆;4-销子

当毛坯为金属硬模浇铸时,由于内腔形状精度较高,故可采用活塞内表面作为定位基准,进行外圆表面的粗车,如图 3-26 所示。

夹具的动作原理如下:活塞顶住定位器 1,由气动或液压装置将拉杆 3 向左拉,销子 4 则带动楔形卡爪 2 沿斜面移动,把活塞撑牢在夹具上。有时,也可用活塞的外圆表面定位(用自动定心卡盘夹紧外圆面),在两次安装中粗车外圆。

对于中、大尺寸活塞,需先在活塞顶部打出顶针孔,粗车外圆时,用顶针支承,使安装夹紧稳定可靠。砂模铸造的毛坯由于其筒壁厚薄不均匀,故在粗车外圆时,应按内圆表面用划线或直接划线找正方法定位安装。

2. 活塞外圆表面的精加工

活塞外圆表面的精加工,对铸铁活塞采用精车→细车或磨削工序;而对铝活塞,由于铝合金不易磨削,故一般采用精车→细车工序。通常采用辅助定位基准,即活塞下端面和止口定位,并用拉杆沿轴向夹紧,这样可以在一次安装中加工好外圆、环槽和顶部,并保证它们之间的位置精度。

为了保证活塞工作时其上、下和四周与气缸的间隙基本均匀,实际上其外圆表面头部常做成锥形,而裙部销座部位做成椭圆形。下面仅介绍细车和磨削锥形与椭圆形(或近似椭圆形)活塞外圆表面的加工方法。

偏心车椭圆。由于椭圆形靠模较难精确制造,因此在活塞设计时,常将裙部椭圆形部分设计成使短轴方向的表面由两个偏心的半圆形表面构成,这样的椭圆可采用偏心车削,以较方便地加工出来。应用偏心夹具装夹,使车床主轴回转轴线与活塞轴线具有一定偏心距。它分两

次装夹完成，第一次装夹车一边半圆，第二次调转180°装夹车另一边的半圆。

车活塞头部锥形。可以按靠模细车或者用车床尾座顶尖顶住活塞端面，调整车床尾座使尾座顶尖偏移车床主轴轴线，装夹完成活塞轴线与主轴轴线呈微小夹角，车削活塞头部时产生锥度的方法来车削（即用普通车床车锥度方法）。

磨削活塞的椭圆形、锥形和外圆表面。活塞外圆表面常用磨削进行精加工，头部的锥形表面和裙部的椭圆形表面一般是分别进行加工的。磨削椭圆可以利用带靠模的摇架机构（类似凸轮轴磨床上的摇架）进行仿形加工，也可以利用一种偏心装置使活塞轴线相对于磨床头架主轴回转轴线有一个偏心距，使得加工过程中活塞轴线相对于砂轮架主轴有一个偏移，从而磨削出椭圆形。

图3-27所示为磨削活塞外圆时，工件的安装方式，工件右端的压板以其凸台与活塞的止口和下端面相配合。磨削活塞的锥形时，在机床上的安装方式与磨外圆时相同，但在磨削前应先使磨床上工作台相对下工作台旋转一个角度，固定后便可磨出要求的锥度。

3. 活塞环槽的加工

活塞环槽在大批生产时采用成组切刀进行加工（图3-28），这时环槽间距的尺寸精度完全由各切刀的间距保证，而切刀的间距，可在各切刀间增减垫片厚度进行调整。

单件小批量生产时，环槽是逐个切出的，这时环槽之间的尺寸精度，则可用测量的方法来保证（用精度较高的游标卡尺或样板进行检验）。

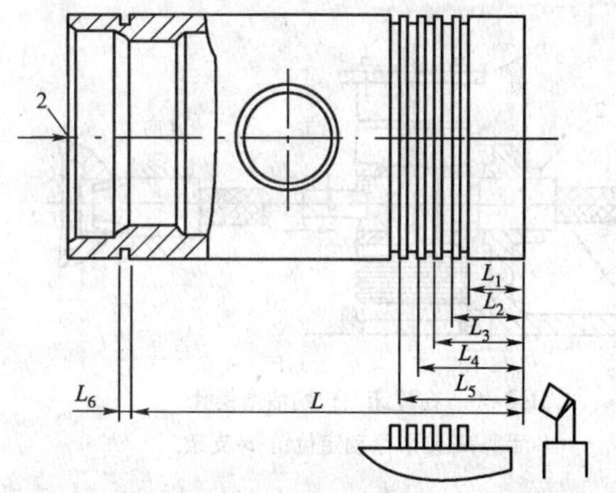

图3-27　磨削活塞外圆

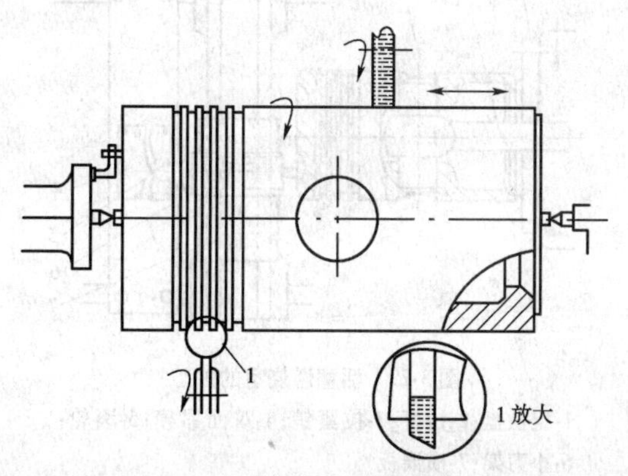

图3-28　成组切刀加工活塞环槽

4. 活塞燃烧室的加工

活塞燃烧室为成型表面，其车削方式如图3-29所示。刀架可在横溜板7上滑动，而小刀架可做纵向移动，加工时操作手柄使刀架横向走刀，在靠模4的控制下（刀架上的滚轮5在靠模曲线槽中运动），刀尖得到一个复合运动，形成要求的曲线轨迹——靠模的理论曲线形状。最终加工出活塞燃烧室。

5. 活塞销孔的加工

由于活塞销孔精度和表面粗糙度要求很高，因此通常要进行2~3次加工，即经过粗镗、精镗和光整加工。如果毛坯上无孔时，则需钻、扩孔后再镗孔。

由于在活塞销孔加工中决定销孔质量的主要工序是销孔的精加工和光整加工，因此下面着重讨论销孔的精加工和光整加工问题。

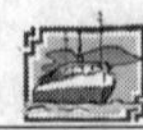

影响其加工质量的主要因素有两个,即加工设备和定位基准的选择。

(1)加工设备的选择。选择加工设备,在很大程度上取决于工件的技术要求和生产批量。对于中、低速柴油机的活塞销孔,其精度要求为H7、粗糙度$R_a1.6\mu m$左右。当生产批量不大时,只要在精密镗床上或者在精密车床上进行精镗就可达到要求。其安装情况如图3-30所示。

对于高速柴油机的活塞销孔,由于其精度要求为H6,表面粗糙度$R_a0.8\mu m$以上,生产批量都比较大,因此主要采用金刚镗床进行高速细镗作为精加工。金刚镗床的特点是具有很高转速(2000~5000rpm),并用皮带传动以保证传动的平稳,机床进给是靠工作台移动来实现的,一般采用液压传动、无级变速。

高速细镗常用两次走刀来完成,第一次走刀时直径上余量一般为0.2~0.6mm,第二次走刀则不超过0.15mm。

对于表面粗糙度要求$R_a0.8\mu m$以上的活塞销孔,为了提高销孔的耐磨性并降低表面粗糙度,有时在高速细镗后进行研磨或冷压光加工。

(2)定位基准的选择。影响活塞销孔加工精度的另一个重要因素是基准的选择。精镗或细镗活塞销孔时,常用的精基准有两种:一是以下端面和止口定位;二是以头部端面和外圆定位(图3-30)。当工件采用这两种方法定位时,都必须解决活塞绕其本身轴线旋转方向上的定位问题。图3-30所示是采用锥形销2(削边销)来限制活塞1绕其本身轴线旋转的自由度的。

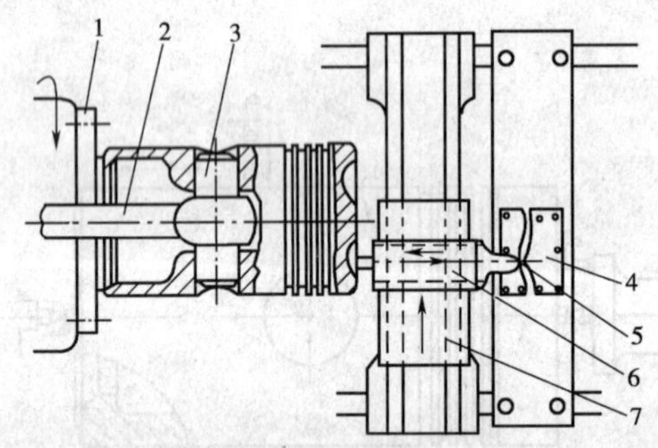

图3-29 活塞燃烧室的加工

1-定位盘;2-拉杆;3-拉紧销;4-双面靠模;5-滚轮;6-小刀架;7-横溜板

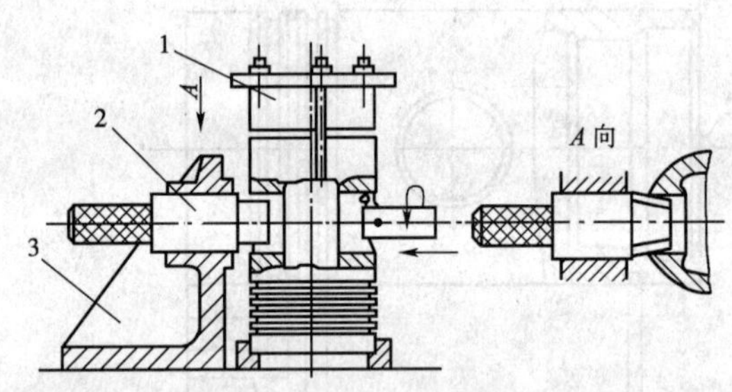

图3-30 在镗床上镗削活塞销孔

1-活塞;2-锥形浮动定位销;3-支架

上述两种基准,各有特点。以活塞下端面和止口作定位基准时,符合基准统一的原则。这样易于保证销孔轴线与活塞轴线相互位置精度的要求,但它不易保证销孔轴线到活塞顶部端面之间的距离的精度要求。而以活塞顶端面和外圆为定位基准时,则易保证销孔轴线到顶部端面之间的距离,但销孔轴线与活塞轴线的相互位置精度又不如前者高。

六、活塞加工质量的检验

活塞的尺寸精度、形状及位置精度和表面粗糙度都有严格要求,在加工过程中完成每道主要工序后都应进行检验,全部加工完毕后应清洗和擦干,然后进行完工检验。检验项目应包括技术要求中的主要内容,下面着重介绍活塞各主要表面相互位置要求的检验方法。

(1)活塞销孔轴线与活塞轴线垂直度误差的检验。在不同的生产条件下,这项检验方法和所用的工夹具是不同。图3-31a)、b)所示为在批量不大的情况下的检验方法。图3-31a)是

用带有定位器1的百分表检验。检验时定位器在检验样轴2的左右两端轻轻套入并读出百分表的读数,由百分表的读数差即可决定在L长度内销孔轴线与活塞轴线的垂直度误差。

图3-31b)是间接测量法。这时将活塞下端置于平台上,在销孔中插入检验样轴,用百分表在检验样轴两端测量检验样轴与平台的平行度。在活塞轴线与平台垂直的情况下,L长度内百分表读数差值就是销孔轴线与活塞轴线的垂直度误差。

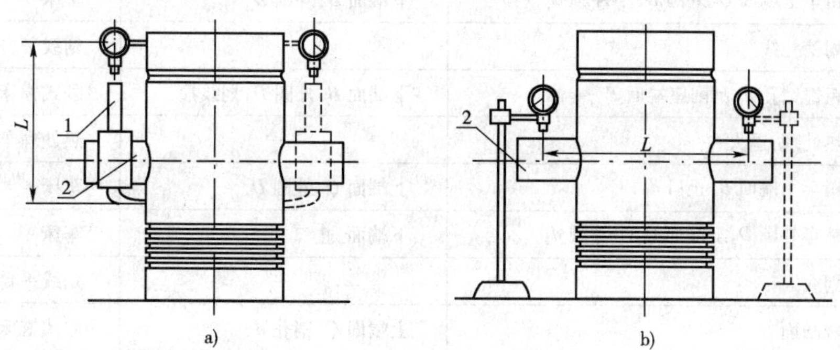

图3-31　活塞各表面相互位置的检查

1-定位器;2-检验样轴

上述两种方法所有的工夹具都很简单,但效率较低,所以适用于单件和中小批量生产。

(2)活塞销孔轴线与活塞轴线的位置度误差的检验。将活塞用V形块支撑,并使活塞轴线与平台平行。测量检验样轴与平台的平均距离。再将活塞翻转180°,测量检验样轴与平台的平均距离,此两平均距离之差的一半,即为销孔轴线与活塞轴线的位置度误差。

(3)活塞环槽平面与活塞轴线垂直度误差的检验。将活塞下端面置于平台上,用百分表沿圆周测量环槽平面与平台的平行度误差即可。

(4)活塞燃烧室成型面用样板检验。

七、组合式活塞的加工工艺

图3-24b)是组合式柴油机活塞,它是由裙部和头部两大部分组成,而头部又由顶部、环带和底部组合件三部分组成。组合式活塞的加工步骤是,先对头部和裙部分别进行粗加工,最后将这两部分组成一体进行精加工。它是按组成零件、活塞顶部总成、底部总成、活塞裙部、活塞总成顺序分别进行加工。组合式活塞机械加工工艺如表3-13～表3-15所示。

组合式活塞头部机械加工工艺(材料:A5、A3,毛坯:焊接件,批量:中批生产)　表3-13

工序号	工序主要内容	定位基准	机床或工作地点
1	焊接	—	焊接车间
2	退火	—	热处理车间
3	盖住有关槽孔	—	钳工工段
4	车外圆D_1、下端面Q及镗内孔d_1 d_2,切各环槽	顶部端面A,外圆	车床
5	端面A,外圆D_1	外圆D_1	车床
6	液压试验	—	试验台
7	钻孔、锪倒角并攻螺纹	下端面Q,顶部端面A,内孔d	摇臂钻床
8	去毛刺、清洗/检验	—	钳工工段

组合式活塞裙部机械加工工艺(材料:HT24-44,毛坯:铸件,批量:中批生产)　表 3-14

工序号	工序主要内容	定位基准	机床或工作地点
1	铸造毛坯	—	铸工车间
2	粗车下端面 B,外圆 D	上端面 Q,外圆 D	车床
3	粗车上端面 Q、外圆 D,小外圆 d_1	下端面 B,外圆 D	车床
4	划销孔线	—	划线平台
5	粗镗销孔 d,刮削座端面 F	下端面 B,外圆 D,划线痕	卧式镗床
6	热处理:退火	—	热处理车间
7	精车下端面 B,止口 d_0	上端面 Q,外圆 D	车床
8	精车外圆 D,上端面 Q,小外圆 d_1	下端面,止口	车床
9	划线	—	划线平台
10	铣凸面	上端面 Q,销孔 d	立式铣床
11	半精镗销孔 d,刮削座端面 F	下端面 B,外圆,销孔 d	卧式镗床
12	钻上端面 2 个 15°和 4 个 15°斜孔,钻上端面的孔	下端面 B,止口 d_0	钻模,摇臂钻床
13	精镗销孔 d	下端面 B,外圆 D,销孔座开挡平面 F	金刚镗床
14	去毛刺、到角	—	钳工工段
15	检验	—	—

组合式活塞总成机械加工工艺(材料:A5、A3,HT22-44,批量:中批生产)　表 3-15

工序号	工序主要内容	定位基准	机床或工作地点
1	装配	—	钳工工段
2	粗车外圆 D、D_1;上端面 A 及精车燃烧室	下端面 B,止口 d_0,顶针孔	车床
3	精车外圆 D、D_1;切各环槽 M	下端面 B,止口 d_0,顶针孔	车床
4	镗销座轴套两端的孔 d'	顶面 A,外圆 D_1,销孔 d	卧式镗床
5	钻下端斜油孔	下端面 B,止口销孔	摇臂钻床
6	钻两各斜孔及两个螺孔	止口 d_0,销孔座开挡平面 F	摇臂钻床
7	两个槽划线	—	划线平台
8	铣两个槽	外圆	立式铣床
9	磨外圆	下端面 B,止口 d_0,顶针孔	外圆磨床
10	车头部锥面,端面 B	下端面 B,止口 d_0	车床
11	攻吊环中心孔上螺纹	—	钳工工段
12	精镗销孔(压入轴套后)	外圆,端面 A,销孔座开挡平面 F	金刚镗床
13	攻丝,去毛刺	—	钳工工段
14	检验	—	

第四节 连杆制造

一、概述

连杆是将活塞的力传递给曲轴，变活塞的往复运动为曲轴旋转运动的零件，如图 3-32 所示。连杆小端用来安装活塞销，以连接活塞，小端孔内镶有衬套。连杆杆身常做成“工”字形断面。连杆大端与曲轴的轴颈配合，内装有轴瓦，一般做成分开式，即连杆大端和连杆盖。如图 3-33 所示，为几种典型结构连杆，图 3-33a）为大端可拆式；图 3-33b）为大端具有斜切口式；图 3-33c）为十字头式。切口结面有止口定位和锯齿定位两种形式，如图 3-34 所示。

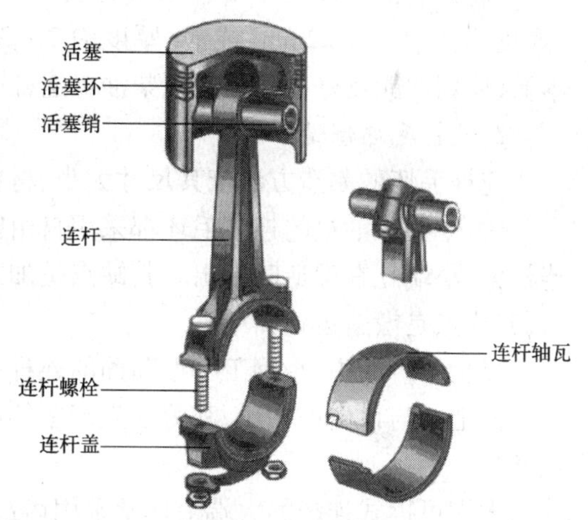

图 3-32 活塞连杆组

1. 连杆材料

连杆工作时，由于作用于活塞顶部的燃气压力的作用，产生很大的压应力和纵向弯曲应力；同时，活塞组和连杆本身的惯性力又在连杆内造成纵向拉应力和横向弯曲应力，以及连杆往复运动产生急剧变化的交变载荷。因此，对于制造连杆的材料要求必须有足够的强度和刚度，尤其是要有较高的疲劳强度。

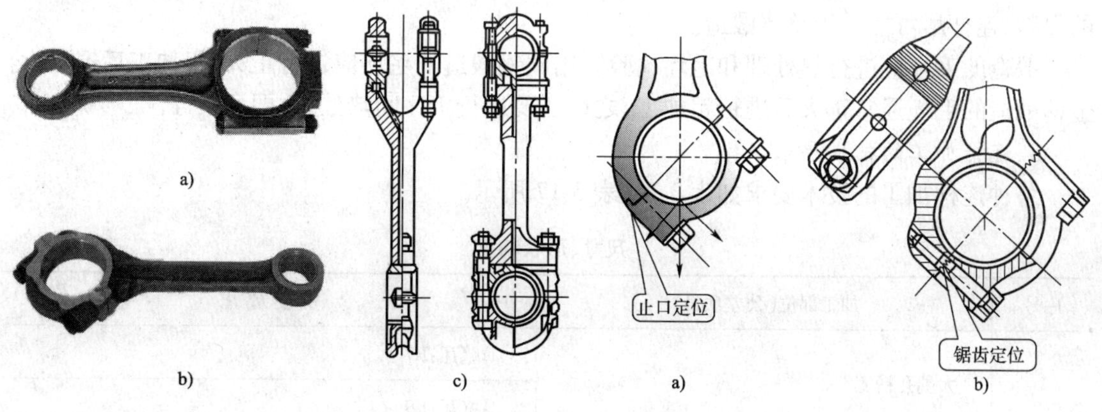

图 3-33 连杆典型结构

a）大端可拆式；b）大端具有斜切口式；c）十字头式

图 3-34 连杆大端切口结面

船用大型低速柴油机的连杆主要用 35、40 钢，也有采用 45 钢制造。连杆螺栓用 40 钢、35CrMo、40Cr 合金钢制造。

中、高速柴油机的连杆杆身和端盖采用 35、40、45 钢或 40Cr、40CrMo、42CrMo、45Cr、40CrMnMo 等合金钢制造。连杆螺栓用 20CrNi、18CrNiWA、35CrMoA、40Cr 等中碳合金钢制造。

连杆小端的衬套或轴承常采用青铜制造，常用的青铜有 ZCuSn10Pb1、ZCuSn6Pb6Zn3 等，或采用钢壳(10、15 钢)在其内表面上浇注耐磨合金，浇在钢壳上的耐磨合金有 ZCrSnSb11-6 锡基白合金或 ZCuPb30 铜铅合金。连杆大端轴瓦材料除了不用青铜以外，其他与小端轴承相同。中、低速柴油机连杆大端轴瓦多用白合金。高速强载柴油机中广泛采用铜铅合金。对于中、高速柴油机连杆大小端轴承或衬套，为了提高其磨合性，常在耐磨合金表面上镀一层铅(厚度为 0.15 ~ 0.22mm)或铟(厚度为 2 ~ 3μm)。铝基轴瓦，如 A20、A40，由于制造简单、成本低、使用性能良好，在中、高速柴油机连杆中应用。

2. 连杆毛坯制造

连杆毛坯的制造方法依其尺寸大小、材料及生产批量而定。

大、中型柴油机的连杆毛坯都采用自由锻。为了得到圆柱形的杆身，锻造时可采用垫模。连杆大、小端孔在锻造时冲出。其缺点是加工余量特别大，机械加工时耗费大量工时和金属材料，其优点是锻造设备简单。

成批生产的中、小型工字形断面的连杆毛坯，都采用模锻。模锻的分模面在工字形的纵向中垂面上。与自由锻相比，其劳动生产率约高 10 倍，节约钢材 1 倍左右。但需要较大的锻造设备。

大端可拆式连杆的大端毛坯常采用铸造或模锻来制造，这样可免除大端非配合面的机械加工，从而大大减少机械加工的工作量。由于连杆大端端盖是剖分的，因此连杆的毛坯锻造工艺有两种，即将连杆本体与端盖分开锻造和整体锻造。分开锻造的连杆端盖金属纤维是连续的，因此有较高的强度，而整体锻造的连杆，经切断后，金属纤维不连续，因此连杆端盖的强度减弱，容易变形。但由于整体锻造可以提高材料的利用率，减少结合面的加工余量，并只需要一套锻模一次锻成，便于组织生产。所以尽管有上述缺点，只要不受连杆端盖形状和锻造设备的限制，连杆尽可能采用整体锻造。

锻造的毛坯应进行热处理和毛坯检验。用碳钢锻造的毛坯应进行正火，粗加工后退火；合金钢锻造的毛坯通常正火后进行粗加工，之后还要进行工序间热处理，即调质等。

3. 连杆加工的技术要求

各种连杆加工的技术要求如表 3-16、表 3-17 所示。

尺寸、形状精度 表 3-16

序号	加工部位(公差项目)	精度要求
1	大端孔精度	薄壁瓦：H7
		厚壁瓦：H9
2	小端孔	按 H7 公差加工
3	大、小端孔的圆度、圆柱度	0.008 ~ 0.015mm
4	大、小端孔轴线距离偏差	无调整压缩比垫片的柴油机公差为 ±0.05mm
		有调整压缩比垫片的柴油机公差为 H9
5	连杆螺栓孔公差	H9

位 置 精 度　　表3-17

序号	加工部位(公差项目)	精 度 要 求
1	大、小端孔轴线平行度	垂直方向:0.1mm/m
		水平方向:0.15mm/m
2	结合面与大端孔轴线的平行度公差	0.01mm/100mm
3	螺母支撑面与连杆螺栓孔轴线垂直度公差	0.02mm/100mm
4	大小端孔轴线与连杆轴线垂直相交	垂直度公差:0.15mm/m
		位置度公差:1mm
5	螺栓孔对称度	0.4mm

二、筒形活塞柴油机连杆的加工工艺

连杆机械加工的主要内容有小端孔、大端孔和大端、小端的两端平面,以及连杆杆身和螺栓孔。这些表面都要求达到一定的精度。同时,为了提高疲劳强度,要求有较小的表面粗糙度数值,不允许有细微的伤痕或裂纹。高速机连杆杆身要求对全部非工作表面进行喷丸处理,圆角及过渡部分都应抛光。

现以带大端端盖结构的连杆(图3-33a))为例,阐述其加工工艺过程。加工由三个阶段组成:粗加工、中间热处理后精加工及装合大端端盖后的加工。

表3-18为大端可拆式连杆在小批生产时的加工工艺过程,材料为35钢;毛坯:整体式自由锻件,经正火处理,大、小端孔已锻出。

连杆在小批生产时的加工工艺过程(材料:35钢,毛坯:整体式自由锻件)　　表3-18

工序号	工序主要内容	定 位 基 准	机床或工作地点
1	划加工线	—	划线平台
2	打两端顶针孔	按划线痕	车床或钻床
3	粗车杆身、大端侧面外圆及连杆螺栓孔端面	顶针孔	车床
4	粗铣大小端孔端面	杆身及划线痕	立铣床
5	粗镗大、小端孔	杆身及划线痕	立铣床或镗床
6	热处理:消除内应力	—	—
7	修整顶针孔	顶针孔及杆身	车床
8	精车大端面外圆及精车连杆螺栓孔端面	顶针孔	车床
9	按靠模精车杆身及小端外形面	顶针孔	车床
10	精铣大、小端孔端面	大、小端孔及端面	立铣床
11	钻、扩、粗绞螺栓孔	大、小端孔及端面	摇臂钻床

续上表

工序号	工序主要内容	定 位 基 准	机床或工作地点
12	在切开口处划线和打号码	—	钳工
13	切开大端端盖	杆身和划线痕	万能铣床
14	精铣杆身和端盖结合平面	小端孔和端面	万能铣床
15	钻油孔和定位销孔	大、小端孔及端面	摇臂钻床
16	刮研结合平面及配置定位销	—	钳工工段
17	精绞螺栓孔	大、小端孔及端面	镗床摇臂钻床
18	杆身上转配好大端端盖	—	—
19	半精镗、精镗大、小端孔	大、小端孔及端面	镗床

三、连杆加工主要工序分析

1. 大、小端孔端面的加工

大、小端孔端面常常先加工好，使其作为后续工序的定位基准。大、小端面常用铣、磨方法加工。当生产批量大、毛坯的加工余量很小时，可用磨削或拉削加工；生产批量小时，则用铣削加工。加工时，先以其中的一边端面为基准加工另一边端面，然后将连杆翻转180°，以加工过的端面作为基准，加工另一端面。在成批生产中，可用四轴专用铣床在一次安装中对连杆大、小端四个面同时进行加工。采用磨削时，通常是先磨锻坯，然后在杆身与大端装合后再进行精磨到所要求的厚度。

2. 大、小端孔的加工

大、小端孔常常作为孔本身加工和其他表面加工时的定位基准。大、小端孔的加工精度和表面粗糙度要求都很高，通常分为粗、半精及装合后的精加工三次进行。

(1)小端孔加工。尺寸较小的高速机连杆，锻造毛坯没有冲出小端孔，因此需要经钻、扩、铰、金刚镗、金刚镗衬套孔。对于尺寸较大的连杆，锻造毛坯已冲出小端孔，一般只经过粗镗、半精镗、精镗、精镗衬套孔(或金刚镗)。小端孔的粗加工，一般都安排在大端孔粗加工前，这是由于小端孔在后续加工中将作为主要定位基准。

(2)大端孔的加工。一般要经过粗镗、半精镗、精镗、精镗轴承孔。有的连杆要求大端轴承孔与小端衬套孔同时镗出。

镗大、小端孔工作可以在镗床、立式铣床上分别进行。也可以在双轴专用镗床上一次安装同时加工出大、小端孔，以减少装夹时间，同时，可稳定地保证两孔轴线间距尺寸的精度。对一些表面粗糙度数值要求较小的高速机连杆，其大、小端孔最后还要进行珩磨加工。

大尺寸连杆的镗孔工作在小批生产时都是在镗床或数控镗铣床上进行的。镗孔时以杆身装夹，按孔的划线痕找正定位。中、小尺寸连杆多数在专用精密镗床或双轴金刚镗床上进行精镗或细镗。不管何种批量，精镗都推荐采用数控镗床加工。

3. 杆身的加工

具有工字形截面的杆身，其工字形凹槽可在立式铣床或万能铣床上用立铣刀或圆盘铣刀

进行加工，而连杆的外形用靠模铣床或用靠模在万能铣床上加工出来。加工时，以大、小端孔及端面定位。

具有圆形截面的杆身，其精加工在仿形车床上用靠模进行加工，或用数控车床加工。

4. 杆身与端盖上结合面齿形的加工

图3-34所示连杆用锯齿形将杆身与大端端盖连接在一起，因此将端盖与杆身的大端端面并在一起，错开半个齿距，一次装夹加工杆身与端盖结合面的齿形，齿形可用铣、磨、拉等方法加工。用成型刀粗、精铣后，表面粗糙度可达 $R_a6.3\mu m$，为确保齿形结合面积达70%以上，应进行钳工研齿。研齿时，可以采用杆身与端盖互研。

用成型砂轮磨削连杆齿形，如图3-35所示。连杆杆身3与端盖4合并装夹在夹具5上，一次安装磨削成型。粗磨后修整砂轮，再进行精磨。采用GB70号CR3超软砂轮，磨后表面粗糙度可达 $R_a1.6 \sim 0.8\mu m$，表面无烧损，齿形表面接触面积也大得多。

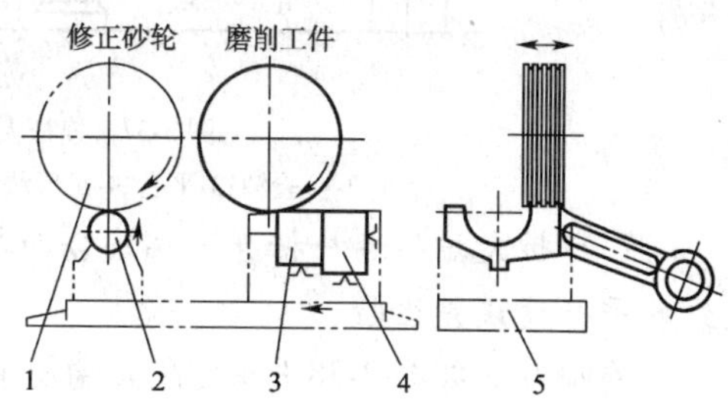

图3-35　连杆磨削齿形示意图

1-成型砂轮；2-精刚石滚轮；3-杆身；4-端盖；5-夹具

5. 连杆螺栓孔的加工

由于连杆螺栓孔的尺寸精度、两孔轴线的平行度及其对结合面的垂直度要求高，表面粗糙度数值较小，而且端盖和杆身是分开的，因此它的加工有以下几个特点：

(1)通常需经过钻、扩、粗铰、精铰或钻、扩、铰、拉等工序，以保证其加工精度和表面粗糙度的要求。

(2)加工通常安排在切开连杆端盖和铣、磨结合面后进行，以保证螺栓孔与结合面的垂直度要求。否则，当切开连杆端盖时，大端孔的变形就会破坏两螺栓孔的位置精度。有时将钻、扩螺栓孔放在切开连杆端盖之前进行，以免钻孔时影响大端孔的精度。

(3)在工序安排上，一般有三种：第一种是将端盖和杆身分开钻、扩孔，然后将两者合起来精加工(铰或拉)；第二种是将端盖和杆身合起来粗、精加工孔；第三种是将端盖和杆身上螺栓孔的粗、精加工都分开进行。

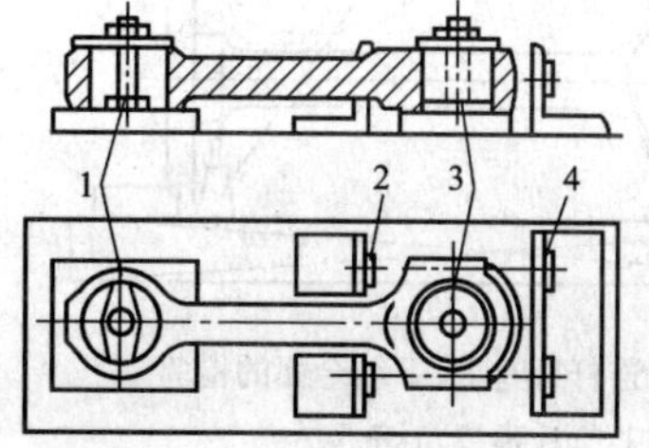

图3-36　连杆螺栓孔的加工

1-削边定位销；2-前导向套；3-圆柱定位销；4-后导向套

第二种方式应用较多。端盖和杆身合装后加工螺栓孔的目的是为了可靠地保证两螺栓孔的位置精度，这是螺栓孔加工的一个重要特点。采用第三种方式时，要依靠夹具精度来保证螺栓孔的位置精度。

(4)不论采取哪种方式，加工时都要使用钻模夹具。图3-36所示为端盖和杆身合起来加工螺栓孔的安装简图。采用图中夹具(即前导向套2和后导向套4)，可使螺栓孔轴线的直线度和平行度得到保证。加工时，刀具与机床主轴用浮动连接。

四、连杆成品的检验

加工好的连杆，应按各项技术要求进行检验。主要表面位置精度的检验方法如下：

1. 连杆大、小端孔轴线平行度误差的检验

检验方法如图3-37所示，在连杆大、小端孔中插入检验轴1和2，并将它置于检验平台3

上。连杆大端用两个千斤顶6支持,小端用V形块4支持,并用水平仪8或用百分表调节检验轴1与平台平行。然后用百分表5在小端检验轴的两端测量检验轴2与平台的平行度误差。此值即为连杆大、小端孔轴线在水平方向上的平行度误差。

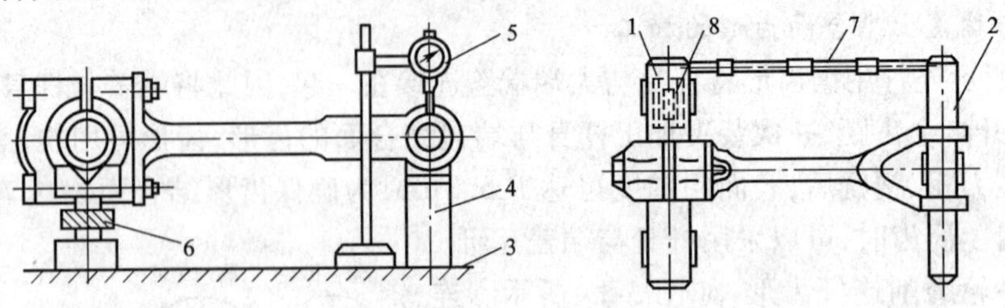

图3-37 连杆大、小端孔轴线平行度误差的检验

1、2-检验轴;3-平台;4-V形块;5-百分表;6-千斤顶;7-内径千分尺;8-水平仪

2. 可拆大端的连杆杆身下端结合面与小端孔轴线的平行度误差和大端结合面与大端孔轴线的平行度误差检验

检验方法如图3-38所示,在大端及小端孔中插入检验轴,并以结合面置于平台上,然后用百分表测量检验轴与平台的平行度误差。其中图3-38a)为连杆下端结合面与小端孔轴线平行度测量,图3-38b)为连杆下端结合面与大端孔轴线平行度测量,其值即为所检验的平行度误差。

3. 十字头式连杆杆身的上、下结合面平行度误差检验

可按图3-39所示的方法检验。检验时将连杆置于平台上用千斤顶1支承,然后按角尺2调节连杆的位置,使连杆下端结合面与平台垂直,再按角尺3检验连杆上端结合面与平台垂直情况(用厚薄规测量连杆两端结合面与角尺的间隙),可得出十字头式连杆杆身的上、下端结合面的平行度误差。

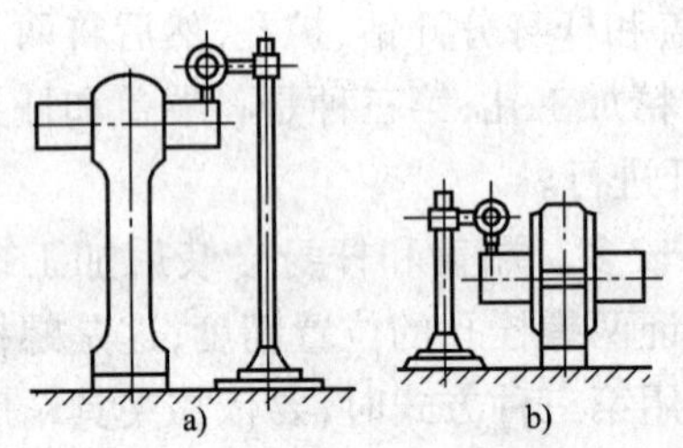

图3-38 平行度误差检验

a)下端结合面与小端孔轴线的平行度误差检验;

b)大端结合面与大端孔轴线的平行度误差检验

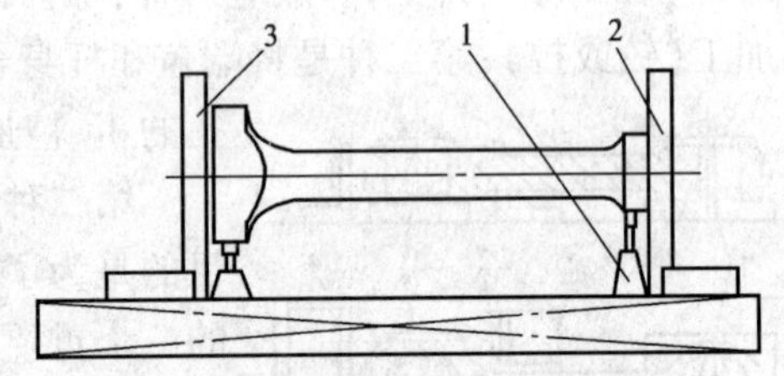

图3-39 连杆杆身上、下结合面的检验

1-千斤顶;2、3-角尺

第五节 机座制造

一、概述

柴油机的机体与机座构成了柴油机的骨架与箱体,并支撑与导承柴油机的运动部件,如曲轴、连杆、活塞、凸轮轴、十字头的滑块等,形成各种运动、传动部件的运动空间;布置冷却水、润

滑油道及扫气空气的空间与流道；安装高压油泵、增压器等各种设备和附件。中型柴油机体机座如图 3-40 所示。

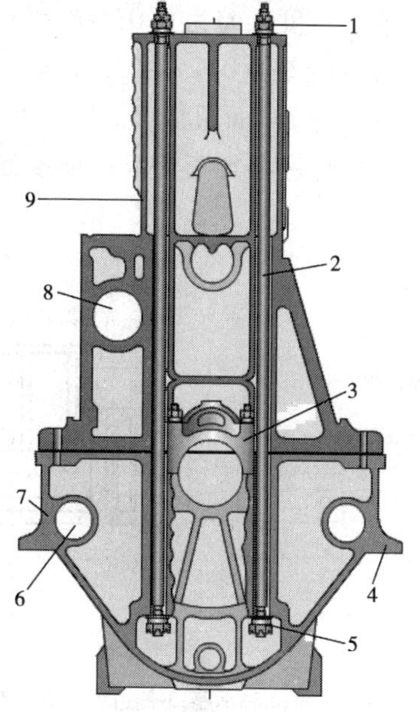

图 3-40　中型柴油机机体机座

1、5-螺母；2-拉杆螺栓；3-主轴承，4-凸缘；6-主右管通道；7-机座；8-凸轮轴轴承座；9-机架

1. 加工技术要求

机座是柴油机的基础零件，也是柴油机装配的基准件，柴油机的相关零部件要通过机座安装到船体上，所以对其各部位的尺寸精度和相互位置精度提出了较高要求。平底式机座如图 3-41 所示。

（1）尺寸精度。船用柴油机机座各部位的尺寸精度要求如下（图 3-42）：

①主轴承座孔 d 的公差带为 H7 ~ H8。

②轴承开挡平面两面间尺寸 b 的公差带为 H8，在轴承盖上的相应尺寸为 h8。

③轴承长度 H 的公差带为 f9，轴承座之间距离 L 的允许偏差为 ±0.1mm 或 ±0.15mm。

④轴承座孔轴线至机座上平面尺寸 h，若柴油机连杆大端无压缩垫片时，应规定严格的要求，其允许偏差为 ±0.05mm。

⑤机座上平面的轴承开挡平面的侧面至侧边缘的距离尺寸 m，其公差为 0.05mm，这是因为机座侧边缘常用作镗轴承座孔时的定位基准。

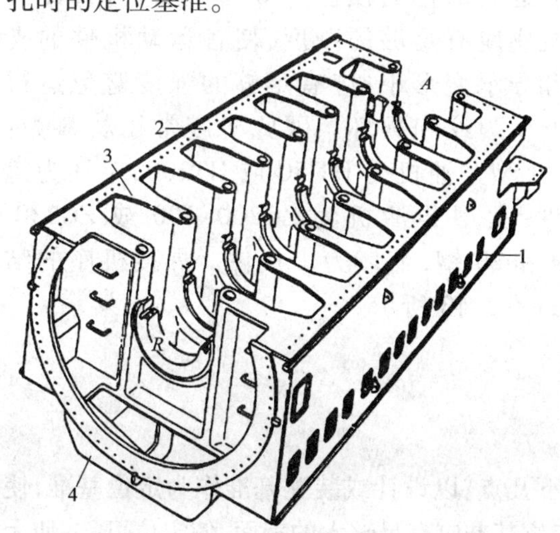

图 3-41　平底式机座

1、2-纵梁；3-横梁；4-油底壳

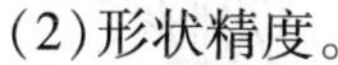

（2）形状精度。

①机座上平面是柴油机的装配基准，故要求有较高的平面度，其平面度误差为 0.05mm/m，全面内为 0.2 ~ 0.3mm。若机座上平面采用涂环氧树脂粘结剂装配工艺，其平面度精度要求可降低。

②轴承座孔的圆度、圆柱度误差应小于孔径尺寸公差的 1/4。

③机座下平面的平面度误差为 0.1mm/m。

（3）位置精度。

①各主轴承座孔轴线应同轴，其同轴度误差为 0.04 ~ 0.12mm。对长度大于 4m 的十字头式柴油机机座，可放宽为 0.20mm，但以不使轴瓦合金层过分减薄为限。相邻两孔同轴度误差应小于上述数值的一半。

②轴承座孔轴线应和机座上平面平行，以使机体与机座装配时保证气缸轴线同曲轴轴线垂直，其平行度误差，对薄壁轴瓦为 0.03mm/m；对厚壁轴瓦为 0.05mm/m。在全长范围内的误差总值规定：机座长度小于 8m 者为 0.1mm；8 ~ 11m 者为 0.15mm。

③轴承开挡平面两面对轴承座孔轴线的平行度误差为 0.03 ~ 0.05mm/m；对机座上平面

的垂直度误差为0.03~0.05mm/m；且各挡轴承同侧的开挡平面应在同一平面内，在全长范围内其误差为0.15~0.20mm。

(4)表面粗糙度。

机座各加工表面粗糙度如图3-42所示。

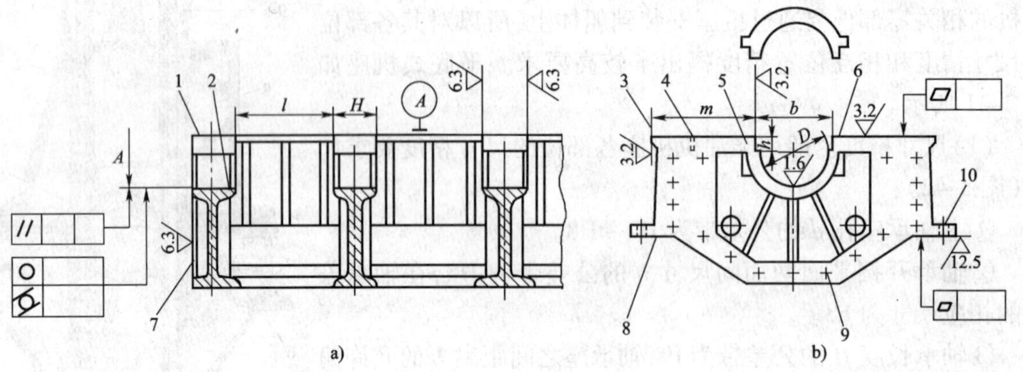

图3-42　机座零件图

1-上平面；2-轴承座；3-侧边缘；4、5-机体和轴承盖固定孔；6-轴承开挡平面；7-端面；8-下平面；9、10-端面和支持底面上的孔

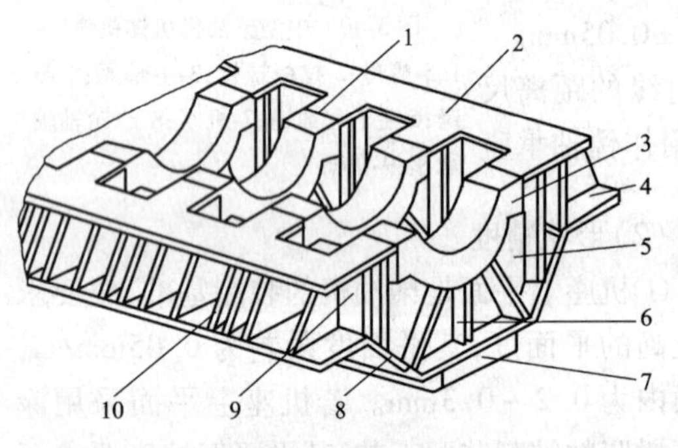

图3-43　焊接机座结构图

1-轴承座旁焊缝；2-上面板；3-轴承座；4-下面板；5-横肋板；6-加强筋；7-油盒；8-下包板；9-纵肋板；10-三角板

2.机座材料

机座是柴油机的基础件，承担整机的重量，更主要的是承受着柴油机的气体爆发压力和运动部件的惯性力等动力负荷，因此要求机座应有足够的刚度，使各运动机件的支撑和导承变形小；应有足够的强度避免运行中产生裂纹和损坏。因此机座常用材料为：中、小型柴油机为HT150或HT200，毛坯为铸铁件；大型柴油机为ZG200-400或ZG230-450和20钢，毛坯为焊接件。焊接机座的结构如图3-43所示。

二、机座机械加工工艺过程

1.定位基准的选择

机座加工时的定位基准选择，应着重考虑以下几点：以设计或装配基准作为定位基准，使基准统一，减少基准不重合所引起的误差；主要定位基准应有足够大的表面，使定位可靠；使大部分或全部表面能用同一基准来进行加工且操作应方便。此外，主要基准应保证机座上主要加工表面的技术要求，如轴承座孔轴线与上平面平行度以及其他的技术要求能得到满足。

为了满足上述要求，可选取机座上平面和侧边缘或下平面和侧边缘作为加工时的定位基准。

应该指出，这两组定位基准都能限制五个自由度，使机座达到定位的目的。然而，当用上平面和侧边缘定位时，可加工轴承座孔，两端面及上平面上所有的螺栓孔与定位销孔，而且能保证轴承座孔轴线与机座上平面平行。当用下平面和侧边缘定位时，则难于保证轴承座孔轴

线与上平面平行，因为这时下平面与上平面的平行度误差将增加轴承座孔轴线与上平面间的平行度误差。因此，应将下平面和侧边缘用作粗加工的基准，而将上平面和侧边缘用作精加工的基准。

2. 机座机械加工工艺过程

根据机座结构工艺特点，在拟定工艺过程时，应考虑将其分为粗加工和精加工两个阶段进行，并在粗加工后进行退火处理，消除粗加工时切除大量金属所引起的内应力。

在拟定机械加工工序时，应先考虑安排作为定位基准用表面的加工，以便使后续加工工序能提高定位精度，然后按先面后孔的原则进行其他平面和孔的加工，机座上的螺孔、定位销孔的加工和攻丝一般安排在工艺过程的末尾进行。次要工序及钳工工序可安排在主要工序之间，以便使主要工序能顺利地进行，同时保证达到加工技术要求。

由于机座的尺寸较大，结构形状复杂和加工表面多，为检查毛坯尺寸并使各表面的加工余量均匀，在中小批生产和单件生产条件下，常将毛坯划线作为第一道工序。在单件生产中，除了在粗加工前进行划线外，往往在精加工前还要对一些表面进行划线。

一般在单件小批生产条件下，机床上的平面多采用龙门刨床加工，轴承座孔和端面用万能镗床加工；多采用通用工具和少量夹具。批量较大时，用龙门铣床代替龙门刨床，用专用镗床代替万能镗床，并采用较多的专用工具、夹具。近年来，随着工艺技术的发展，无论是单件小批生产，还是批量较大时，有条件的厂家已采用数控镗铣床代替龙门铣床，可以同时加工出机座上的平面和主轴承座孔。用数控钻床或立式加工中心代替普通钻床，可以加工出各种定位孔、螺孔，并取消了粗精加工阶段之间的热处理工序。有效地提高了加工质量和生产率。

表 3-19 和表 3-20 所列为图 3-42 所示机座在单件小批生产和成批生产时所采用的机械加工工艺过程。

单件小批生产时机座机械加工工艺过程（材料：HT200，毛坯：铸件）　　表 3-19

工序号	工序主要内容	定位基准	机床或工作地点
10	铸件检验和划上、下平面，侧边缘加工及轴承座孔轴线	以不加工的内表面校验	划线平台
20	粗刨上、下平面，侧边缘和轴承开挡平面	按划线痕	龙门刨床
30	热处理，消除内应力	—	热处理车间
40	精刨下平面和侧边缘，上平面和侧边缘，轴承开挡平面	上平面、侧边缘 下平面、侧边缘	龙门刨床
50	划端面加工线和各螺孔、定位销孔轴线	上、下平面及侧边缘	划线平台
60	钻、攻各螺孔和定位销孔	划线痕	摇臂钻床
70	装配主轴承盖	—	钳工工段
80	粗、精镗主轴承座孔和轴承端面	上平面、侧边缘	万能镗床
90	装上机体，粗、精铣前后端面	划线痕	万能镗床
100	成品检验和液压试验	—	钳工工段

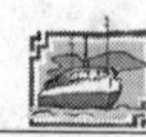

成批生产时机座机械加工工艺过程(材料:HT200,毛坯:铸件)　表3-20

工序号	工序主要内容	定位基准	机床或工作地点
10	铸件检验,划上、下平面,侧边缘,两端面,轴承座开挡平面加工	以不加工的内表面校验	钳工工段 划线平台
20	粗铣下平面,侧边缘	按划线痕	龙门铣床
30	粗铣上平面、侧边缘和轴承开挡平面	下平面、侧边缘	龙门铣床
40	粗铣两端面(两次安装)	上平面、侧边缘	专用铣床
50	热处理,消除内应力	—	热处理车间
60	粗铣下平面和侧边缘	上平面、侧边缘	龙门铣床
70	精铣上平面、侧边缘和轴承开挡平面	下平面、侧边缘	龙门铣床
80	精铣两端面(两次安装)	上平面、侧边缘	专用铣床
90	钻、攻上平面上各螺孔、定位销	上平面、侧边缘和端面定位	摇臂钻床
100	钻、攻下平面各螺孔	下平面、侧边缘和端面定位	摇臂钻床
110	装配主轴承盖	—	钳工工段
120	粗镗主轴承座孔	上平面、侧边缘	专用镗床
130	粗、精镗主轴承座孔及刮端面	上平面、侧边缘	专用镗床
140	精镗主轴承座孔	上平面、侧边缘	专用镗床
150	钻、攻两端面上各螺孔(两次安装)	上平面、端面轴承座孔定位	摇臂钻床
160	倒角、去毛刺、清洗、液压试验、成品检验	—	钳工工段

从以上两个工艺方案可以看出,机座在成批生产和单件生产时的加工定位基准和主要工序安排次序是一致的,不同的是成批生产时工序划分比较分散,而单件生产则将相近工序合并在一起。例如主轴承座孔的粗、精镗工序合在一道工序中完成,而在成批生产中则分在两道工序中完成,达到合理使用设备,保证加工质量的目的。此外,在单件生产的工艺过程中,端面螺孔加工工序被省略,是由于端面螺孔是在机器装配时按端盖板螺孔划线钻出,可避免装配时因螺孔不对位而修整端盖板孔的钳工工序。

三、机座加工主要工序分析

1.机座上、下平面的加工

机座的上、下平面是机座加工时的定位基准,也是机器装配时的装配基准,其精度要求较高,又属大平面加工。依据这一特点,加工时需分粗、精加工两个阶段,采用刨削或铣削加工;在粗、精加工之间安排中间热处理,以消除内应力。在生产中,由于机座的外形尺寸大且笨重,为减少工序的往返运输,往往只采用铸件退火热处理,而不进行中间热处理。因此,为了保证加工质量,则必须采取有效措施。例如,粗加工后松开压板,再夹紧;正确选择夹紧点的位置和夹紧力的大小;合理选择切削用量,以减少内应力和变形。

在粗加工阶段,应使用最有利的切削用量和多刀加工,充分发挥机床的效率,以提高生产率。精加工时,为使其能获得较小的平面度误差和合适的表面粗糙度,采用精刨或精铣加工。

在加工下平面、侧边缘和端面时,机座的定位和装夹,可采用图3-44a)所示方法。加工上

平面、侧边缘及轴承开挡平面时，可采用图 3-44b）所示方法，定位块 3、4 限制两个自由度，下平面 5 限制三个自由度。

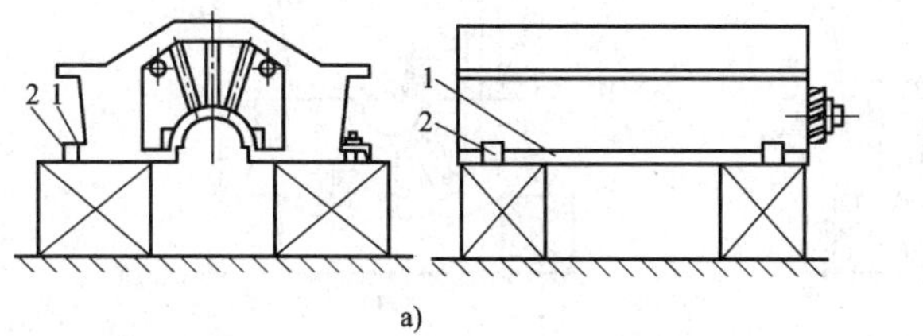

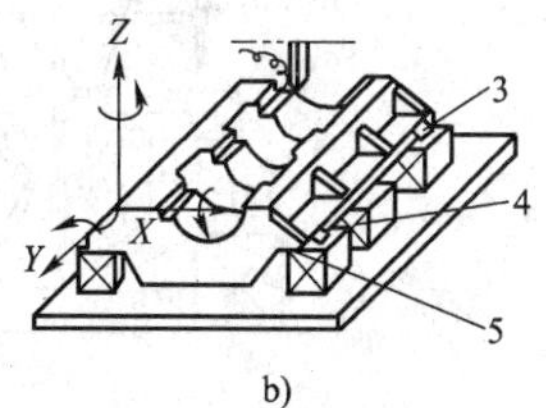

图 3-44　机座上、下平面加工时的定位

1-侧边缘；2、3、4-定位块；5-下平面

2. 主轴承座孔加工

机座主轴承座孔的加工，应保证达到各孔的尺寸精度，同轴度和轴承座孔轴线与机座上平面的平行度等精度要求。为了达到这些要求，除了选用适当的加工方法和设备以及正确的安排加工顺序和安装方法外，就是选择合理的装夹定位基准。

生产中常用的定位基准有以下几种：

（1）下平面与侧边缘作为定位基准，如图 3-45a）所示。这种方法加工操作方便，在单件小批生产中常用。显然，此法定位加工轴承座孔轴线易平行于下平面，而下平面对上平面的平行度误差必然反映到轴承座孔轴线对上平面的平行度上来，因此这项要求在此方案中难于保证。

（2）以上平面和侧边缘作定位基准，如图 3-45b）所示。此法能保证轴承座孔轴线与上平面的平行度精度要求，但这样安装时调整刀具和测量检查等都不方便。为便于操作，可采用图 3-45c）所示的安装方法。

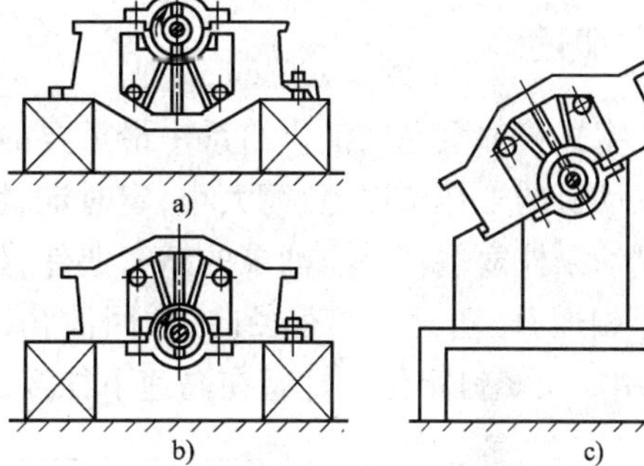

图 3-45　轴承座孔镗削时机座在机床上的安装

近年来，采用数控镗铣床加工机座各平面的同时，还在加工机座主轴承座孔，机座的安装方法如图 3-45a）所示。在加工机座的上平面、两侧边缘、前后端面的同时，镗出主轴承座孔，保证其与机座上平面的平行度，以及与两端面的垂直度。

3. 机座成品的检验

机座机械加工质量的检验主要内容包括：

（1）各主轴承座孔轴线的同轴度误差检验。检验时，将机座 3 置于支座 4 上，如图 3-46a）所示，以机座上平面和侧边缘为基准，百分表架 1 在其上沿轴承座孔轴线方向移动，百分表 2 的测量头则在每个轴承座孔最低位置上移动，这样便可得出每个轴承座孔轴线在垂直面内的位置。同样，将百分表架置于机座上平面的角铁 5 的垂直面上，并顺着轴承座孔轴线方向移动，而百分表的测量头在每个轴承座孔开挡侧面上移动，如图 3-46b）所示，便可得出每个轴承座孔轴线在水平面的位置。根据百分表在每个轴承座孔测出的读数，便能得出轴承座孔轴线同轴度的误差值。

（2）轴承座孔轴线与机座上平面平行度误差的检验。此项检验与轴承座孔轴线同轴度误差在垂直面内检验的方法相同（图 3-46a））。由轴承座孔轴线同轴度误差在垂直面内检验结

果便可得出轴承座孔轴线与上平面的平行度误差数值。

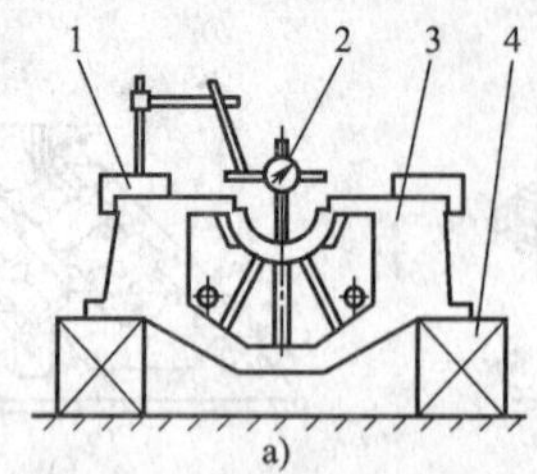

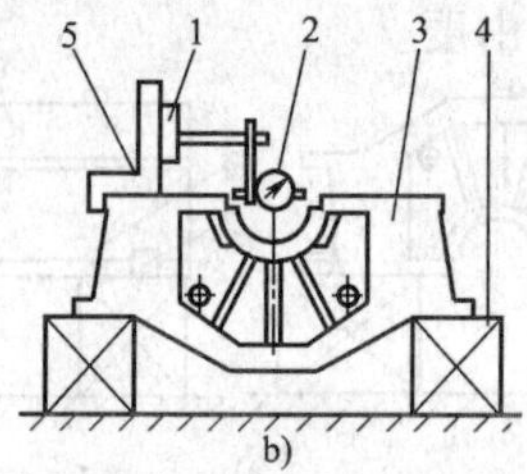

图 3-46　轴承座孔轴线同轴度误差和轴线与上平面平行度误差的检验

1-百分表架;2-百分表;3-机座;4-支座;5-角铁

(3)机座上平面的平行度检验。此项检验与其他平面形状精度检验一样,可用水平仪或光学仪器来检验。

(4)主轴承座孔尺寸检验。此项检验方法与通常孔的检验方法相同,可用内径千分尺或带百分表的内径千分尺进行检验。

第六节　喷油泵柱塞偶件制造

一、概述

柱塞式喷油泵是柴油供给系中最重要的零件,如图 3-47 所示,其功能是:提高柴油压力,按照发动机的工作顺序、负荷大小,定时定量地向喷油器输送高压柴油,且各缸供油压力均等。

喷油泵柱塞偶件是喷油泵的精密偶件,如图 3-48 所示。柱塞头部圆柱面上有直槽、斜槽,与顶部相通,柱塞套上制有径向进、回油孔,均与泵上体内低压油腔相通,柱塞套装入泵上体后,应用定位螺钉定位。柱塞在高速下往复运动,将燃油增压,并在规定的时间内开始压油或

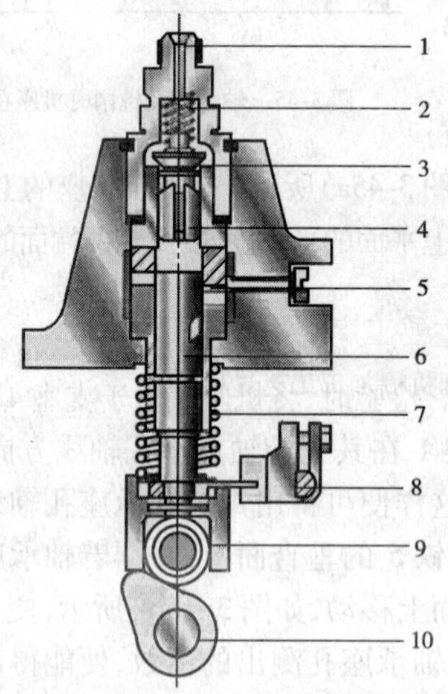

图 3-47　柱塞式喷油泵

1-高压油管接头;2-出油阀弹簧;3-出油阀座;4-出油阀;5-柱塞套;6-柱塞;7-柱塞弹簧;8-油量控制机构;9-滚轮体;10-凸轮轴

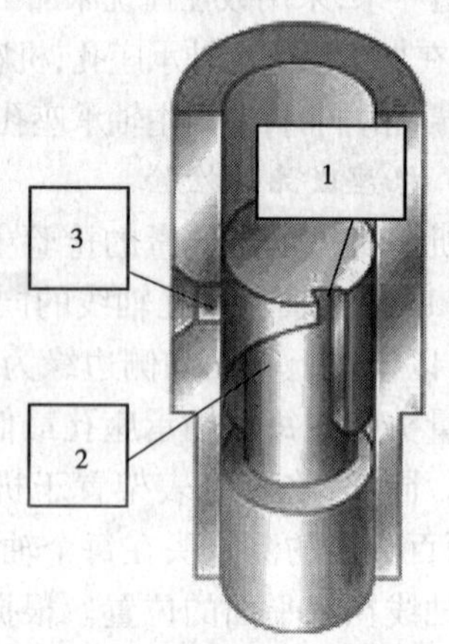

图 3-48　柱塞式喷油泵柱塞偶件

1-直槽;2-斜槽;3-径向油孔

泻油。柱塞可转动改变吸油腔容积,从而改变供油量。

由于柱塞偶件工作条件的特殊性,因此其对制造用材料的耐磨性、腐蚀性、热膨胀系数、金相组织及加工性能等方面提出了很高的要求。它常用的材料有工具钢(CrWMn)或滚动轴承钢(GCr15)等。柱塞套和柱塞硬度要求HRC62~65。

柱塞偶件加工精度要求高,它对密封性、滑动性、可靠性及寿命等的性能有严格规定,从而其加工工艺复杂、工艺装备精度要求高、量具要求精密。柱塞与柱塞套相配合的圆柱工作表面的径向间隙为:柱塞直径12~18mm,径向间隙0.002~0.004mm;柱塞直径18~30mm,径向间隙0.003~0.006mm;柱塞直径大于30mm,径向间隙0.006~0.009mm。这样高的配合精度,即使通过规定严格的孔和外圆尺寸公差,也难达到完全互换的要求。因此,实际生产中是用放大偶件各自的制造误差,然后根据生产批量的大小,采用单配选配法或分组选配法来保证偶件的装配要求。

二、喷油泵柱塞套的机械加工工艺

1. 柱塞套机械加工技术要求

柱塞套技术要求如表3-21、图3-49所示。

柱塞套技术要求　　表3-21

序号	加工部位(公差项目)	精度要求
1	柱塞与柱塞套配合的内圆表面圆度	柱塞直径≤30mm,不大于0.0005
		柱塞直径>30mm,不大于0.001
2	柱塞套圆柱工作表面轴线的直线度	不大于0.001
3	与泵体配合的外圆表面对内圆表面轴线的径向圆跳动公差	0.03mm
4	内圆表面粗糙度	R_a0.2~0.4μm
5	柱塞套密封端面的平面度	直径≤60mm,不大于0.009
		直径>60mm,不大于0.012

2. 柱塞套机械加工工艺

柱塞套结构形状较为简单,但各表面精度要求较高。通常分为粗、精以及光整加工阶段,中间安插热处理。

柴油机喷油泵柱塞套机械加工工艺过程(主要工序)见表3-22。

柴油机喷油泵柱塞套机械加工工艺过程　　表3-22

工序号	工序主要内容	定位基准	机床、夹具
1	粗车外圆、端面	毛坯外圆	车床
2	钻、铰中孔	大外圆	枪孔钻床
3	精车外圆	中孔	车床
4	铣键槽	大外圆及凸肩平面	立式铣床及专用夹具
5	钻、扩、铰油孔,锪锥孔	大外圆及凸肩平面键槽	台钻、钻模
6	检验	—	—
7	热处理	—	—

续上表

工序号	工序主要内容	定位基准	机床、夹具
8	粗、精磨锥孔	中孔	外圆磨床
9	粗、精磨各级外圆	中孔	外圆磨床
10	粗、精磨各级外圆凸肩平面	中孔	平面磨床
11	粗、精磨大端平面	大外圆及凸肩平面	平面磨床
12	探伤检验	—	探伤仪
13	时效热处理	—	—
14	粗、精珩磨中孔	大外圆	珩磨机
15	抛光	大外圆	专用设备

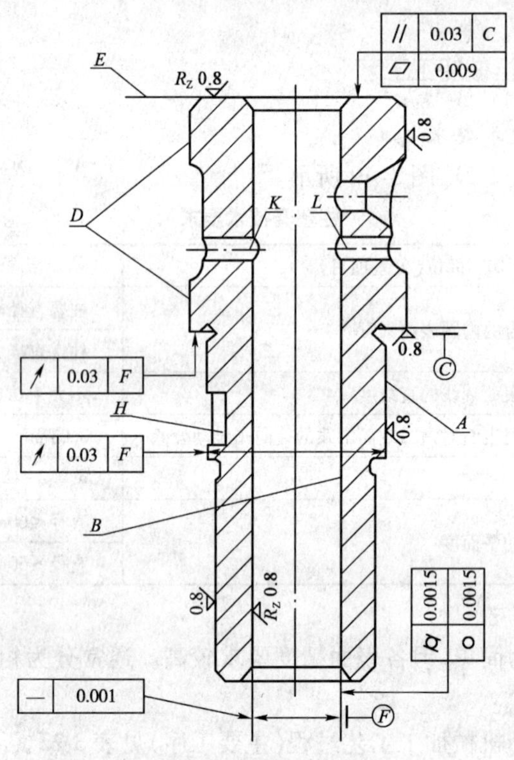

图 3-49 喷油泵柱塞套

3. 柱塞套中孔加工分析

柱塞套中孔加工是柱塞套加工的关键。它属于小直径深孔加工，其长径比一般都超过 5。该零件成品的精度与工艺水平高低有关。柱塞套淬火后，中孔粗、精加工采用手工研磨已逐渐被淘汰，原因是产品质量稳定性差，尺寸分散度大，插配配对偶件命中率低。目前，有些厂采用的工艺为：钻、扩、铰中孔→热处理→中孔去毛刺→粗珩中孔→精珩中孔→抛光中孔。

一些有条件的工厂采用先进的枪孔钻床来钻削中孔，使中孔尺寸分散度控制在 0. 02mm 之内，比在六角车床上用钻、扩、铰加工出的中孔孔径分散度降低了 33%。采用枪钻钻床钻削的中孔，经过热处理后，使用多工位珩磨机来完成中孔的粗、精珩磨，最后再在立式研磨机上做

最后光研。这种工艺优点是使用的设备精度高，加工质量稳定，孔径分散度可达到±0.005mm，提高了偶件插配命中率。但这种工艺受零件材质稳定性及热处理条件的制约，以及加工设备价格昂贵的限制，因此一般工厂尚难于推广。

还有一些工厂，柱塞套热处理后的加工，以磨→珩→研或磨→研→研方式来实现。其目的是提高中孔几何精度，减少研磨余量和控制孔径尺寸分散性，采用这种工艺方案有以下几方面优点。

(1)中孔的预加工不必采用枪孔钻床来完成，减少昂贵设备投入。

(2)经过磨削加工，能达到相当于原来半精研的要求，为最终加工提供了良好的基准。

(3)孔径尺寸分散度降低，减小了成品零件的分级数，提高了偶件插配的命中率。

(4)缩短了工艺流程，节省了工时，生产成本降低。

磨削中孔的关键在于磨床的精度及自动化程度。如BKM—20型半自动柱塞套中孔磨床，其磨削直径范围为4~20mm。磨削柱塞套中孔的精度为：孔径尺寸分散度0.015mm，圆度误差0.008mm，直线度0.00lmm，素线平行度0.003mm，粗糙度R_a0.32μm。

精珩时，应注意珩磨条的选择，例如采用SCY—6016B卧式珩磨机精珩中孔时，珩磨条磨粒可选用W40~W63立方氮化硼，珩磨压力一般应小于25N的轻压，珩磨时间为20s左右，如图3-50所示。珩磨时，珩磨杆上的两条金属导向凸台和一根珩磨条与柱塞套内孔保持三点非均匀状态刚性接触。在上述压力作用且在旋转和上下往复运动状况下磨削内孔，以提高内孔的直线度、圆度和降低表面粗糙度。

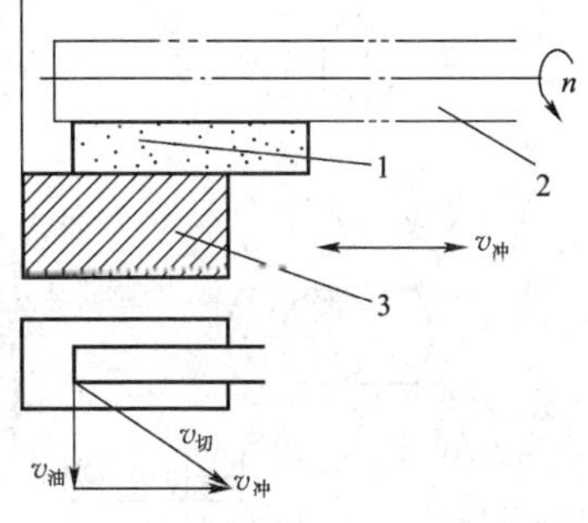

图3-50　精珩示意图

1-珩磨条；2-珩磨杆；3-桩塞套筒

柱塞套中孔珩磨前应按0.005mm分级，以满足0.005~0.010mm的珩磨余量。珩磨时采用的磨料有人造金刚石和立方氮化硼(CBN)。粗珩时，磨粒粒度应在100~120目，工件粗糙度R_a为1.2~1.3μm时，网纹的深度可以在精珩时珩掉。精珩时磨粒应在W40~W25之间，柱塞套中孔的粗糙度R_a为0.4μm。

三、喷油泵柱塞的机械加工工艺

1. 柱塞机械加工技术要求

柱塞技术要求如表3-23、图3-51所示。

柱塞技术要求　　表3-23

序号	加工部位(误差项目)	精度要求
1	柱塞工作表面的圆度	柱塞直径≤30mm，不大于0.0003
		柱塞直径>30mm，不大于0.0005
2	柱塞与柱塞套相配合的圆柱工作表面圆柱度	柱塞直径≤30mm，不大于0.0015
		柱塞直径>30mm，不大于0.002
3	柱塞轴线的直线度公差	不大于0.001
4	柱塞螺旋槽的几何形状偏差	不大于±0.015(在斜槽每10°转角上)
5	端面B对工作表面轴线Q的端面圆跳动公差	0.03mm
6	柱塞与柱塞套相配合的圆柱工作表面粗糙度	R_a0.2~0.4μm

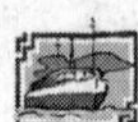

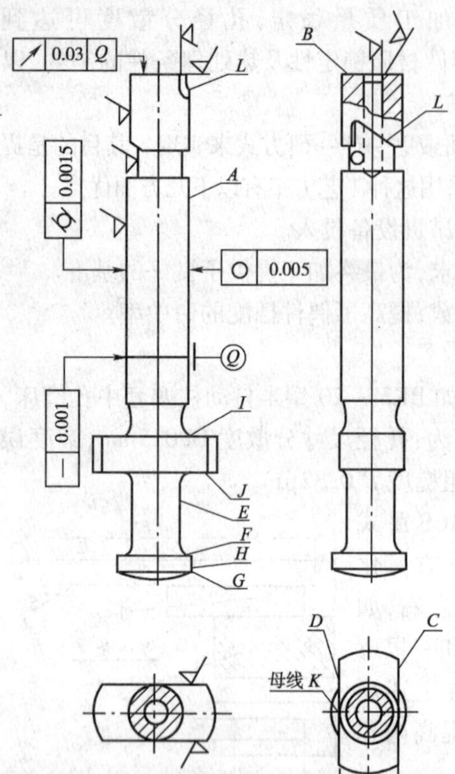

图 3-51 喷油泵柱塞

2. 柱塞机械加工工艺

(1)定位基准及加工特点。

①定位基准。柱塞各级外圆加工采用两端顶针孔为基准;螺旋槽采用工作外圆面(或者顶针孔)以及法兰平面为基准;法兰平面加工用工作外圆面(或顶针孔)和另一法兰平面为基准。

②加工特点。由于柱塞主要表面加工要求较高,所以在加工中,一般划分为粗加工、半精加工、精加工以及抛光和光整加工几个阶段,在粗加工后进行消除内应力的退火热处理。精加工前进行人工时效以稳定组织。每一阶段加工时都修整顶针孔。

(2)喷油泵柱塞机械加工工艺过程。喷油泵柱塞机械加工工艺过程如表 3-24 所示。

3. 柱塞加工主要工序分析

(1)外圆的粗、精加工。外圆加工的特点是:工序多,前道工序都是为后道工序准备基准,这是达到加工精度的必要条件。柱塞外圆粗、精加工采用粗车→精车→粗磨→精磨工艺过程。

(2)螺旋槽的粗、精加工。螺旋槽的加工具有一定难度。螺旋槽一般要经过铣、磨两道工序。铣削加工可在铣床上用分度头铣削或采用专用夹具铣削。

柴油机喷油泵柱塞机械加工工艺过程 表 3-24

工序号	主要工序内容	定 位 基 准	机床及夹具
1	粗车外圆及端面、凸肩	毛坯外圆	车床
2	打顶针孔	外圆 E	专用钻床
3	铣法兰两侧面 C、D	外圆 A	立式铣床
4	退火处理	—	—
5	精车外圆及端面、凸肩	外圆 A、顶针孔	车床
6	修整顶针孔	外圆 A	专用钻床
7	粗磨外圆 A	两顶针孔	外圆磨床
8	精铣法兰侧面 C 及 D	外圆 A	立铣
9	铣上、下螺旋槽 L	顶针孔、法兰侧面	铣床
10	钻、铰 $\phi1.5$、$\phi5$ 孔	外圆 A 及法兰平面	台钻
11	检验	—	—
12	热处理	—	—
13	清洗、修整顶针孔	—	—
14	半精磨外圆	两顶针孔	外圆磨

续上表

工序号	主要工序内容	定位基准	机床及夹具
15	时效处理	—	—
16	精磨外圆、端面、法兰侧面	外圆 *A* 顶针孔、法兰平面	外圆磨床、专用夹具
17	磨上、下螺旋槽 *L*	顶针孔及法兰平面	工具磨床、专用夹具
18	检验	—	—
19	半精研及精研外圆	—	研磨机、柱塞研具
20	柱塞与柱塞套插配互研	—	—

(3)柱塞的研磨。柱塞的研磨主要采用机械研磨和手工研磨。以下主要介绍机械研磨机的工作原理。

机械研磨机(图3-52a))工作时,将柱塞斜置在隔板的空格内,隔板空格分布如图3-52b)所示。

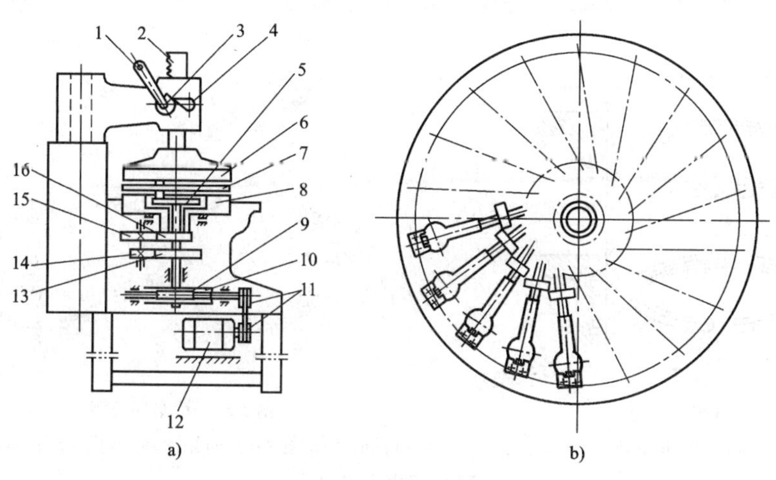

图3-52　机械研磨机

1-手柄;2-齿条;3-棘轮;4-棘爪;5-偏心轮;6-上研磨盘;7-隔板;8-下研磨盘;9-蜗杆;10-蜗轮;11-皮带轮;12-电动机;13～16-齿轮组

上研磨盘对工件施加压力。电动机通过皮带轮、蜗杆、蜗轮、齿轮组13、14、15、16使下研磨盘旋转。同时,隔板由蜗轮带动做偏心运动。由此可见,柱塞具有滚动和滑动两种运动。

机械研磨机每次研磨时间为10～15min。它主要将大部分余量研去,并控制柱塞的形状误差,研磨前应检查研磨盘的平面度,并且进行修整。柱塞外圆尺寸应经过检测,并使较大尺寸的柱塞均匀分布在研磨盘上。当上、下研磨盘之间的平行度较好,并与工件成线接触时,容易使柱塞在研磨过程中获得较精确的几何形状。柱塞运动速度为1/12～1/10m/s,研磨盘对柱塞压力为0.1～0.4MPa。研磨剂可采用W14(氧化铝),也可以在研磨剂中添加清洁柴油。

一般机械研磨后应再进行手工研磨,以修正柱塞在研磨机上未能消除的形状误差。

(4)柱塞、柱塞套插配互研。插配互研是指以精研后的柱塞为基准研磨柱塞套。在精研过程中,通过对柱塞的试插,逐步研磨,直至柱塞能全部插入柱塞套。

第七节　活塞环制造

一、概述

活塞环是影响柴油机性能的主要零件之一，也是一个易损零件。由于它在高温高压下工作，承受着摩擦、腐蚀和机械作用，使其寿命因结构、制造质量、载荷以及管理水平不同而有很大差别。使用寿命长的可达 10000h 以上（中、小型柴油机），或 5000h 以上（大型柴油机），而短的只有几百小时。

1. 活塞环类型结构（图 3-53）

一般而言，活塞第一道环和第二道环为气环，起密封和导热作用；第三道环为油环，起控油作用，将飞溅或喷射到缸壁上的机油均匀地布在气缸壁上，并将多余的机油刮下。如图 3-54 所示为各种形式活塞环，表 3-25 为各种活塞环类型功用。

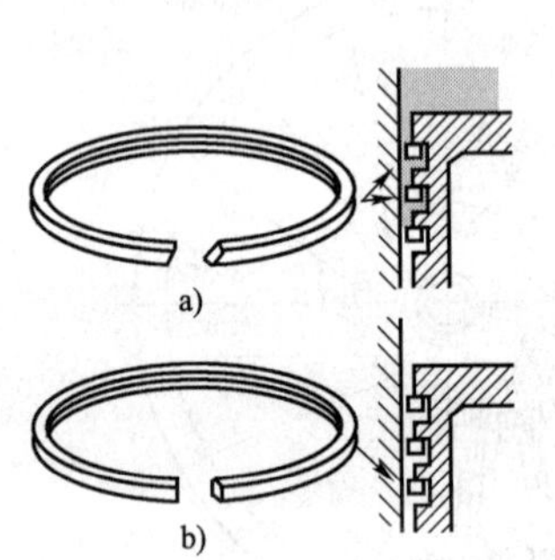

图 3-53　活塞环

a）气环；b）油环

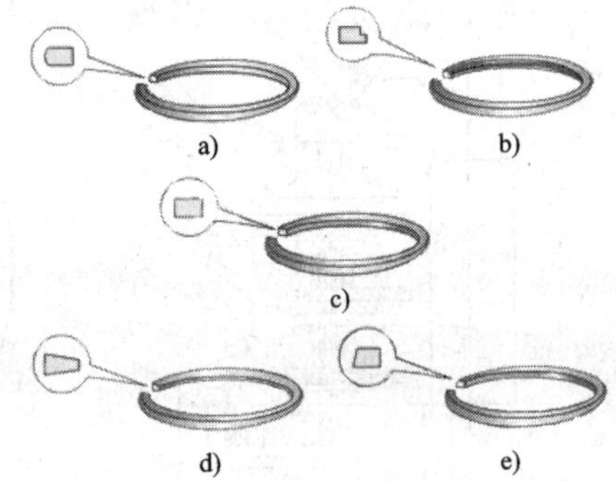

图 3-54　活塞环类型

a）桶形环；b）扭曲环；c）矩形环；d）梯形环；e）锥形环

活塞环类型及功用　　表 3-25

类　型	特　点	简　图
矩形平环	最基本的压缩环，特点是结构简单，用于低速、低负荷发动机、空气压缩机	
桶面环	能适应活塞的摆动，运动中能有效形成动压润滑，密封能力强，用于各种中、高速发动机压缩环	
梯形环	梯形环的径向运动可将活塞环槽中的积炭挤出，有效防止环结胶卡死，用于各种高速、高负荷、大功率发动机压缩环	
矩形锥面环	向上运动能有效布油，向下运动能有效刮油，具有良好的控油性能，用于各种型号的发动机以及空气压缩机	

续上表

类型	特点	简图
普通油环	最基本的油环,用于低速、低负荷发动机以及空气压缩机	
螺旋撑簧油环	弹力主要由螺旋弹簧提供,其面压较高、持久性强;同时,环体具有良好的柔性,因而螺旋撑簧油环有较强的控油能力,用于各种中、高速发动机	
钢带组合油环	接触压力高、密封能力强、回油通畅、重量轻,具有良好的控油能力,广泛应用于中、高速四冲程汽油机	

2. 活塞环径向压力分布

活塞环在自由状态下不是圆形,其曲率半径沿环周各点是变化的,且大于气缸半径,只有当装入气缸后才成为正圆形。活塞环装入气缸内成为正圆形后,活塞环实际弹力分布状态称为活塞环径向压力分布。活塞环装入气缸前的形状称为自由状态,常用的有三种:图 3-55a)为桃形环,也称高点环(径向压力分布为正椭圆形,即在活塞环开口处接触压力高于环周平均压力),桃形环特别适用于高速柴油机;图 3-55b)为苹果形环,也称低点环(径向压力分布为负椭圆形,即在活塞环开口处接触压力低于环周平均压力),苹果形环限用于二冲程柴油机;图 3-55c)为等压环(径向压力分布为正圆形,即活塞环整个圆周上分布着相同的接触压力),等压环主要用于四冲程中速柴油机。

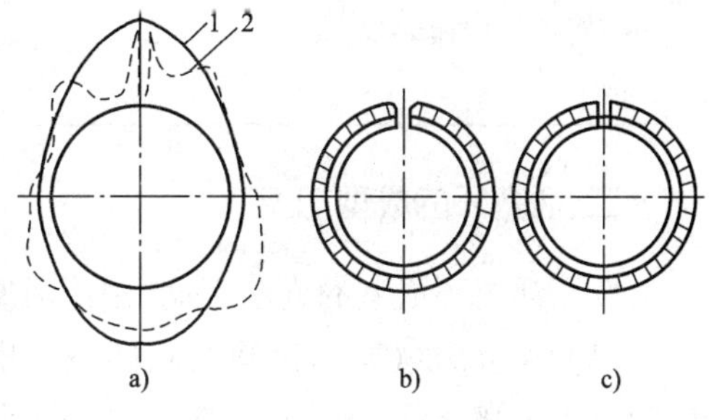

图 3-55 活塞环径向压力分布

1-理论径向压力分布;2-实际径向压力分布

3. 活塞环材料

(1)合金铸铁。铸铁加入钨、钒、钛或铬、铜等合金成分,提高了材料的力学性能和耐磨性,同时,合金铸铁中的片状石墨类似于固体润滑剂,抗拉缸能力强。该材料广泛应用于各种型号的发动机、空气压缩机。

(2)多元合金铸铁。铸铁加入钨、镍、钼、铬等十几种合金元素,大大提高了材料的耐磨性和力学性能。该材料广泛应用于各种中、高速发动机。

(3)球墨铸铁。铸铁中的石墨呈球状,材料的力学性能,如弹性模量、抗弯强度得到较大提高。该材料广泛应用于各种中、高速发动机。

(4)钢质,具有很高的弹性模量和抗弯强度,对其表面进行镀铬、喷钼、氮化等处理,其耐磨性得到大幅度提高,可广泛应用于各种中、高速发动机。

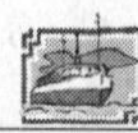

4. 活塞环的主要技术要求

(1)尺寸精度和形状精度。活塞环的高度误差影响它与活塞环槽间的端面间隙;径向厚度误差影响它与活塞环槽的背面间隙及本身的弹性;外圆尺寸误差过大和形状精度过低会影响活塞环的密封作用。

(2)活塞环两端面位置精度。活塞环两端面必须平直,否则会影响它与活塞环槽间的密封而导致泄漏,所以对活塞环两端面的挠度具有一定的要求。

(3)表面粗糙度。活塞环表面粗糙度影响活塞环密封作用。

活塞环的技术要求如表3-26所示。

活塞环的技术要求 表3-26

序号	加工部位(误差项目)	精度要求
1	活塞环高度 h	按 h6 制造
2	径向厚度 t	按 h8 制造
3	活塞环两端面挠度	缸径≤200mm:挠度≤0.05mm
		缸径 200~600mm:挠度≤0.08mm
		缸径>600mm:挠度≤0.08mm
4	表面粗糙度	两端面 $R_a0.08\mu m$
		外圆面 $R_a3.2\mu m$
		内圆面 $R_a12.5\mu m$

二、活塞环的成型加工

按照活塞环成型的方法不同,制造活塞环的加工方法主要有两种:

(1)热定型法(整体正圆法),即浇注出圆筒形活塞环毛坯,然后在普通车床上车削加工,切割成单个活塞环,按工作间隙尺寸(即活塞环装入气缸内的开口间隙)铣出切口,用金属楔块插入环开口处将其扩张至所需的自由切口间隙尺寸,并在此状态下热处理定型,即成为所需尺寸的活塞环。

(2)单体椭圆法,即浇注出单个的椭圆形活塞毛坯,然后在靠模车床(或称仿形车床)上车削加工出环自由状态的形状,并按自由切口间隙尺寸切口,就成为所需尺寸的活塞环。

这两种方法都获得广泛采用,其特点为:

(1)单体椭圆法属于机械定型,即可用于制造等压环,又可用于制造非等压环,主要用于制造非等压环。热定型法,环自由状态的形成主要靠热定型,因此在高温下会发生回火,促使环的弹力消失。由于定型性质不同,单体椭圆法制成的活塞环寿命比较长,热定型法主要用于制造等压环。

(2)从加工过程看,单体椭圆法在铸造和机械加工时要用专用模具和靠模车床,设备复杂,而热定型法无论从铸造或机械加工看都比单体椭圆法简单,所以它的生产率高,成本低。单体椭圆法适用于大批量生产,热定型法用于大、中、小批量生产均可。

1. 活塞环铸造

早期的活塞环毛坯铸造方法多数用正圆筒体砂型铸造,特点是容易制造,废品率低,补缩

率低；其缺点是铸件需要切片，大大增加了机械加工的工作量，力学性能也较差，多数铁球环采用这种生产方式。其他材料的中、小活塞很少用这种方法。

筒体离心铸造方法优点是：不用砂型，节省人力；易实现机械化、自动化；铸件补缩能力强，不易产生缩孔、气孔；缺点是：毛坯是正圆的，壁厚、要切片；内、外圆加工余量大；力学性能不够稳定。因此，这种方法除少量用于球铁环生产外，其他材质的活塞环一般不用这种方法。

单体环铸造的优点是：加工余量好，力学性能好；缺点是：设备要求比较先进，否则废品率较高、补缩能力差。由于合金铸铁环不存在补缩问题，故目前绝大多数合金铸铁环采用这种生产方式。

2. 热定型

浇注出圆筒形活塞环毛坯，粗车内、外圆，切割成单个活塞环，按工作间隙尺寸（即活塞环装入气缸内的开口间隙）铣出切口，用金属楔块插入环开口处，将其扩张至所需的自由切口间隙尺寸，楔块宽度为

$$B = a_0 + \left(\frac{1}{5} \sim \frac{1}{4}\right)a_0$$

式中：a_0——活塞环自由开口宽度。

活塞环装入夹具后加热至600～650℃，保温30～60min，然后取出在空气中冷却，活寨环就变成自由开口的形状，热定型环工艺简单，应用较普遍。

下面为热定型活塞环成批生产的工艺过程（材料为合金铸铁，活塞环外径尺寸 D = 300mm，环高6mm）各工序如下：

(1)粗车外圆、粗镗内圆，如图3-56所示；切割成单环。

(2)粗磨两端平面，工件安装如图3-57所示。

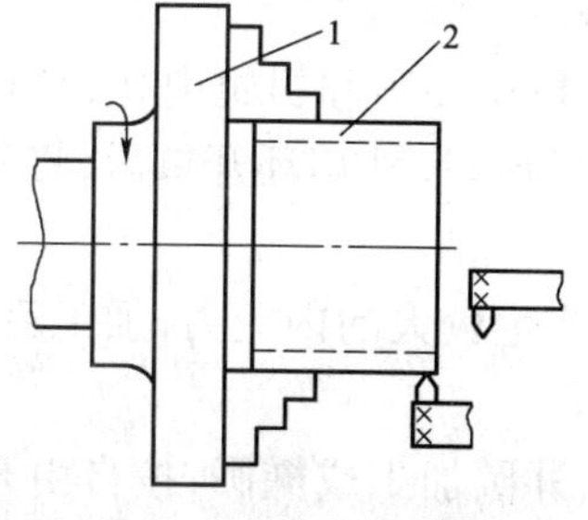

图3-56　粗车内、外圆

1-卡盘；2-工件

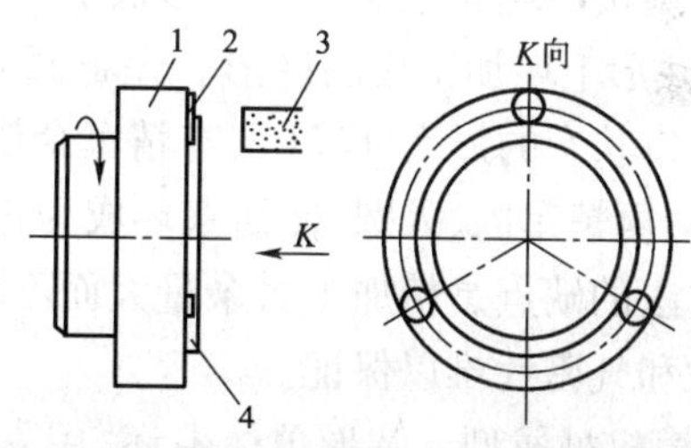

图3-57　粗磨端平面

1-卡盘；2-工件；3-砂轮；4-工件

(3)切开口，开口宽1.3±0.1mm。

(4)热定型。加热温度630～650℃，保温40min以上，空气冷却（装夹如图3-58所示）。

(5)半精磨两端平面。

(6)精车外圆至 $\phi300_{-0.2}^{\ 0}$mm，工件装夹方法如图3-59所示。

(7)修整开口，工件装夹如图3-60所示。

(8)精镗内圆至 $\phi280_{-0.2}^{\ 0}$mm，工件装夹方法如图3-61所示。

(9)精磨两端平面。

(10)修整开口、倒角、去毛刺。

(11)检验。

(12)表面处理。

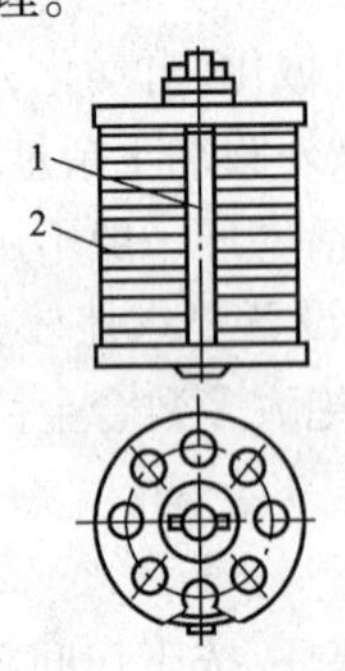

图3-58 活塞环热定型的装夹

1-楔块;2-工件

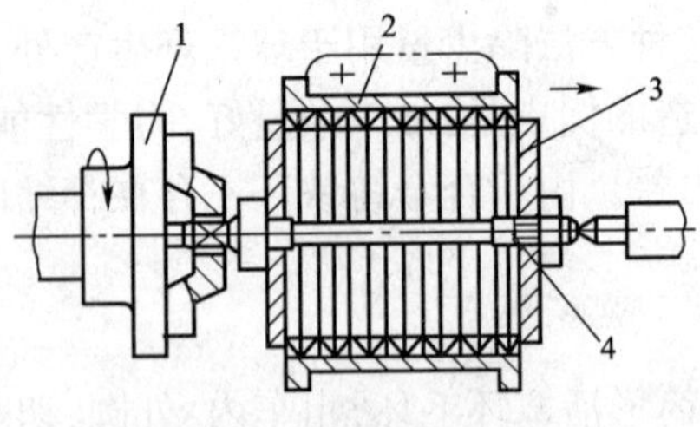

图3-59 精车外圆

1-卡盘;2-套筒夹具;3-压板;4-心轴

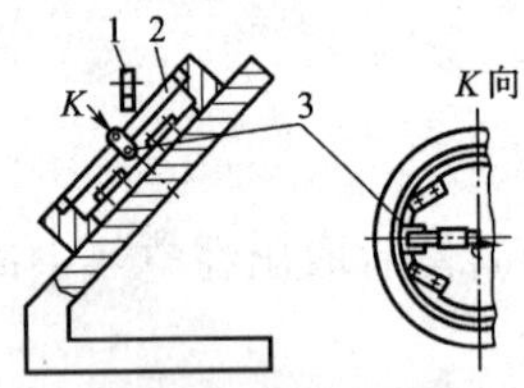

图3-60 修整开口

1-铣刀;2-工件;3-加紧机构

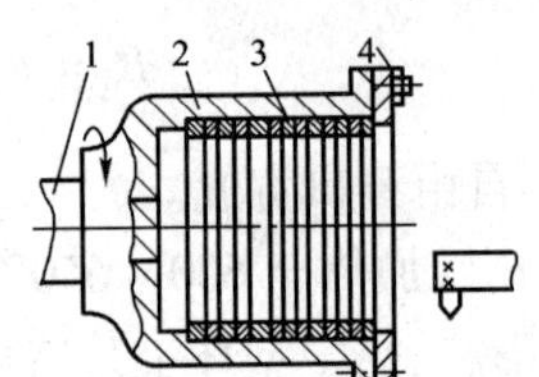

图3-61 精镗内圆

1-机床主轴;2-套筒夹具;3-工件;4-压紧环

3.机械成型

机械成型按毛坯和粗加工后的形状不同,分以下两种:

(1)圆柱形毛坯加工成圆柱形。先将圆筒形状毛坯粗车外圆和粗镗内孔,其外径尺寸控制为自由开口状态的最大外径(留有精车余量)。按自由开口尺寸切环开口后,将其压缩至工作开口大小,再精车内、外圆,使活塞环成为正圆形。

这种方法的缺点是精加工时余量大而不均匀,从而产生较大的内应力,加工后会有变形,使环的弹性和气密性难以保证。

(2)靠模机械成型。圆形单体毛坯,用靠模将其内、外圆加工成椭圆,按自由开口尺寸切环开口后,将活塞环合拢成正圆形,在闭合为工作开口状态下精加工,此时加工余量少而均匀。精加工前进行热处理,以消除内应力。

靠模机械成型工艺流程如表3-27所示。

靠模机械成型工艺流程 表3-27

工序号	工序内容	设备	备注
1	粗磨端面	双端面磨床	外圆端面为基准
2	去油	去油炉	—
3	细精磨平面	双端面磨床	—
4	去油	去油炉	—
5	半成品检查	—	—

续上表

工序号	工序内容	设　备	备　注
6	仿形车椭圆	仿形车床	内圆端面、凸块定位
7	粗车内圆	专用车床	外圆端面定位、气动夹紧
8	精车外圆	专用车床	外圆端面定位、气动夹紧
9	内台	专用铣床	外圆端面定位、气动夹紧
10	外台	专用铣床	外圆端面、开口定位
11	精车内圆	车床	外圆端面定位
12	修口	专用铣床	外圆开口、端面定位
13	磷化表面处理	—	—
14	成品检验、上油配组、入库	—	—

三、活塞环定位夹紧的方法

1. 定位基准选择

（1）活塞环两端面加工基准选择。活塞环两端面的加工是以其自身作为定位基准的，加工精度高，环高公差一般为0.01～0.05mm，同一片环高公差0.008mm，表面粗糙度R_a0.5μm。保证这些精度要求，对以后多环叠放一起成组加工时减少环高累积误差的影响，有着重要意义。

（2）外圆仿形加工基准选择。外圆仿形加工可选择外圆定位与内圆定位两种方法。

①外圆定位，即选定外圆毛坯为定位基准，由三个同时张紧的卡爪装夹定位。为了保证仿形加工外圆时工件外形与仿形运动相对应，必须限制工件绕心轴轴线转动的自由度，为此在毛坯上设有定位凸块或定位凹槽，如图3-62所示。

②内圆定位，选择毛坯内圆为定位基准。这种定位方法是在夹紧心轴上以内衬铝套支撑定位。内圆定位具有装夹简单，操作方便的特点，但定位精度低，铝套消耗量大，如图3-63所示。将螺母旋紧即将叠合在一起的活塞环夹紧。装夹时必须限制工件绕心轴轴线转动的自由度，为此在毛坯上设有定位凸块或定位凹槽。

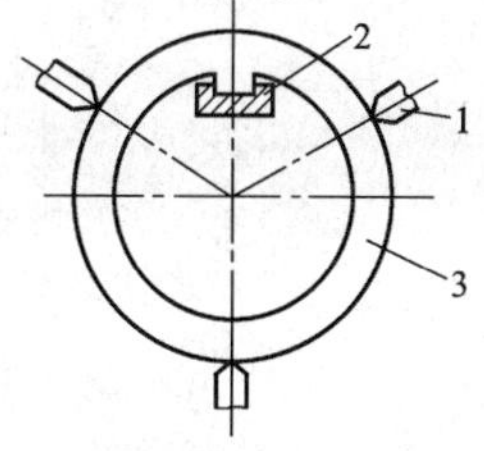

图3-62　外圆定位示意图

1-卡爪；2-定位卡片；3-工件

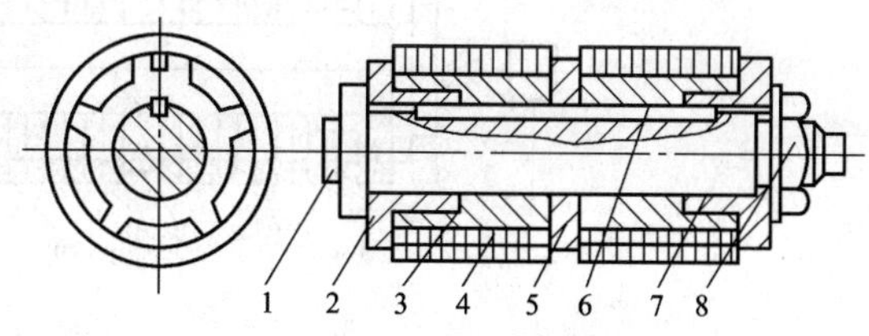

图3-63　内圆定位夹具

1-心轴；2-下压环；3-定位铝套；4-活塞环；5-中垫板；6-键；7-上压环；8-螺母

2. 活塞环的夹紧方法

活塞环的机械加工大部分工序都是采用成组叠置，经过弹性变形把环从自由状态收拢为正圆，并利用专门设计的胎套或利用夹紧力使其保持在正圆状态进行加工，因此活塞环的夹紧

方法有两个方面，一是要克服从自由状态收拢为正圆的夹紧，二是要克服切削力而进行的夹紧。实际生产中，根据不同工序分别采用手动、电动、气动进行夹紧。

(1)椭圆收拢为正圆的方法。活塞环自由状态收拢为正圆状态的基本方法有两中，一种是锥套收正圆法；另一种是半圆套收正圆法。

①锥套收正圆。锥套收正圆的方法见图 3-64。这是车或铣内台肩时使用的装夹方法。活塞环装入锥套后，将压板压下，环进入圆锥部分后即产生弹性变形，直径逐渐缩小，直至压入胎套内。

②半圆套收正圆法。半圆套收正圆的方法见图 3-65。两个半圆夹具铰接在一起，半圆套内径略小于工作胎套，装入一组活塞环后，合拢活动夹具体，利用气动力将其夹紧，从而将工件收拢成为正圆，胎套置于半圆套上，压紧后将环压入胎套内。这种方法用于粗、精车内圆工序。

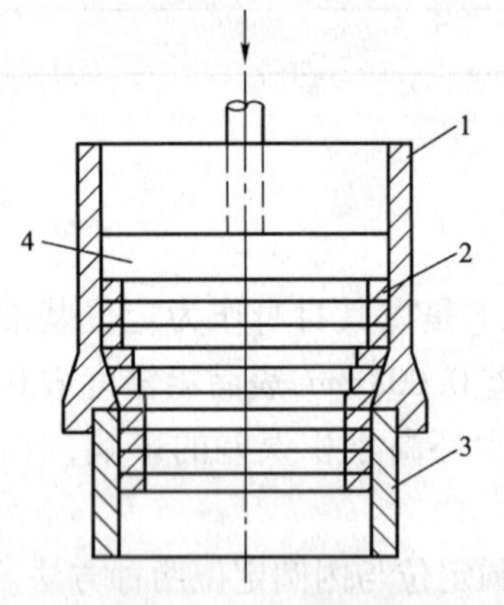

图 3-64　锥套收正圆示意图

1-锥套；2-工件；3-胎套；4-压板

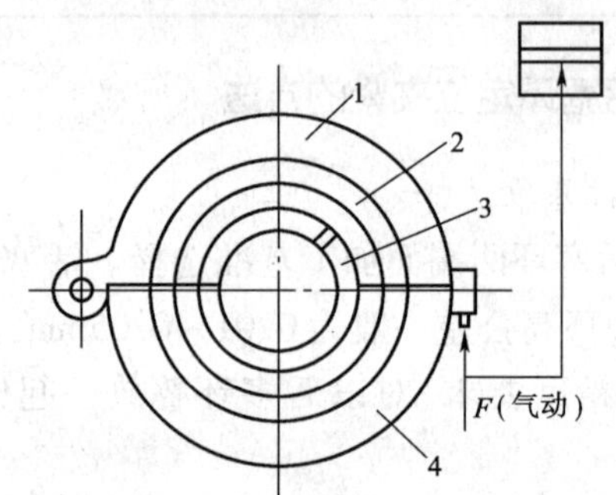

图 3-65　半圆套收正圆示意图

1-固定夹具体；2-半圆套；3-工件；4-活动夹具体

(2)夹紧方法。活塞环的外圆加工的夹紧是利用专用心轴，用螺旋夹紧。具有结构简单、使用方便，但活塞环生产装卸频繁，螺旋副磨损快。

例如细车外圆经夹具夹紧后，成为简单圆柱体，用前后顶尖定位如图 3-66 所示，夹具心轴 2 与螺母 7 就是螺旋夹紧机构。

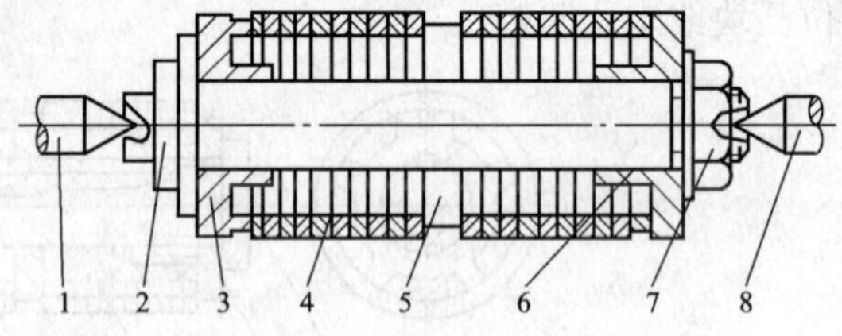

图 3-66　精车外圆定位图

1-床头顶尖；2-夹具心轴；3-上压环；4-活塞环；5-中压板；6-下压板；7-螺母；8-尾架顶尖

四、活塞环机械加工典型工序分析

1. 端面加工

活塞环两端面是一切加工尤其是内、外圆加工的基准面。同时，两端面的加工质量对活塞环的性能影响很大。因此，有必要将两端面的加工作为活塞环加工工艺中的最初工序，并且要

求尽可能提高加工精度。

一般活塞环的两端面要经过粗磨、半精磨、精磨三道工序，其特征是两端面同时进行磨削。过去采用单面磨削，但因易于产生加工变形而降低端面的平面度，所以除中型和大型活塞环外，均采用在双面磨床上用同时磨削的方法加工。两端面的总加工余量在0.9～1.3mm之间。

(1)粗磨加工。粗磨与半粗磨采用半自动连续上料、用送料轮把环坯送入砂轮间，用相应厚度的钢带制成导轨，沿直径方向通过砂轮磨削区，磨削2.5mm以上环高的环坯用2.5mm钢带；1.5～2.0mm薄环用1.5mm钢带导向，如图3-67所示。

粗磨机床两个主磨头是相对逆向旋转的，磨削特点是环坯通过砂轮间、砂轮外圆处线速度为29.45m/s，中心区只有1.99m/s，相差15倍。砂轮外圆切削能力最好，应负担切削量的2/3左右。当第一次粗磨余量为0.5左右时，砂轮进口与出口间隙应调整为0.18mm的喇叭口(图3-68)。应注意，保证主磨头为基准，只能调整辅助磨头。

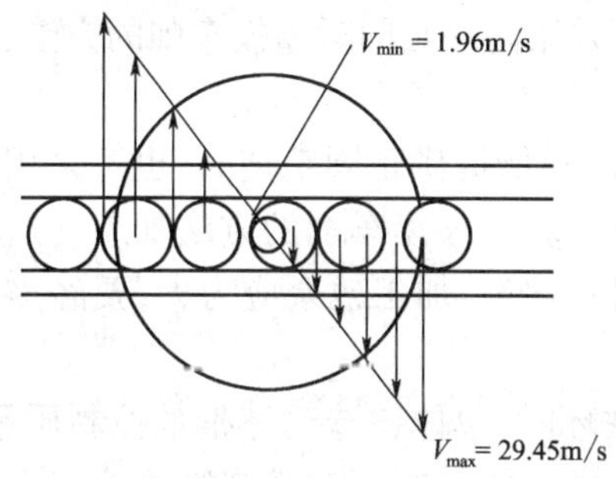

图3-67　活塞环双面磨削示意图

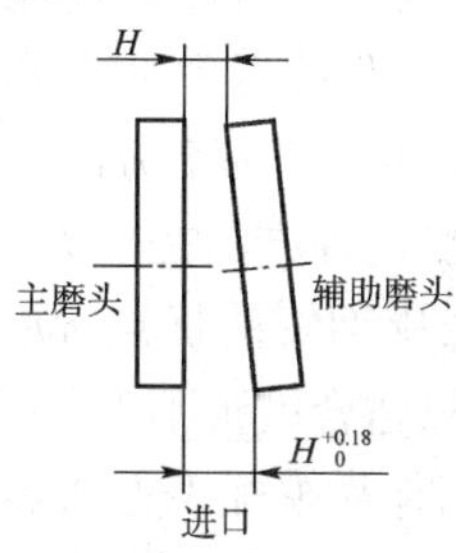

图3-68　砂轮进口与出口间隙

(2)精磨加工。精磨也在双端面磨床上进行，但机床精度更高。为此，磨头主轴需采用高精度的轴承，运转要平稳，并用冷却液使机床温度稳定，精磨一般采用M8102磨床，其基本特点是磨削能力小、精度高。

精磨采用油磨，常用柴油或柴油与锭子油的混合液作为冷却液，借助冷却液冲走磨屑，使砂轮保持清洁状态，提高磨削精度。由于采用油作为冷却液，为了便于内外圆加工，精磨后应采用化学或物理方法去油。

2. 活塞环的仿形加工

活塞环仿形加工是机械加工的关键工序，它将直接决定活塞环的径向压力分布状态，从而决定了活塞环在内燃机中的使用性能。活塞环自由状态下并非正圆，在装入气缸的状态下才变成正圆。未装入气缸时的活塞环形状叫自由状态，它决定了活塞环在装入气缸后的接触压力分布。这种自由状态究竟如何来确定，在理论上，首先要确定适应发动机性能所需求的接触压力分布。其次通过计算求得这样的接触压力分布的自由形状。根据计算值制作靠模，然后用此靠模车出活塞环在自由状态下的形状。

(1)椭圆毛坯正圆加工方法。这种方法是先将毛坯作成自由状态下的形状，再切去自由开口，将切去开口的毛坯放进弹性套筒内，收紧套筒使开口闭合，在闭合状态下将环的上、下端面加紧，然后卸下弹性套筒，在车床上将外圆车成正圆。外圆加工后，再将环压到圆筒中加工内圆。这种加工方法得到的环，其径向压力分布的均匀性比热定型环好，且热变形小。这种方法的缺点是在作外圆加工时，由于硬将椭圆毛坯闭合成正圆，所以在毛坯中产生了很大的应

力,其中一部分作为残余应力留在活塞环中,因此使环失圆,且对径向压力分布产生不良影响。为了克服上述缺点,出现了椭圆毛坯的靠模加工方法。

(2)单体椭圆毛坯靠模椭圆加工方法。这种方法是以径向压力分布曲线为基础,用径向压力分布函数计算出自由状态下活塞环的形状,根据曲线要求制出靠模,用这种靠模对椭圆毛坯进行外圆加工,然后切掉相当于自由开口间隙的那一部分,再装入筒形夹具中车削内圆。用这种方法加工的活塞环,至少在理论上能符合所需要的径向压力分布。但实际上经过加工的环放入正圆量规中时,其接触并不理想,主要原因是靠模加工外圆的毛坯壁厚有不均匀的情况,装到夹具上时,局部位置产生应力不均匀之故,也就是说,对外圆无论怎样精确地进行靠模加工,如果在应力不均匀的状态下车削内圆,由于残余应力的影响,使环外径变形,产生局部透光。为了防止这种情况,除了铸造毛坯应当形状正确外,在加工时要充分注意定位准确,使加工残余量尽量均匀。

为了改进这种只进行外圆靠模车削的缺点,可采用内外圆同时靠模车削的方法,减少残余应力的影响,进一步接近理论要求。

(3)正圆毛坯椭圆加工方法。在生产批量不大,只能提供正圆毛坯时,也可采用正圆毛坯椭圆加工方法。这种方法是加大毛坯余量,把正圆毛坯按靠模车削的方法加工。这种方法具有见效快,生产周期短的优点;缺点是加工余量很不均匀,加工残余应力大,要经多次加工消除。这种方法只适合批量不大、工装不齐的生产。

(4)椭圆筒体靠模加工方法。在生产球墨铸铁环时,单体铸造毛坯很难控制质量,只能提供筒体毛坯,这时也可采用椭圆筒体毛坯加工法。这种加工法是对椭圆筒体毛坯直接靠模车削内、外圆,并切为单体。这种方法比正圆筒体靠模加工残余应力小,但切片要困难些。

五、活塞环的表面处理

为了使活塞环在恶劣的条件下也能具有良好的耐磨性、耐热性、耐腐蚀性和抗拉缸性能,通常采用对活塞环进行表面处理。其主要方法有:

1. 镀铬

活塞环表面镀铬是提高其使用寿命的有效措施,它是在其外圆上或上、下端面甚至内圆表面覆盖铬层,改变摩擦面的性质,达到提高工作性能的目的。实践表明,第一道环镀铬后,其使用寿命可延长2.3倍,气缸套磨损量减少1/2,同时又能延长第二道、第三道环的使用寿命。为了防止磨粒磨损以及随着柴油机的高速化、径向压力的提高,环磨损加剧,所以刮油环也采用镀铬。在高强载柴油机中为了防止上、下端面和背面的磨损,对这些表面也进行镀铬。镀铬环在四冲程柴油机上应用很普遍,在大型低速柴油机上则很少用。

2. 喷钼

喷钼活塞环具有很好的不易熔着拉伤气缸套的特性,并有较好的耐磨粒磨损及耐腐蚀性能,广泛用于高速大功率柴油机第一道环上。随着柴油机的高速化和强载度不断提高,喷钼活塞环是发展方向。理论研究表明,活塞环的磨损主要是磨粒磨损、熔着磨损和腐蚀磨损。从抗磨粒磨损看,镀铬活塞环的耐磨性优于喷钼活塞环,但在高速强载柴油机上,当负荷达到一定程度,磨粒磨损转化为熔着磨损时,喷钼活塞环有更好的抗熔着磨损;这是镀铬活塞环所不及的。试验证明,在燃用重油的大型船用柴油机上,喷钼活塞环和镀铬气缸套相配与喷钼活塞环

和非镀铬气缸套组成的偶件相比，活塞环的耐久性和初期磨合性都提高了，同时还能防止燃烧产物对本体的侵蚀。喷钼活塞环的正常磨耗量比镀铬大些。喷钼环一般用于第一道压力环，涂层厚度为0.01～0.02mm。

喷钼的方法有氧乙炔火焰喷涂（钼丝或钼粉）、钼丝电喷涂、等离子粉末喷涂等。涂层有纯钼、钼与合金元素的混合、钼与陶瓷混合等。

3. 喷镀陶瓷

普通环与镀铬缸套匹配使用时，环的磨耗速度比缸套快，因而柴油机检修期取决于环的寿命，所以如果能提高镀铬缸套活塞环的耐磨性就可以延长检修期。喷镀陶瓷环可以达到这个目的，同时还可降低镀铬缸套的磨损。

4. 渗硫处理

现在广泛使用的是液体渗硫，液体渗硫法有电解法和盐浴法两种。两者都是在铸铁表面上涂硫化铁和氮化铁覆盖层，它是以减少摩擦系数及利用氮化使表面硬化为目的的表面处理。这种渗硫组织非常复杂，但初期磨合性、耐磨性、抗拉缸性、耐疲劳性等性能良好。

5. 镶嵌处理

在活塞环滑动表面上开一道或数道槽，配以适量的固体润滑剂和耐热性的结合剂喷填于槽内，加热硬化，这就是四氧化三铁的镶嵌。这种环具有提高初期磨合性和滑动性及减少磨损的特性。

填充剂起着减磨剂的作用。另外，由于润滑油保持性良好，即使在高温高负荷的苛刻条件下，也有抗拉缸能力强的特点，并且还可以防止烧损磨耗，一般用于第一道环和第二道环。

思考与练习 SIKAO YU LIANXI

一、简答题

1. 对曲轴位置公差提出要求的目的是什么？
2. 简述整体式曲轴主轴颈加工工艺。
3. 简述单件套合的工艺方法。
4. 气缸套内孔的加工工艺。
5. 气缸套外圆表面的加工工艺。
6. 柴油机整体式活塞机械加工的各阶段及各部分的定位基准是什么？
7. 活塞加工粗加工阶段包括的主要工序是什么？精加工阶段包括的主要工序是什么？
8. 简述连杆毛坯的制造方法。
9. 简述连杆大、小端孔的加工方法。
10. 简述机座加工定位基准选择。
11. 简述机座主轴承座孔加工装夹定位方法。
12. 简述活塞环机械成型方法。

二、选择题

1. 下列选项不属于大型组合式曲轴曲柄的自由锻方法的是________。

A. 块锻法　　B. 环锻法　　C. 模锻法　　D. 弯锻法

2. 缸径600mm左右的中速大功率柴油机整体曲轴毛坯的制造广泛采用________。

A. 环锻法　　B. 块锻法　　C. 镦锻法　　D. 棒料模锻法

3. 大功率低速柴油机曲轴，常采用________制造方法来生产。

A. 整体式　　B. 组合式(半组合式或全组合式)

C. 混合式　　D. 套合式

4. 气缸套是薄壁零件，刚性差一般采用________夹具，以减小夹紧变形。

A. 外圆夹紧　　B. 轴向夹紧　　C. 内孔张紧　　D. 偏心

5. 不属于气缸套内圆表面强化工艺方法的是________。

A. 松孔镀铬　　B. 淬硬、氮化　　C. 镶嵌碳化硅　　D. 渗碳处理

6. 活塞设计时，常将裙部椭圆形部分设计成使短轴方向的表面由两个偏心的半圆形表面构成，这样的椭圆可采用________较方便地加工出来。

A. 精车　　B. 粗车　　C. 外圆定位车削　　D. 偏心车削

7. 下列哪个选项不是活塞环的仿形加工方法________。

A. 椭圆毛坯正圆加工　　B. 单体椭圆毛坯靠模椭圆加工

C. 椭圆筒体靠模加工　　D. 靠模车削加工

三、判断题

1. 制造曲轴的材料应具有足够高的强度，冲击韧性、红硬性和优良的耐磨性能。(　　)

2. 镦锻法广泛用于缸径600mm左右的中速大功率柴油机整体曲轴毛坯的制造。(　　)

3. 车削活塞头部锥形。可以按靠模细车，或者用车床尾座顶尖顶住活塞端面，将车床小拖板转动微小角度的方法来车削。(　　)

4. 机座加工定位基准选择，应将下平面和侧边缘用作粗加工的基准，而将上平面和侧边缘用作精加工的基准。(　　)

5. 机座在成批生产和单件生产时的加工定位基准和主要工序安排次序是一致的，不同的是成批生产时工序划分比较集中，而单件生产则将相近工序分散。(　　)

6. 按照活塞环成型的方法不同，制造活塞环的加工方法主要有两种，即热定型法、单体椭圆法。(　　)

第四章　船舶柴油机的装配技术

● **学习目标**

知识目标

1. 能简单叙述船舶柴油机装配的方法和组织形式；
2. 能正确描述船舶柴油机装配的工艺顺序。

能力目标

1. 会结合装配技术要求完成装配任务；
2. 会对不同机型的柴油机采用正确的装配顺序。

将加工好的或拆卸下来的各个柴油机零件(或部件)按照技术要求、装配规则和一定的装配方法装成部件,再把这些部件按一定的次序和要求总装成一部完整的机器的过程,称为柴油机的装配。柴油机装配工作是在车间试车台架上进行的,分为部装和总装两个阶段。机器装配好后进行调整和试验,然后吊运到船上进行整体或分体安装。

第一节　装配工艺基础

任何机器都是由零件、套件、组件、部件等组成的。为保证有效地进行装配工作,通常将机器划分为若干能进行独立装配的部分,称为装配单元。零件是组成机器的最小单元,零件一般都预先装配成套件、部件、组件后安装到机器上,直接装入机器的零件并不太多。套件是在一个基准零件上,装上一个或若干个零件构成的,它是最小的装配单元;组件是在一个基准零件上,装上若干个套件及零件构成的;部件是在一个基准零件上,装上若干个组件、套件及零件构成的。

为了提高柴油机装配质量,必须对与装配工艺有关的问题,如装配精度、装配方法、装配组织形式、装配技术规范、柴油机装配工艺过程及其应注意的事项等问题进行分析研究。

一、装配精度及装配尺寸链

装配精度一般包括零部件间的尺寸精度、相对位置精度、相对运动精度和相互配合精度。

船舶柴油机制造时,不仅要求保证各组成零件具有规定的精度,而且还要求保证机器装配后能达到规定的装配技术要求,即达到规定的装配精度。柴油机的装配精度既与各组成零件的尺寸精度和形状精度有关,也与各组成部件和零件的相互位置精度有关。尤其是作为装配基准面的加工精度,对装配精度的影响最大。

例如,为了保证机器在使用中工作可靠、延长零件的使用寿命以及尽量减少磨损,应使装配间隙在满足机器使用性能要求的前提下尽可能小。这就要求提高装配精度,即要求配合件的规定尺寸参数同装配技术要求的规定参数尽可能相符合。此外,形状和位置精度也尽可能

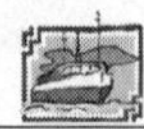

同装配技术要求中所规定的各项参数相符合。

为了提高装配精度,应采取如下措施:

(1)提高零件的机械加工精度。

(2)提高柴油机各部件的装配精度。

(3)改善零件的结构,使配合面尽量减少。

(4)采用合理的装配方法和装配工艺过程。

柴油机及其部件中各个零件的精度,很大程度上取决于它们的制造公差。为了在装配时能保证各部件和整台柴油机达到规定的最终精度(即各部分的装配技术要求),这就有必要利用尺寸链的原理来确定柴油机及其部件中各零件的尺寸和表面位置的公差。根据尺寸链的分析,可以确定达到规定的装配技术要求所应采取的最适当的装配方法和工艺措施。

装配尺寸链:在零件加工或机器装配过程中,由互相联系的尺寸按一定顺序首尾相接排列而成的封闭尺寸组称为尺寸链。组成尺寸链的各个尺寸称为尺寸链的环。其中,在装配或加工过程最终被间接保证精度的尺寸称为封闭环,其余尺寸称为组成环。组成环可根据其对封闭环的影响性质分为增环和减环。若其他尺寸不变,那些本身增大而封闭环也增大的尺寸称为增环,那些本身增大而封闭环减小的尺寸则称为减环。尺寸链的主要特征有两点,其一为封闭性,由有关尺寸首尾相接而形成;其二为关联性,有一个间接保证精度的尺寸,受其他直接保证精度尺寸的支配,彼此间有确定的函数关系。在装配图上,表示机构中各零件之间的相互关系的尺寸链,称为装配尺寸链。

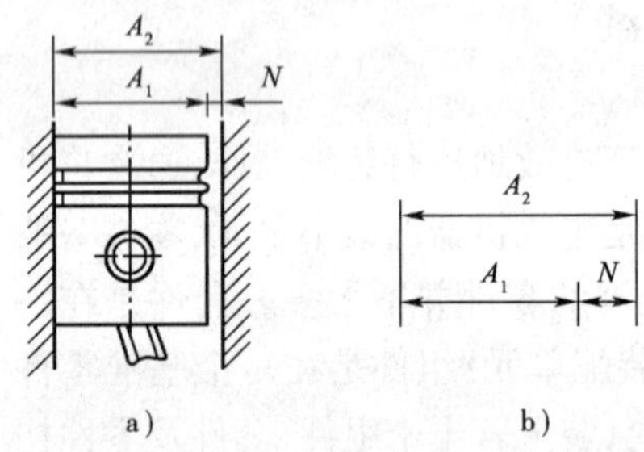

图 4-1　活塞与气缸套的配合的尺寸链图

装配尺寸链可由装配图看出,如图 4-1 所示为活塞与气缸套配合的装配尺寸链图。图 4-1b)所示为其相应的尺寸链简图。

装配尺寸链中的封闭环,它在装配前是不存在的,而是在装配后才形成的,如图 4-1b)中的 N。封闭环通常就是装配技术要求。

封闭环的基本尺寸等于所有各组成环基本尺寸的代数和,即等于所有增环的基本尺寸之和减去所有减环的基本尺寸之和。它可由下式表示:

$$N = \sum_{z=1}^{m} A_z - \sum_{j=m+1}^{n-1} A_j$$

式中:N——封闭环的基本尺寸;

A_z——A_1、A_2、A_m,为各增环的基本尺寸;

m——增环数;

A_j——A_{m+1}、A_{m+2}、A_{n-1},为各减环的基本尺寸;

n——尺寸链的环数(包括封闭环在内)。

为了使装配达到规定的装配技术要求,从尺寸链的观点看,就是要保证尺寸链中的封闭环达到规定的精度要求。尺寸链封闭环的公差等于所有各组成环的公差之和。它可由下式表示:

$$\delta_N = \delta_{A1} + \delta_{A2} + \delta_{A3} + \cdots + \delta_{An-1} = \sum_{i=1}^{n-1} \delta_{Ai}$$

式中：δ_N——封闭环的公差；

δ_{Ai}——各组成环的公差；

n——尺寸链的环数（包括封闭环在内）。

以上是用完全互换法计算尺寸链的基本公式。

分析柴油机的装配尺寸链时，应从装配图中找出各个零件或部件之间的相互关联的尺寸链关系，然后按照装配技术要求，找出以此技术要求为封闭环的装配尺寸链。同理，根据各个部件的装配技术要求，依次找出机器的全部装配尺寸链。

例 4-1　柴油机压缩室高度装配尺寸链及其计算。

图 4-2 所示为柴油机各零件所组成的尺寸链关系图。为了保证柴油机的压缩比，压缩容积必须保持恒定，即压缩室的高度必须一定。压缩室高度以 N 表示。N 是在装配后形成的，因此，N 为封闭环。从柴油机的装配图中，可以找出由固定件和运动件等为组成环所构成的尺寸链。

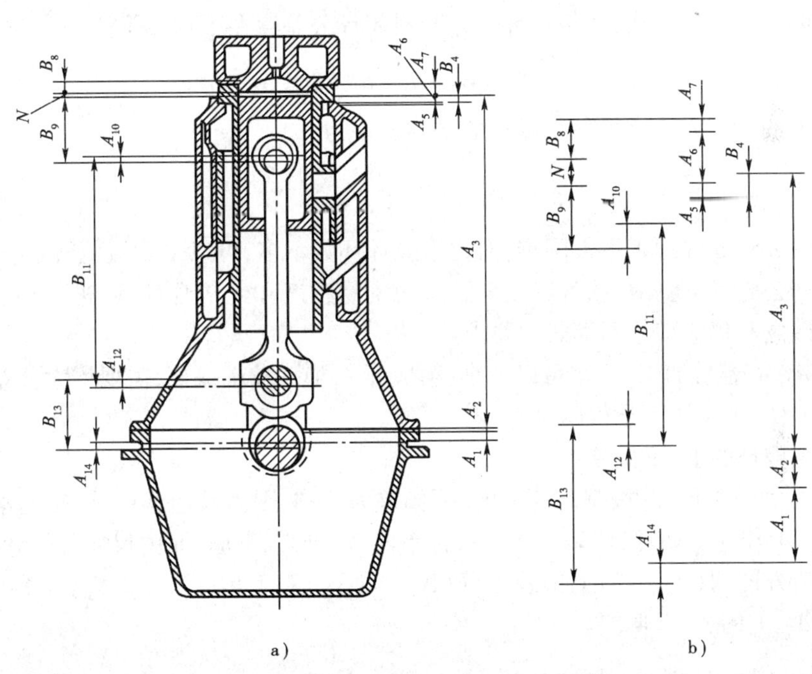

图 4-2　柴油机压缩室高度计算尺寸链图

A_1-主轴承孔轴线至机座上平面的距离；A_2-机座垫片厚度；A_3-机体总高度；B_4-机体上装气缸套的凹坑深度；A_5-气缸套垫片厚度；A_6-气缸套凸肩高度；A_7-气缸盖垫片厚度（压缩后的尺寸）；B_8-气缸盖凸台高度；B_9-活塞销轴线至活塞顶平面之距离；A_{10}-连杆小端孔与活塞销间隙的一半；B_{11}-连杆大小端孔轴线距离；A_{12}-连杆大端孔与曲柄销间隙的一半；B_{13}-曲柄半径；A_{14}-主轴承孔至主轴颈间隙的一半

以上各尺寸参数都直接影响到压缩室的高度。因此，压缩室高度 N 的基本尺寸为：

$$N=(A_1+A_2+A_3+A_5+A_6+A_7+A_{10}+A_{12}+A_{14})-(B_4+B_8+B_9+B_{11}+B_{13})$$

而压缩室高度公差 δ_N 等于所有各组成环公差的总和（其中尺寸 B_i 以 A_i 来代替），即：

$$\delta_N=\sum_{i=1}^{14}\delta_{Ai}$$

式中：δ_{Ai}——各组成环的公差。

例 4-2 如图 4-3 所示，在柴油机的曲轴主轴颈与止推轴承配合中，由主轴颈、两个止推环、主轴承的轴向尺寸和轴向间隙形成一个装配尺寸链。根据使用要求，规定轴向间隙为 $N=0^{+\Delta sN}_{+\Delta xN}$，由结构设计要求，主轴颈轴向长度基本尺寸为 A_1，主轴承轴向长度基本尺寸为 A_3。试计算有关零件轴向基本尺寸和公差带。

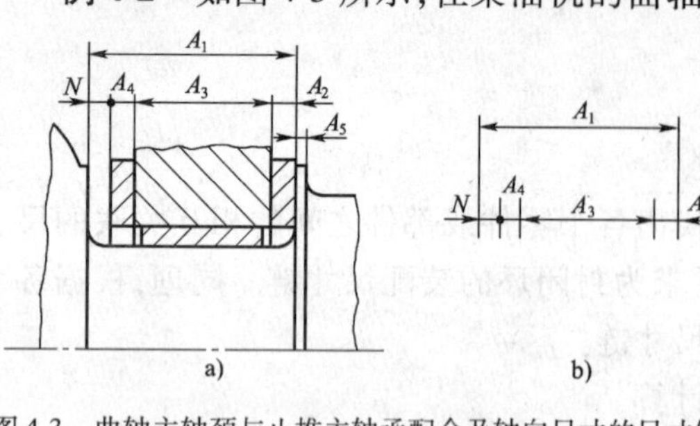

图 4-3 曲轴主轴颈与止推主轴承配合及轴向尺寸的尺寸链

根据尺寸链公式，两个止推环的基本尺寸可用下式表示：

$$A_2 + A_4 = A_1 - A_3 - N$$

设两个止推环厚度相等，即 $A_2 = A_4$，得：

$$A_2 = A_4 = \frac{1}{2}(A_1 - A_3 - N)$$

根据封闭环公差方程式，各组成环公差与封闭环公差存在下列不等式：

$$\sum_{i=1}^{n-1}\delta_{Ai} = \delta_1 + \delta_2 + \delta_3 + \delta_4 \leqslant \delta_N$$

用等公差的分配方法求得各组成环的平均公差为：

$$\delta_{AiM} = \frac{\delta_N}{n-1}$$

由于各组成环零件加工不太困难，而且组成环环数不多，可以采用极值解法。

求出平均公差后，还要根据各组成环制造的难易程度和经济合理性，进行调整，调整后各组成环的公差之和仍应满足不等式的要求。

组成环 A_2、A_4 容易加工，公差可以减小；组成环 A_1 加工较难保证，需要增大公差值，而 A_3 维持其平均公差值，加工还不是很困难。

确定各组成环的上、下偏差：

组成环 A_1 为包容尺寸，按基准孔考虑，下偏差为零；A_3 则为被包容尺寸，按基准轴考虑，上偏差为零，A_2、A_4 作为协调环，其偏差不能再按单向偏差形式考虑，而由尺寸链的计算来确定。

为了制造方便，取 A_2、A_4 的上偏差相等（$\Delta_{SA2} = \Delta_{SA4}$）和下偏差相等（$\Delta_{XA2} = \Delta_{XA4}$）。由下式可分别求得 A_2、A_4 的上、下偏差。

$$\Delta_S N = \sum_{i=1}^{m}\Delta_S A_i - \sum_{j=m+1}^{n-1}\Delta_X A_j$$

$$\Delta_X N = \sum_{i=1}^{m}\Delta_X A_i - \sum_{j=m+1}^{n-1}\Delta_S A_j$$

二、装配方法

装配方法与解装配尺寸链的方法是密切相关的。为了达到规定的装配技术要求，解尺寸链确定部件或柴油机装配中各个零件的公差时，必须保证它们装配后所形成的积累误差不大于部件或柴油机按其工作性能要求所允许的数值。

常用的装配方法有完全互换装配法、部分互换装配法、选择装配法、修配法、调整法五种。

1. 完全互换装配法

完全互换装配法是以完全互换为基础来确定机器中各个零件的公差，零件不需要做任何

挑选、修配或调整，装配成部件或机器后就能保证达到预先规定的装配技术要求。

用完全互换装配法时，解尺寸链的基本要求是：各组成环的公差之和不得大于封闭环的公差。可用下式来表示：

$$\sum_{i=1}^{n-1}\delta_{Ai}\leqslant\delta_N$$

为了实现上述装配方法，应将每个零件的制造公差预先给予规定，实践中常采用等公差法和等精度法来解决这个问题。

用完全互换装配法的优点有：

(1)可以保证完全互换性，装配过程简单。

(2)可以采用流水装配作业，生产率高。

(3)对工人的技术水平要求不高。

(4)机器的部件及其零件的生产便于专业化，容易解决备件的供应问题。

但是，这种方法也存在一定的缺点：对零件的制造精度要求较高，当环数较多时有的零件加工显得特别困难。因此，这种方法只适用于生产批量较大、装配精度较高而环数少或装配精度要求不高的场合。

2. 部分互换装配法

部分互换装配法(或称不完全互换装配法)的实质是：考虑到组成环的尺寸分布情况，以及其装配后形成的封闭环的尺寸分布情况，可以利用概率论给组成环的公差规定得比用完全互换装配法时的公差大些，这样在装配时，大部分零件不需要经过挑选、修配或调整就能达到规定的装配技术要求，但有很少一部分零件要加以挑选、修配或调整才能达到规定的装配技术要求。换句话说，用这种装配方法时，有很少一部分尺寸链的封闭环公差将超过规定的公差范围，不过可将这部分尺寸链控制在一个很小的百分率之内，此百分率称为“危率”(或“冒险率”)。这样，根据封闭环的公差计算组成环的公差时，必须考虑到危率和组成环的尺寸分布曲线的形状。

部分互换装配法常用于大批量生产中装配精度要求高和尺寸链环数较多的场合。

3. 选择装配法

选择装配法就是将尺寸链中组成环(零件)的公差放大到经济可行的程度，然后从中选择合适的零件进行装配，以达到规定的装配技术要求。用此方法装配，可以不增加零件机械加工的难度和费用，且能显著提高装配精度。

选择装配法在实际使用中又有两种不同的形式：直接选配法和分组装配法。

(1)直接选配法。所谓直接选配就是从许多加工好的零件中任意挑选合适的零件来配套。一个不合适再换另一个，直到满足装配技术要求为止。例如，在柴油机活塞组件装配时，为了防止运转时活塞环卡在环槽内，可以凭直觉挑选易于嵌入环槽的合适尺寸的活塞环。

此法的优点是：预先不需要将零件分组，但挑选配套零件费时，因而装配工时较长，而且装配质量在很大程度上取决于装配工人的技术水平和经验。

(2)分组装配法。这种方法的实质是：将加工好的零件按实际尺寸的大小分成若干组，然后按对应组中的一套零件进行装配，同一组内的零件可以互换，分组数愈多，则装配精度就愈高。零件的分组数要根据使用要求和零件的经济公差来决定。部件中各个零件的经济公差数

值,可能是相同的,也可能是不相同的。

零件的分组数以 K 表示,可按下式计算:

$$K = \frac{\delta'_{Ai}}{\delta_{Ai}}$$

式中:δ'_{Ai}——零件的经济公差(零件的制造公差);

δ_{Ai}——零件的组公差(零件分组后在该组内的尺寸变动范围)。

由于部件中各个零件的 δ'_{Ai} 和 δ_{Ai} 不一定相同,因此应按最大的 K 来分组,并且以对应组内完全互换为基础,对应组内各零件尺寸的公差及其上、下偏差必须满足完全互换装配法的各个公式的要求。

利用此方法,可不减小零件的制造公差而显著地提高装配精度,但它也有一些缺点,例如,增加了检验工时和费用;在对应组内的零件才能互换,因而在一些组内可能剩下多余的零件不能进行装配等。因此,分组装配法主要用以解决装配精度要求高、环数少(一般不超过四个环)的尺寸链的部件装配问题。例如,柴油机制造中的活塞销和活塞销座、燃油设备的柱塞和套筒、针阀和阀座、齿轮油泵等的装配中,已广泛采用。

4. 修配法

当装配尺寸链中封闭环的精度要求很高且环数又多,采用上述各种装配方法都不适合时,可采用修配法。

修配法的实质是:为使零件易于加工,有意地将零件的公差加大。在装配时则通过补充机械加工或手工修配的方法,改变尺寸链中预先规定的某个组成环的尺寸,以达到封闭环所规定的精度要求。这个预先被规定要修配的组成环称为"补偿环"。

如果将尺寸中各组成环按经济公差 δ'_{A1}、δ'_{A2}、…、δ'_{An-1} 进行加工,则装配后封闭环的实际变动量(以 Δ_N 表示)为:

$$\Delta_N = \sum_{i=1}^{n-1} \delta'_{Ai}$$

这时,装配后 Δ_N 将比允许变动量(即规定的封闭环的公差 δ_N)为大,其差位为 Δ_K:

$$\Delta_K = \Delta_N - \delta_N = \sum_{i-1}^{n-1} \delta'_{Ai} - \delta_N$$

差值 Δ_K 称为"尺寸链的最大补偿量",即装配时的最大修配量。装配时,修配尺寸链中某一预先被规定作为补偿环的那个组成环的尺寸,以达到封闭环的精度要求。

用修配法解装配尺寸链时,一方面要保证各组成环有经济的公差,另一方面不要使补偿量 Δ_K 过大,以致造成修配工作量过大。此外,还必须选择容易加工的组成环作为补偿环。

修配法的优点是:可以扩大组成环的制造公差,并且能够得到较高的装配精度,特别是对于装配技术要求很高的多环尺寸链,更为显著。

修配法的缺点是:各组成环缺少互换性;装配时增加了钳工修配工作量,需要技术水平较高的工人;由于修配工时不定,不能组织流水线生产等。因此,修配法主要用于在单件小批量生产中解决高精度的装配尺寸链。通常情况下,应尽量避免采用修配法,以减少装配中的钳工工作量。

5. 调整法

调整法与修配法类同,也是采用补偿件的方法。调整法的实质是:装配时不是切除多余金属，而是改变补偿件的位置或更换补偿件来改变补偿环的尺寸，以达到封闭环的精度要求。例如，柴油机的配气机构中所采用的调节螺钉，用以调整进气门和摇臂之间的装配间隙。利用此补偿件后，不但能使机构中各零件的制造变得容易，而且在气门间隙增大的情况下，可以及时进行调整，以保证机器正常运转，并延长了机构的使用寿命。

与修配法相似，用调整法解尺寸链时，其最大调整量（补偿量）Δ_K可用修配法的Δ_K的公式来计算。

用调整法装配时，常用的补偿件有螺钉、垫片、套筒、楔子以及弹簧等。

调整法装配的优点是：可加大组成环的尺寸公差，使组成环各个零件易于制造；用可调整的活动补偿件（如上例所述调节螺钉）使封闭环达到任意精度；装配时不用钳工修配，工时易控，易于实现流水线生产；在装配过程中，通过调整补偿件的位置或更换补偿件的方法来保证机器正常工作性能。

但是用调整法解装配尺寸链也有其缺点，例如，增加了尺寸链的零件数（补偿件），即增加了机器的组成件数。

调整法适用于封闭环精度要求高的尺寸链，或者在使用中零件因温升及磨损等原因其尺寸有变化的尺寸链。

三、装配组织形式及装配工艺规程制订

1. 装配的组织形式

装配的组织形式主要取决于生产规模、装配过程的劳动量和产品的结构特点等因素。

目前，在柴油机制造中，装配的组织形式主要有三种，即固定式装配、移动式装配和分段装配。

（1）固定式装配。固定式装配是指全部工序都集中在一个工作地点（装配位置）进行。这时装配所需的零件和部件全部运送到该装配位置。

固定式装配又可分为按集中原则进行和分散原则进行两种方式。

①按集中原则进行的固定式装配，全部装配工作都由一组工人在一个工作地点上完成。由于装配过程有各种不同的工作，所以这种组织形式要求有技术水平较高的工人和较大的生产场地，装配周期一般也较长。因此，这种装配组织形式只适于单件小批量生产的大型柴油机、试制产品以及修理车间等的装配工作。

②按分散原则进行的固定式装配，把装配过程分为部件装配和总装配，各个部件分别由几组工人同时进行装配，而总装配则由另一组工人完成。这种组织形式的特点是工作分散，允许有较多的工人同时进行装配，使用的专用工具较多，装配工人能得到合理分工，实现专业化，技术水平和熟练程度容易提高，装配周期短，生产效率高。因此，在单件小批量生产条件下，应尽可能地采用按分散原则进行的固定式装配。当生产批量大时，这种方式的装配过程可分成更细的装配工序，每个工序只需一组工人或一个工人来完成。这时工人只完成一个工序的同样工作，并可从一个装配台转移到另一个装配台。这种产品（或部件）固定在一个装配位置而工人流动的装配形式称为固定式流水装配，或称固定装配台的装配流水线。

固定式流水装配生产时装配台安排在一条线上，装配台的数目由装配工序数目来决定，装配时产品不动，装配所需的零件不断地运送到各个装配台。

固定装配台的装配流水线,是固定式装配的高级形式。由于装配过程的各个工序都采用了必要的工夹具,工人又实现了专业化工作,因此,产品的装配时间和工人的劳动量都有所减少,生产效率得以显著提高。

这种装配方式在中、大功率柴油机的成批生产中已广泛采用。

(2)移动式装配。移动式装配是指所装配的产品(或部件)不断地从一个工作地点移到另一个工作地点,在每一个工作地点上重复地进行着某一固定的工序,在每一个工作地点都配备有专用的设备和工夹具;根据装配顺序,不断地将所需要的零件及部件运送到相应的工作地点。这种装配方式称为装配流水线。

根据产品移动方式不同,移动式装配又可分为下列两种形式:

①自由移动式装配。自由移动式装配的特点是,装配过程中产品是用手推动(通过小车或辊道)或用传送带和起重机来移动的,产品每移动一个位置,即完成某一工序的装配工作。

在制订自由移动式装配工艺规程时,装配过程中的所有工序都按各个工作地点分开,并尽量使在各个工作地点所需的装配时间相等。

这种装配方式,在中型柴油机的成批生产中被广泛采用。

②强制移动式装配。强制移动式装配的特点是,装配过程中产品由传送带或小车强制移动,产品的装配直接在传送带或小车上进行。它是装配流水线的一种主要形式。强制移动式装配在生产中又有两种不同的形式:一种是连续运动的移动式装配,装配工作在产品移动过程中进行,另一种是周期运动的移动式装配,传送带按装配节拍的时间间隔定时地移动。

这种装配方式,在小型柴油机大批量生产中被广泛采用。

(3)分段装配法。分段装配法是将柴油机连同管路附件、行走平台和扶梯等,分成若干个分段,如机座、曲轴、机架、气缸体及上、下部行走平台分段等,各分段可同时进行分装配,然后再将装好的分段运送到总装试车台上进行总装配。

这种装配方式的优点是:分段装配可平行地进行,缩短了装配时间,可实现装配工作专业化,避免长时间高空作业,提高总装试车台的周转率等。

此方法适用于大型低速柴油机的装配。

2. 装配工艺规程制订

机器装配工艺规程是工厂在一定生产条件下用以组织和指导生产的一种工艺文件。制订装配工艺规程时,必须考虑几个原则:产品质量应能满足装配技术要求;钳工修配工作量尽可能减到最少,以缩短装配周期;产品成本低;单位车间面积的生产率最高;充分使用先进的设备和工具。

(1)制订装配工艺规程的原始资料。制订装配工艺规程时,必须根据产品的特点和要求、生产规模和工厂具体情况来进行。因此,必须掌握足够的原始资料,主要的原始资料有:

①产品的总装图、部件装配图以及主要零件的工作图(施工图)。

②产品验收技术条件。

③所有零件的明细表。

④工厂生产规模和现有生产条件。

⑤同类型产品工艺文件或标准工艺等参考资料。

通过对产品总装图、部装图和主要零件图的分析,可以了解产品每一部分的结构特点、用

途和工作性能,了解各零件的工作条件以及零件间的配合要求,从而在装配工艺规程制订时,采用必要措施,使之完全达到图纸要求。分析装配图还可以发现产品结构的装配工艺性是否合理,并提出改进产品设计的意见。

产品的验收技术条件是机器装配中必须保证的。熟悉验收技术条件,是为了更好地采取措施,使制订的装配工艺规程达到预定的装配质量要求。

生产规模和工厂条件,决定了装配组织形式和装配方法以及采用的装配工具。

(2)装配工艺规程的内容。如前所述,装配工艺规程是组织和指导装配生产过程的技术文件,也是工人进行装配工作的依据。因此,它必须包含以下几个方面内容:

①确定合理的装配顺序和装配方法。

②确定装配组织形式。

③划分装配工序和规定工序内容。

④选择装配过程中必需的设备和工夹具。

⑤规定质量检验方法及使用的检验工具。

⑥确定必需的工人等级和工时定额。

(3)装配工艺规程制订的步骤。掌握了必要的原始资料后,就可以着手进行装配工艺规程的制订工作。步骤大致如下:

①分析研究装配图及技术要求。从中了解机器的结构特点,查明尺寸链和确定装配方法(即选择解尺寸链的方法)。

②确定装配的组织形式。根据生产规模和产品的结构特点,就可以确定装配组织形式。例如:大批量生产的中、小型柴油机,可采用移动式装配流水线,小批量生产的中型柴油机,可采用固定装配流水线。

③确定装配顺序(即装配过程)。装配顺序基本上是由机器的结构特点和装配形式决定的。装配顺序总是先确定一个零件作为基准件,然后将其他零件依次地装到基准件上去。一般按照由下部到上部、由固定件→运动件→固定件、由内部到外部等原则来安排装配顺序。例如,柴油机的总装顺序总是以机座为基准件,其他零件(或部件)逐次往上装。

④划分工序和确定工序内容。在划分工序时必须注意:前一工序的活动应保证后一工序能顺利进行,应避免有妨碍后一工序进行的情况,采用移动式流水线装配时,工序的划分必须符合装配节拍的要求。

⑤选择装配工艺所需的设备和工夹具。应根据产品的结构特点和生产规模,尽可能地选用最先进的、合适的装配设备和工夹具。

⑥确定装配质量的检验方法及检验工具。

⑦确定工人等级及工时定额。应根据工厂具体情况和实际经验及统计资料来确定工人等级和制订工时定额。

⑧确定产品、部件和零件在装配过程中的起重运输方法。

⑨编写装配工艺文件。装配工艺文件有过程卡(装配工序卡)和操作指导卡等。过程卡是为整台机器编写的,它包括完成装配工艺过程所必须的一切资料。操作指导卡是专为某一个较复杂的装配工序或检验工序而编写的,它包括完成此工序的详细操作说明。

⑩确定产品的试验方法并拟定试验大纲。

3. 柴油机的装配工艺

柴油机的装配工艺主要由以下几个过程。

(1)装配前的准备。

①熟悉柴油机产品的装配图、工艺文件和技术要求,掌握产品的结构、零件的作用以及相互连接关系。

②确定柴油机装配方法和顺序,准备好需要的通用和专用工具、量具和有关材料。

③对相配零件的尺寸形状应进行测量和分档,对配合偶件的相互间隙或过盈量进行选配,对进入装配的零件要进行清理和清洗,尤其对各配合零件的表面粗糙度和其他精度应进行仔细的检查和修整。

④对某些零件还需要进行研磨、刮削等修配工作,对特殊要求的零件还要进行动、静平衡试验以及密封性试验。

(2)部件装配。凡是将两个以上的零件组合在一起或将其组成为一个装配单元的工作,称为部件装配。它是指产品在进入总装配以前的装配工作。根据柴油机的结构特点和各个部件的主要功能,大致可分为以下几类部件。

①固定部件,如机座、机架(或机身)、气缸体、气缸盖、贯穿螺栓、扫气箱、进气总管与排气总管、主轴承和凸轮轴箱等。

②活动部件,如活塞和活塞环、活塞销或十字头、活塞杆与连杆、曲轴和飞轮、凸轮轴与凸轮轴传动机构、倒顺车换向机构、进排气阀、喷油泵传动机构及齿轮或链轮传动装置等。

③精密部件,如喷油泵、喷油器、调速器、起动空气分配器、气缸润滑注油泵。

④主要辅助装置,如废气涡轮增压器、起动及应急鼓风机、空气冷却器、操纵台组合、盘车机、各种传感装置和仪器仪表等。

柴油机是结构复杂的产品,在部件装配阶段时,要求各个部件达到技术规定,为以后的总装创造条件。以上有些精密部件和辅助装置往往由专业制造厂制造,而柴油机总装厂和船厂只需对个别部分进行调整和检查。

(3)总装配。总装配就是将各个合格的部件按顺序逐个装配,在装配过程中对各个部件之间的尺寸和几何位置关系进行必要的调整,从而装配成完整和合格的柴油机。

(4)分段预装。对于大型柴油机来说,由于装配工作量多、零部件较重、体积又大,如果采用小型柴油机集中安装方式,会造成上下层立体作业及人员拥挤再加上吊装设备的干扰,易产生安全事故,因此那种围绕机身四周的安装方式不宜采用。

分段预装工作就是将整个柴油机中主要构件以分段形式分开放置,如机座、机架、气缸体、进排气集管等各分段在几个地点进行预装,使尽可能多的部件分别安装就位,然后把几个分段吊装合拢装配成完整的柴油机。

(5)调整、检验和试车。柴油机在装配过程中和结束后,还得对其进行调整、检验和试车等工作。

柴油机的调整,是指调节其零件或机构的相互位置、配合间隙、结合程度等,目的是使柴油机运转协调。如对各轴承间隙、导板与滑块间隙、活塞与气缸间的间隙、推力间隙及曲轴轴向位置等的调整。

柴油机精度检验,主要是对其几何精度检验和工作精度检验等。如总装后要检验活塞中心线和导板之间的平行度，活塞与曲轴中心线之间的垂直度以及曲轴臂距差值。

柴油机试车，是检验和衡量其工作性能及安装质量的一项重要工序，通过试车检验柴油机运转的灵活性、安全性、可靠性、振动和噪声、工作温升、转速、功率等性能是否符合"船检"之规定要求。

四、装配技术

在柴油机装配过程中，各零件的安装与连接除采用螺栓紧固外，通常还采用单配技术、黏结技术和过盈配合等装配技术。

1. 单配技术

当零件批量生产时，由于零件的误差分布符合正态分布规律，所以只要保证零件间配合性质按公差要求选配，就可以满足零件间配合的要求，这样做经济性较好，但在柴油机制造和装配中，有时会遇到一些需要现场加工，并且装配精度要求较高的零件。这些零件数目较少，而且有些零件的加工精度很难保证，不可能用选配的办法达到配合要求，这样，就出现了单配的技术，即根据已经生产出的零件的尺寸生产与之相匹配的零件。单配的零件有可能出现名义尺寸的改变，但这种变化一般不大，所以，配合公差仍可按图纸要求。单配后的零件配合精度较高，经济性较好。

在柴油机制造和装配中，单配技术的应用范围较小，主要用在一些配对定位的场合，例如，在凸轮轴传动机构中，中间齿轮（或链轮）轴与机架之间的圆柱定位销、栏杆接头处的圆锥定位销、气缸体与链箱拼装定位的紧配螺栓、活塞填料函法兰与气缸体的定位销孔、盘车轮与曲轴的紧配螺栓等。

这些定位销或螺栓大多采用圆柱形，也有少量采用圆锥形。圆柱配合面的优点是加工方便，缺点是定位销或螺栓与孔的配合精度要求较高。否则不能达到必需的紧密配合要求，且经多次拆装后，孔与定位销或螺栓之间的配合精度不能保持，容易松动。

圆锥形配合面的特点正好相反，虽然加工圆锥形配合面比加工圆柱形配合面困难一些，但却容易达到紧密配合，经多次装拆，配合面也不易松动。

2. 黏结技术

黏结技术是使用黏结剂将不同的零件黏结在一起，使零件之间具有一定的接合强度和密封性。由于化工技术的发展，黏结剂具有越来越好的性能：较好的黏结强度、耐水、耐热、耐腐蚀、不易发霉、具有密封性。这就为黏结剂的广泛使用创造了条件。

在柴油机制造与装配中，很多需要密封或需要一定接合强度的位置要使用黏结技术。例如，盖板的平面或螺栓螺纹处涂黏结剂密封；机架道门的橡胶密封圈的制作，需要将橡胶条按实际长度下料后，黏结成橡胶圈，并黏结在道门上；双头螺柱种紧时，通常将种入的螺纹处涂黏接剂，使种入的螺柱不容易松动。

黏结剂分有机黏结剂和无机黏结剂两种，其中有机黏结剂使用较为普遍。黏结剂大多由专业厂家提供，胶合时应注意以下问题：

（1）表面处理。表面处理分表面清洗、机械处理和化学处理三种。被粘物表面经脱脂去污、机械处理，再经化学处理，能不同程度的提高黏结强度。在黏结的表面处理中，不管何种方法处理后，都不得用手去接触被粘面，以免被粘面重新被污染。

(2)涂胶。涂胶应在表面处理后8h以内进行,有时要涂上底胶来保护清洗过的表面。常用的涂胶方法有涂刷法、喷涂法、灌注法。涂胶要均匀,胶层要薄且均匀,要防止产生缺胶和漏胶,同时在胶合时要当心胶层内产生夹空和气泡。

(3)固化。涂胶粘合后,就可进行固化。若用室温固化工艺,则放置2~4h后,即开始凝胶,24h后基本固化。

3. 过盈配合技术

在安装过程中,有许多零件间需要紧密配合,用以防止连接脱落或需要传递大的转矩,于是产生了过盈配合技术。过盈配合就是利用材料的弹性使孔扩大、变形,套在轴上,当孔复原时,产生对轴的箍紧力,使两零件连接。当金属在弹性限度内变形时,总有一个恢复变形的力存在,恢复力形成作用在两配合面上的正压力。正压力越大,两配合件就越不容易脱落,可传递较大的转矩,过盈技术在柴油机安装过程中应用很广泛,如MAN B&W大型低速柴油机活塞冷却芯管与法兰装配、燃油和排气凸轮与凸轮轴的装配、链轮与凸轮轴装配、燃油和排气滚轮装配中销轴与滚轮套筒的装配、Sulzer柴油机的各凸轮轴段连接等。

过盈连接的配合面多为圆柱面,也有圆锥形式的配合面。采用圆柱面过盈配合时,如果过盈量较小或零件较小,一般用压入法装配;当过盈量较大或零件尺寸较大时,常用温差法装配。

采用温差法装配时,可加热包容件或冷却被包容件,也可同时加热包容件和冷却被包容件,以形成装配间隙,由于这个间隙,零件配合面的不平度不致被擦平,因而连接的承载能力比用压入法装配高。压入法过盈连接拆卸时,配合面易被擦伤,不易多次装拆。

圆锥面过盈连接利用包容件与被包容件相对轴向位移获得过盈配合。可用螺纹连接件实现相对位移,近年来,利用液压装拆的圆锥面过盈连接应用日渐广泛。圆锥面过盈连接的压合距离短,装拆方便,装拆时配合面不易擦伤,可用于多次装拆的场合。

(1)热过盈装配。热过盈装配就是通过加热包容件,使之膨胀、尺寸变大,然后进行安装,这种工艺亦称红套。

例如MAN B&W柴油机活塞冷却芯管与法兰的装配、燃油和排气凸轮以及链轮与凸轮轴的装配等均采用红套的方法进行。

红套时应注意以下几点:

①加热温度的控制。红套加热的温度应保证红套时的装配间隙。红套装配的间隙一般取:

$$\Delta = \delta \quad 或 \quad \Delta = 0.001D$$

式中:Δ——红套装配的间隙,mm;

δ——孔与轴配合的过盈量,mm;

D——轴径,mm。

按照这个要求,红套装配时的加热温度应为:

$$t = \frac{\Delta + \delta}{\lambda D} + t_0 \quad 或 \quad t = \frac{2\delta}{\lambda D} + t_0$$

式中:λ——加热零件的线膨胀系数,铜质:$\lambda = 1.8 \times 10^{-5}$(1/℃),钢质:$\lambda = 1.1 \times 10^{-5}$(1/℃);

t_0——装配时的环境温度。

例如：MAN B&W S46MC-C 型柴油机燃油凸轮与凸轮轴的装配，凸轮轴的直径为 $\phi 200_{-0.029}^{0}$ mm，燃油凸轮的孔径为 $\phi 200_{-0.240}^{-0.194}$ mm，其装配过盈量 $\delta = 0.165 \sim 0.24$ mm，取红套的装配间隙为 $\Delta = 0.001D = 0.2$ mm（近似等于平均过盈量），为保险起见，过盈量取最大值，即 $\delta = 0.24$ mm，设环境温度 $t_0 = 25$℃，则红套时的加热温度为：

$$t = \frac{\Delta + \delta}{\lambda D} + t_0 = \frac{0.2 + 0.24}{1.1 \times 10^{-5} \times 200} + 25 = 225℃$$

应当注意的是，以上计算得出的加热温度，前提是要求加热均匀，并应防止零件变形，因此通常采用烘箱电热或油煮等加热方式，且达到加热温度后，需再保温一段时间，才能进行装配。对于一些尺寸和重量较大的零件，采用气割火焰加热时，由于加热温度不均匀，零件各处的膨胀量不一样，则应适当提高加热温度。

②事先备好内径测量样棒。为确保红套时的装配间隙，使装配能顺利完成，应事先准备好加热零件内径测量的样棒，在装配前，用样棒检查零件的内孔直径，确认达到要求后，再进行装配。

样棒可用 10 ~ 15mm 圆钢做成，两端磨光磨尖，其长度为套合处的孔径应该膨胀到的预定套合尺寸，装配时只要样棒能通过，则可以进行套合。

③红套定位工具。在红套时，零件安装的具体位置是有严格规定的，而红套过程要求能迅速准确，因此红套时一般要用定位工具来定位。如凸轮红套在凸轮轴上时，凸轮的轴向位置和圆周方向的位置均需要精确定位，为了操作方便，一般采用定位环来定位，如图 4-4 所示，其操作过程是：先在凸轮轴上划线，标记出凸轮的轴向和圆周方向的位置；然后把凸轮轴固定在 V 形铁上，并使需安装凸轮所对应的刻线朝上，在凸轮轴相应的位置安装定位环（一般为哈夫式），并使定位环上的刻线对准凸轮轴上的刻线，这样可将凸轮轴上的刻线引至定位环上，以方便检查和调整；最后把加热到所需温度的凸轮迅速套入凸轮轴，并与定位环靠死，调整凸轮，使凸轮上规定的角度线与定位环上的刻线对准，等凸轮稍稍冷却后，便可以在凸轮轴上固定，这时即可拆下定位环。

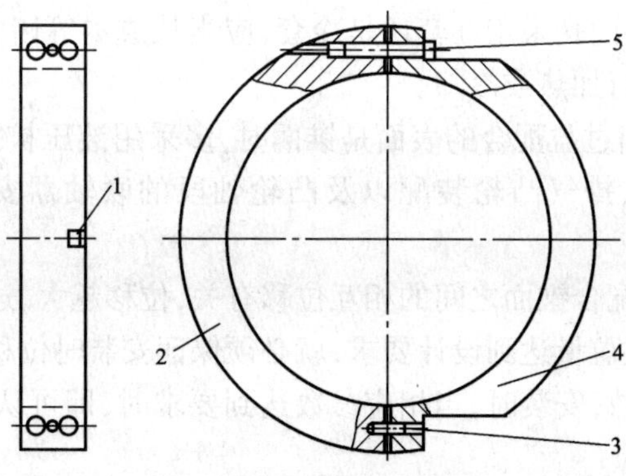

图 4-4　凸轮红套定位环

1-刻线槽及刻线；2-定位环下半块；3-定位销；4-定位环上半块；5-内六角螺栓

④红套操作时的注意事项。红套操作时首先应注意安全保护，当零件较小，用手拿时，一定要戴石棉手套；零件较大时，需用吊具吊起，也应戴石棉手套操作，以免烫伤；加热后，一定要用量棒检查后才能装配，套入时应迅速，一旦发现有问题，应果断拆下重新加热红套。

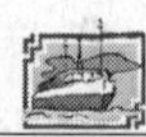

(2)冷过盈装配。冷过盈装配也叫冷套,是将被包容零件冷却,使其收缩,尺寸变小,然后立即将其装配,待恢复到常温后,与配合的零件形成过盈配合。

冷过盈装配中,通常采用液氮作为冷却剂来冷却零件。液氮为低温液化气体,在标准大气压力下,其液氮沸点为-195.65℃。

在柴油机的装配中,经常使用冷套技术。例如燃油、排气滚轮的装配中,销轴和滚轮导筒的配合为过盈配合,采用冷套;在排气阀驱动油缸的装配过程中,密封衬套与泵座是过盈配合,采用冷套。

冷套时应注意以下问题:

①冷却容器的选择。因为液氮是低温液化气体,温度非常低,很多材料在低温下会脆裂,因此选择冷却容器的材料应保证在这种低温下不发生脆裂,通常选用钢质材料做成的容器。另外,由于液氮在常温下就会气化,所以为节省液氮的使用量,对冷却容器还应适当保温。

②安全问题。在冷套的操作过程中,应注意安全保护。在往冷却容器里加入液氮或将零件放进液氮过程中,由于温差非常大,液氮会迅速沸腾和飞溅,应注意避免液氮飞溅到皮肤上,造成冻伤,尤其是在夏天,穿着较少时,应更加小心。

③零件冷却时的放入和取出。零件在放进和取出时,应考虑好放入和取出的方法。由于冷套时,冷却的零件一般很小,可用细铁丝缠好后放进液氮中,细铁丝则露在外面,等冷却好后,戴上石棉手套,用细铁丝将零件取出,解下细铁丝后再安装。

④冷却情况检查。冷套时,被冷却的零件必须达到所需的冷却温度才能进行装配,和红套不同的是,被冷却零件的温度是不便于测量检查的,只能通过观察零件与液氮的反应情况来判断零件的温度,一般当液氮不再沸腾时,说明零件的温度已接近液氮的温度,可以取出进行装配。因为液氮沸腾后即汽化蒸发,当冷却容器较小时,一次装入的液氮量不足以将零件冷却到所需的温度,可分几次加入液氮,直到零件不再沸腾为止。

⑤冷却前应检查零件表面是否有伤痕,以免在冷却时,由于低温脆硬和热应力而产生裂纹。

实际工作中,零件的装配是采用红套还是冷套,应当从成本等诸多方面来选择,一般选择尺寸和重量较小的零件进行加热或冷却。

(3)液压过盈装配。当过盈配合的表面是锥面时,多采用液压扩孔装配的方法进行安装。例如 Sulzer 柴油机的燃油、排气凸轮装配以及凸轮轴段的联轴器安装等,均采用液压扩孔装配。

锥面配合的过盈量与配合锥面之间的相互位移有关,位移越大,过盈量就越大。因此要保证装配后使用正常,确保过盈量达到设计要求,就必须保证安装时位移量达到相应的数值。为此必须确定相应的安装参数,安装时,当相应参数达到要求时,即可认为达到安装所需要的过盈量。

根据安装的方法不同,安装参数也不一样,如果安装零件的壁厚不均匀,通常采用确定配合零位的方法,来确定位移量;如果安装零件的壁厚均匀,则通常采用计算零件外径增大值的方法来确定位移量。

①零位确定。当 Sulzer 柴油机的燃油和排气凸轮装配时,为了获得准确的轴向压入量,燃油和排气凸轮与衬套配合的零线位置的确定是很重要的。在零线位置时,凸轮内孔与衬套外

圆正好完全接触，配合既没有间隙也没有过盈。确定零线位置的方法较多，使用较多的是实测法。其测量方法是：

A. 将凸轮和衬套清洗干净。

B. 将凸轮置于平台上，孔的大端朝上，放入衬套，并在衬套上施加一个轴向推力 F_0（或用加重的方法进行），此时将千分表表座吸在凸轮端面上，表针打到衬套的端面上，预压一定的量，注意表针要与衬套端面垂直，并将表盘的读数调节为零。

C. 将轴向力加大到 F_1，读出千分表反转的读数 l_1，即为衬套进入凸轮的距离。依此将轴向力加大到 F_2、F_3、…、F_i，同时读出千分表反转的读数 l_2、l_3、…、l_i，一般 4 ~5 点即可。

D. 如图 4-5 所示，将轴向以 F 为纵坐标，以 l 为横坐标作 F—l 图，因为在弹性变形范围内，所以各点的连线为一直线，设连线的延长线与 l 轴交于 A 点，点 A 即为衬套与凸轮配合的轴向压入量的零位。

②联轴器外套外径增大量的计算。如果安装零件的壁厚均匀，则通常采用计算零件外径增大值的方法来确定位移量。图 4-6 为 Sulzer 型柴油机凸轮轴段的联轴器，联轴器由联轴器外套 1 和联轴器内套 2 两个零件组成，联轴器外套 1 与联轴器内套 2 之间是锥面配合，锥度一般为 1:80，联轴器内套与轴段之间有一定的间隙，安装时先将联轴器套入两个轴段，然后用液压使联轴器外套 1 相对于联轴器内套 2 产生一定的位移，便产生了过盈配合，由于过盈配合，使联轴器内套产生弹性变形，直径缩小，并紧箍在轴段上，联轴器内套 2 与凸轮轴段 3 之间产生一定的径向压力，此压力会使联轴器内套 2 与凸轮轴段之间产生静摩擦力，进而可以传递转矩。

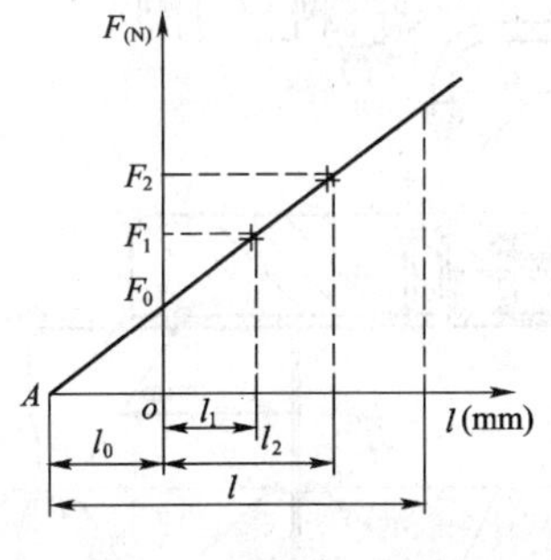

图 4-5　安装零位的确定

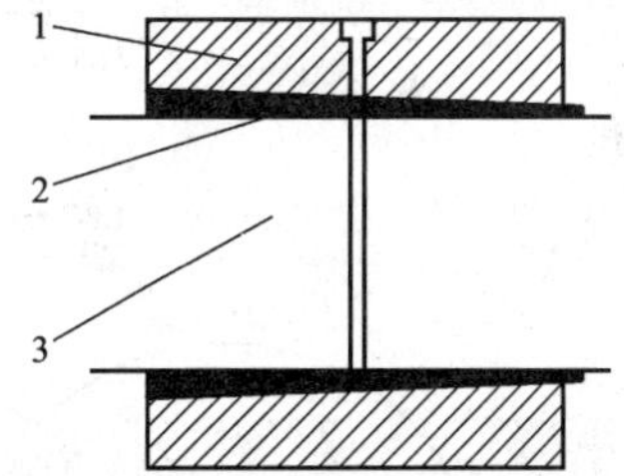

图 4-6　凸轮轴段联轴器

1-联轴器外套;2-联轴器内套;3-凸轮轴段

传递转矩的能力取决于静摩擦力的大小，而静摩擦力的大小取决于联轴器内套 2 与凸轮轴段 3 之间的径向压力和摩擦系数，在材料和环境一定的情况下，摩擦系数是一定的，如钢质材料之间，在干摩擦的情况下，摩擦系数为 0.14 ~0.15，因此传递转矩的能力取决于联轴器内套 2 与凸轮轴段 3 之间的径向压力。

联轴器内套 2 与凸轮轴段 3 之间的径向压力的大小，取决于联轴器内套 2 外锥面所承受的径向压力，而联轴器外套 1 在给联轴器内套 2 一个径向压力的同时，本身也会受到联轴器内套 2 的反作用力，即联轴器内套 2 也给联轴器外套 1 同样的径向压力，这个径向压力会使联轴器外套 1 的直径弹性增大，径向压力越大，联轴器外套 1 的直径弹性增大的数值越大。根据这个原理，可计算得出联轴器外套直径增大的量，在安装时，只要测量出联轴器外套 1 外圆直径

的增大量达到计算的数值，即可认为安装到位。

图4-7为Sulzer RTA52U型柴油机凸轮轴的SKF联轴器液压过盈装配的装配工艺，其安装过程如下：

①将所有待装零件去毛刺，清洗干净。在联轴器的配合锥面上涂一层干净的润滑油。

②将两段凸轮轴段的标记对准。

③连接两轴段时，两凸轮轴段之间的轴向间隙超过1mm，并且两轴段的圆周方向位置必须正确，可通过检查燃油凸轮的排列来确认。

④将联轴器推入凸轮轴，按图4-7所示的轴向位置，将联轴器内套2定位。

⑤将高压油软管12与高压油泵11以及联轴器外套3上的R环形空间接口连接好，打开接头附近的旋塞。

⑥将手摇泵13安装在联轴器外套3上的HPC接头上，向安装间隙P处泵入液压油，直到安装间隙被挤压到联轴器内套2的厚端。用高压油泵11向环形空间R泵油，直到油从放气旋塞溢出。

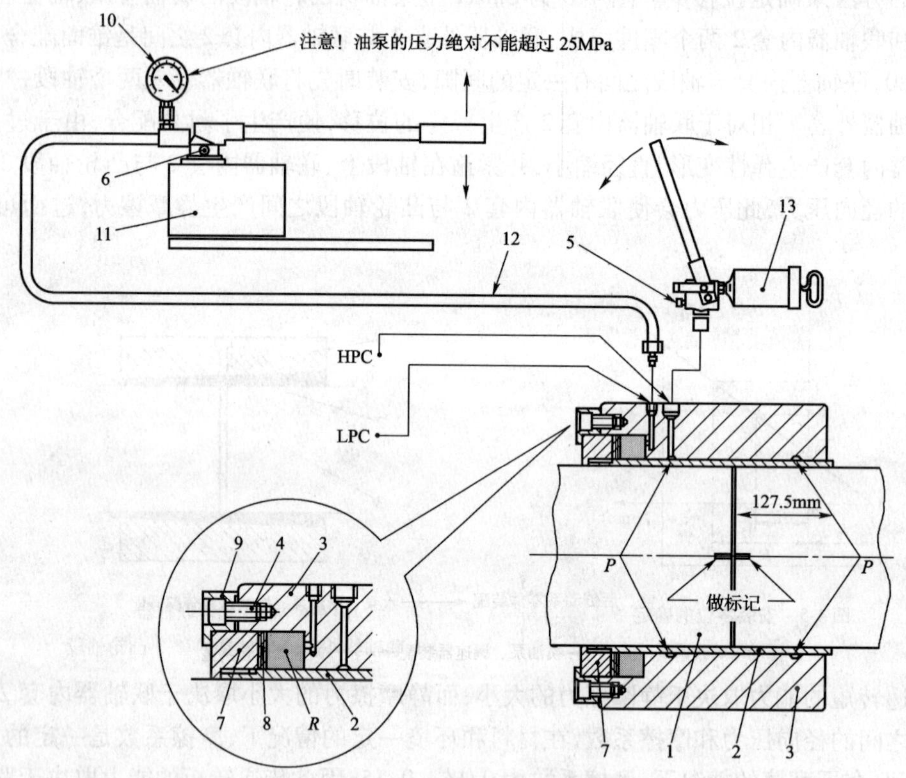

图4-7　凸轮轴联轴器安装

1-凸轮轴；2-联轴器内套；3-联轴器外套；4-螺栓；5-旋塞；6-放泄阀；7-螺母；8-密封环；9-锁紧板；10-油压表；11-高压油泵；12-高压软管；13-手摇泵；P-安装间隙；R-环形空间；HPC-高压油接头；LPC-低压油接头

⑦关闭放气旋塞，用高压油泵11向环形空间R加压，驱使联轴器外套3向联轴器内套2的厚端移动，注意油泵的压力绝对不能超过25MPa。在装配过程中，应不断地用手摇泵13向安装间隙泵油，确保联轴器内套2与联轴器外套3之间始终有一层油膜存在。当联轴器外套

3 的外径增大量达到所需的数值后，可认为安装到位。

⑧打开旋塞 5，释放安装间隙中的油压，使安装间隙中的液压油流回手摇泵 13 中，然后打开放泄阀 6，释放环形空间 R 中的油压。

⑨拆除高压软管 12。用旋塞堵住油孔，并保证环形空间的中剩余的油不会漏掉。

⑩用螺栓 4 将锁归板安装好。注意，在首次安装时，必须先将螺母 7 拧紧，再用螺栓 4 安装好锁紧板 9。

联轴器安装完毕后，应测量联轴器内套 2 厚端伸出联轴器外套 3 的长度，并做记录，在以后的安装过程中，可不再测量联轴器外套 3 外圆的增大量，而直接测量联轴器内套 2 厚端伸出联轴器外套 3 的长度（与记录尺寸相符即可）。

第二节　筒形活塞柴油机装配工艺

柴油机装配工作是在车间试车台架上进行的，分为部装和总装两个阶段。机器装配好后进行调整和试验，然后再吊运到船上进行安装。筒形活塞直列式船用柴油机装配程序大致如图 4-8 所示。

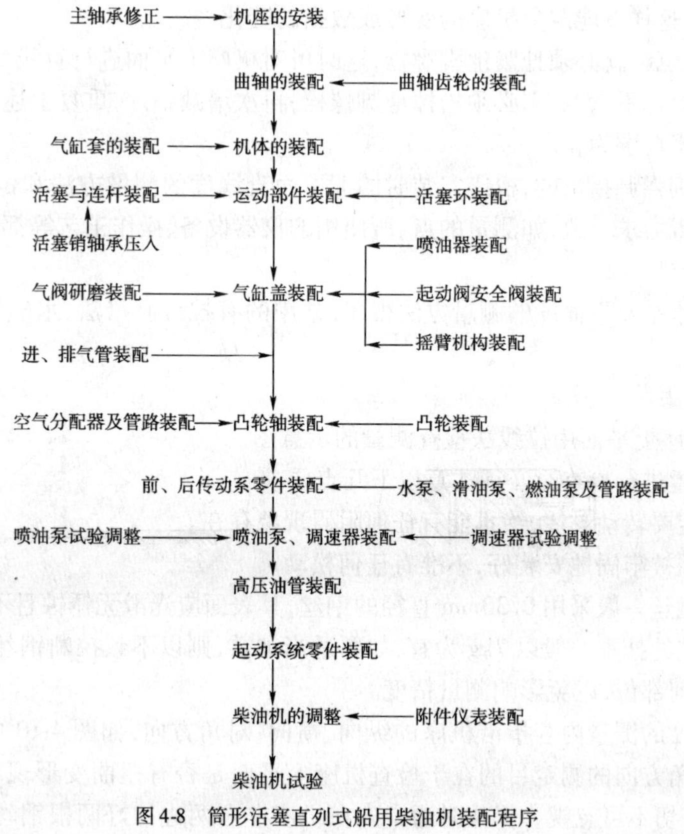

图 4-8　筒形活塞直列式船用柴油机装配程序

一、机座的安装

机座安装前，要对试车台公共底座即台架进行布置，并检查其平面度是否符合要求。图

4-9 为安放机座的台架，台架的上平面按图示的部位放上测量水碗，用深度千分尺及托架测定各水碗的水平面，以此来测定台架上平面是否在同一水平面内，并对台架纵向和横向的平面进行调整。允许在台架的底部垫以垫片，在所有底脚螺栓被拧紧之后，其纵向的直线度偏差，每米不得超过 0.03mm，全长范围内允差不得超过 0.1～0.15mm；左右横向的直线度偏差，每米不得超过 0.05mm。

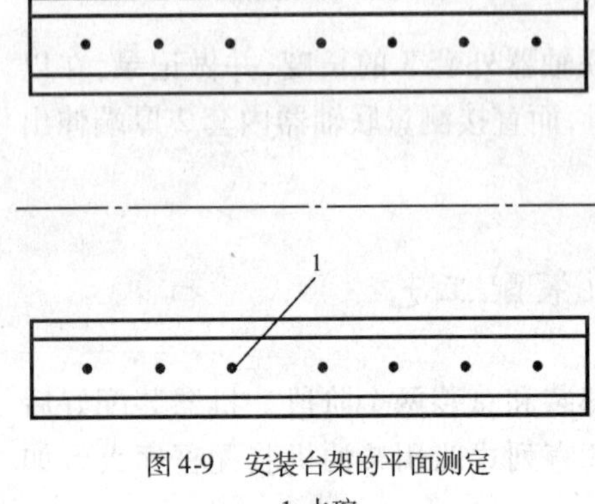

图 4-9　安装台架的平面测定

1-水碗

当机座吊上台架后，经初步定位，并确定好固定位置，然后进行以下的测量检查工作。

在拧紧机座底脚螺栓之前，检查机座下平面与平台之间的结合状态，同时检查机座上平面直线度偏差。前者的检查方法是用塞尺沿着机座四周进行测量，并做好记录（每次测量均必须记录结果，便于对照）。如果机座下平面与平台之间有超过 0.05mm 的缝隙，或上平面有局部挠曲，则应在下平面与平台之间垫塞垫片，垫片厚度以不致造成机座变形为限，通常的经验做法是不超过三张薄垫片，但可随意调换厚度不同的黄铜片或镀锌铁片，这样就能避免机座的变形或数据的变化。

在垫片垫妥之后，就必须拧紧地脚螺栓，这时可对机座上平面进行直线度偏差的测量检查工作。如测量结果仍不满意，则必须松掉地脚螺栓，再次增减垫片，重复上述过程，直至上平面的直线度符合技术要求为止。

这里必须特别强调指出的，机座安装时的上平面直线度的测量方法和位置应与机加工时采用的方法和位置力求一致，如测量的点、所使用的仪器设备、操作工艺等都应保持一致，否则会带来额外的偏差。

机座上平面水平及平面度的测量方法很多，常用的有拉线测量法、水碗测量法、水平仪法和光学仪器法等。

1. 拉线测量法

图 4-10 为机座上平面用拉线法检查测量的示意图。

使用这种装置进行检查时必须注意以下几点要求：

（1）滑轮一定要转动灵活，绝不能有任何阻碍现象存在。

（2）支架必须被牢固地安装好，不准有任何松动。

（3）使用的钢丝一般采用 0.30mm 直径的钢丝，其表面应光滑无锈蚀且不允许有折痕。

（4）钢丝两端的挂重一般以 7kg 为宜，如要适当加重，则以不致拉断钢丝为准。拉线时不应使挂重碰擦任何部位，以免影响测量精度。

上平面直线度的测量内容指沿机座的纵向、横向、对角方向，如图 4-10 中 A、B、C、D 所指示的几根线。对角方向的测定目的在于检查机座上平面是否有扭曲变形现象存在，它是一个比较重要的数据，切不可忽视。操作时通常先在机座左右两边拉好两根钢丝，进行初调，然后将两根钢丝首末两个点的高度值微调至同一值，即图 4-10 中 A_1、A_5、B_1、B_5 的四个位置处的高度尺寸相等，反复测量认为合格后，使它们牢牢地固定。在这种状态下，测量各道测量点的高度值，将它们一一记入表 4-1 内。

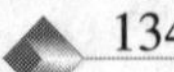

分析比较记录数据，如果记录值的左右差值在规定标准内，证明其横向直线度良好；如果左、右两根钢丝均呈现有规则的向下弯曲，每个数据的级差基本接近，则说明其纵向直线度亦

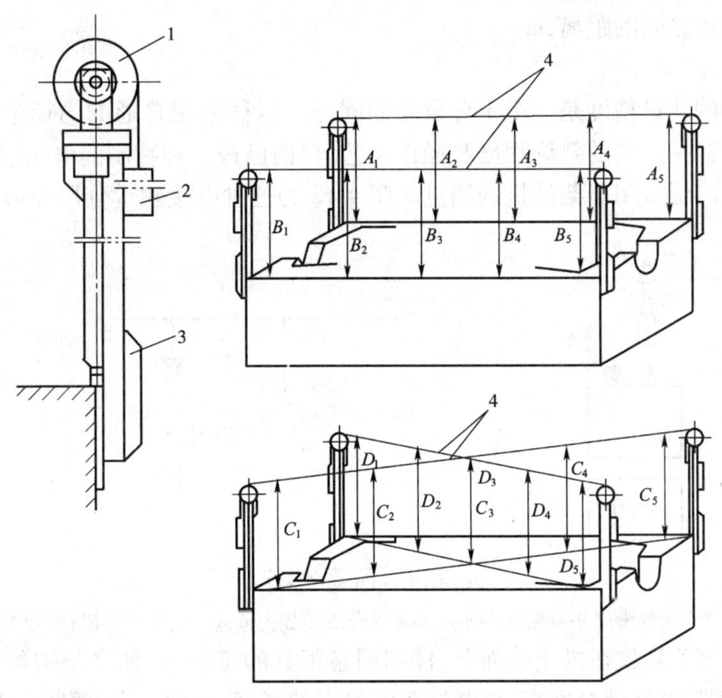

图 4-10　机座上平面拉线法检查测量

1-滑轮；2-挂重；3-支架；4-钢丝 0.30mm

机座上平面拉线测量记录　　表 4-1

方向 \ 尺寸		1	2	3	4	5	6	7	8
平行线	*A*								
	B								
对角线	*C*								
	D								

处于良好的技术状态。如记录表中所记录的对角方向数值是向下弯曲且有规律的，就表明了机座亦没有任何扭曲变形。

钢丝因自身重量而产生向下的挠度，所以上述拉线记录仅能用作相对的比较值。如需要求出直线度的误差值时，则应把钢丝向下挠度减去。钢丝挠度如图 4-11 所示。

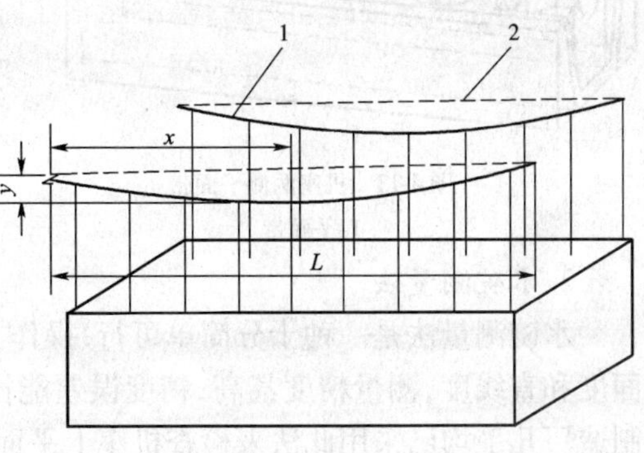

图 4-11　钢丝挠度

1-理论线；2-实际线

钢丝挠度可用下式计算：

$$y = \frac{P \cdot x(L - x)}{T}$$

式中：y——计算点的挠度，m；

P——钢丝每米的重量,g/m;

x——计算点至基准点的距离,m;

L——基准点之间的距离,m;

T——挂重,g。

各点高度值的测量精度是一个十分重要的问题。以往采用普通的内径千分尺测量时,决定精度的重要因素是工人的熟练程度和操作手艺,目前已被一种特制的电接触千分尺所替代,而且在国内外已广泛应用于柴油机的测量。图 4-12 为这种电接触千分尺外形图和电路图。

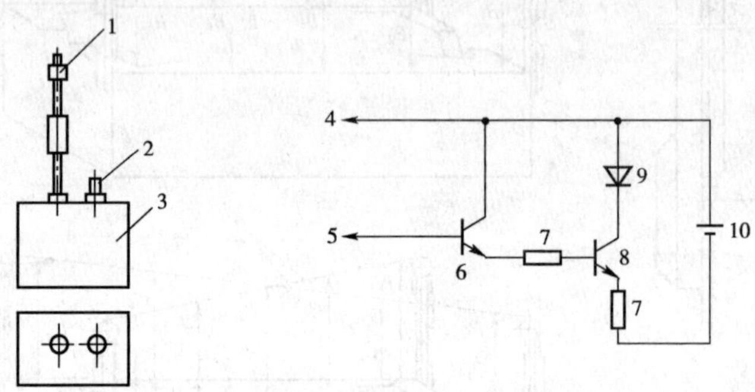

图 4-12　电接触千分尺

1-千分尺探头;2、9-发光管;3-外壳;4-至外壳;5-至探头;6、8-三极管;7-电阻;10-电池

操作时应将该工具放在机座平面上,仔细调整工具的接触头,使之与钢丝接触,只要当它们刚接触的一刹那,电珠就会发亮,控制好各测量点的亮度,均匀一致,便能获得较高精度的数据,其操作误差不会超过 0.01mm,所以这种测量方法的检查结果好。

许多柴油机厂家在提供柴油机时都会随机提供钢丝线记录值,以便作为柴油机在船上或座台上定位安装过程中重测时的技术依据,确保安装质量的良好状态和制造精度保持基本一致。当然这两者之间会产生一定的误差,通常这种误差被控制在以下范围:六缸机为 0.05mm,九缸机为 0.10mm,十二缸机为 0.15mm。

现代柴油机的结构设计中已考虑到机座直线度检查的要求,在机座左右两侧的上平面上留有一定宽度的平面带,在制造中加以精密加工,除了给安装作为测量用途外,同样亦给柴油机维修保养时进行复测核对检查提供便利,必要时还可利用这套随机工具随时做复测核查工作,以检查其直线度是否与原始数据相符,作出正确的判断。图 4-13 表示低速柴油机机座左右两侧留作拉线检查用的平面带。

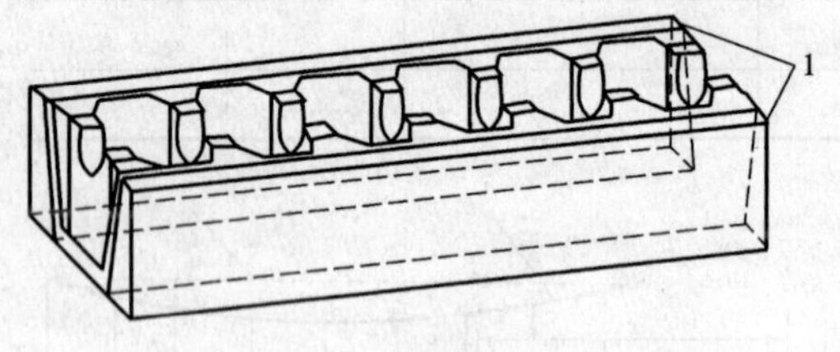

图 4-13　机座两侧平面带

1-平面带

2. 水碗测量法

水碗测量法是一种十分简单可行、操作方便的测量方法,它可测量机座上平面水平度、平面度和直线度,测量精度甚高,精度误差能控制在 0.005 ~0.01mm 之内。因此国内外柴油机制造厂几乎均已采用此法来检查机座上平面的直线度。图 4-14 为用水碗测量的示意图,图中还附有水碗尺寸图,以供参考。

从图 4-14 可知,在机座上平面上各测量部位放好每只水碗,用透明的塑料管分别将各个

水碗连通，让倒入水碗的水能流注到各个碗内而且相互流通，这样才能使所有水碗内的水平面逐渐趋向处于同一水平面内，一般情况下，达到同一水平面所需的时间约在一个小时左右。当水平面稳定后，就可使用普通的深度千分尺放在每个水碗的圆口上（图4-15），细心缓慢地旋转千分尺的旋钮，同时用肉眼观察千分尺的触头与水面接触情况，使它们接触为止，记录每个水碗的测量值，经过数值比较分析，便可直接求得机座上平面直线度的偏差值。

用这种工具对机座上平面进行测量检查直线度时，必须注意以下几点：

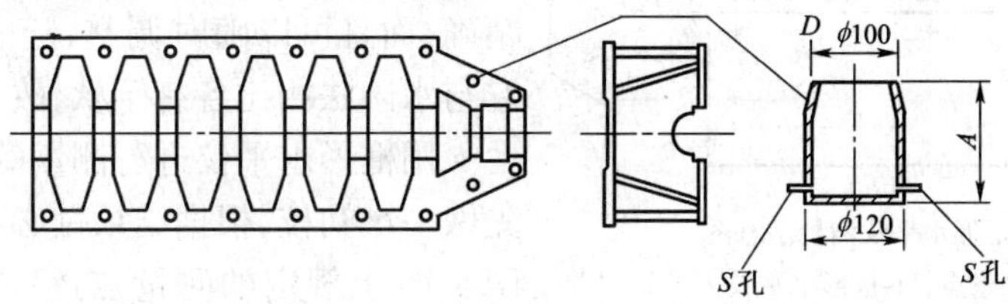

图4-14　水碗测量机座上平面示意图

（1）深度千分尺的触头应改磨成V形，使其顶端形成尖顶，如图4-15所示。这个尖顶与水面一接触就很容易用肉眼清楚地看到，它意味着测量精度可以得到控制。

（2）水碗的高度即图4-14中的A值应做成同一尺寸值，通常的做法是将所有水碗在平面磨床上一次磨正确即可，其相互的精度误差被控制在0.01mm内，足以保证测量精度。

（3）水碗的进出水孔（图4-14中的S孔）应尽量放大，但没有严格规定，其目的在于使水平面能在最短时间内达到稳定。

（4）为排除水碗高度A值精度的影响，某些工厂亦采用图4-15的一种测量搁架，用它来测取各点的水面值，能获得更高的尺寸精度。

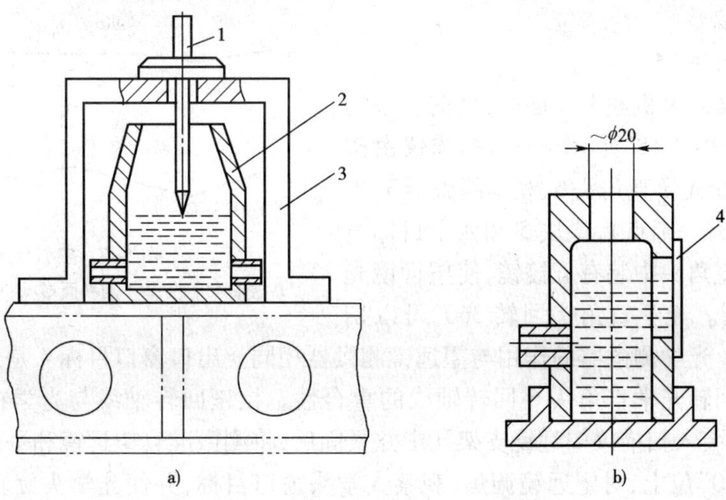

图4-15　水碗示意图（右图为新型水碗）
1-深度千分尺；2-水碗；3-搁架；4-透明玻璃

（5）水碗碗口的直径D一般不宜太大，通常在100mm左右，以不阻挡肉眼能见度为准。目前有些工厂将水碗的碗口收小，使之仅能插入深度千分尺即可，但在水碗的外部圆周上开一个观察孔，用透明度良好的玻璃片镶入（图4-15），在测量时从水碗外侧就可清晰地看到千分尺触头与水面的接触情形，从而又进一步消除了肉眼观察的误差因素。

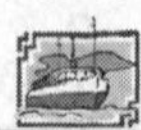

水碗法有其独特的优点，操作简易，容易掌握，精度可靠，早已被许多工厂广泛应用。但这种方法只能用在车间装配平台或不受振动或不倾斜的地方的基础上测量，在船上就无法使用了。

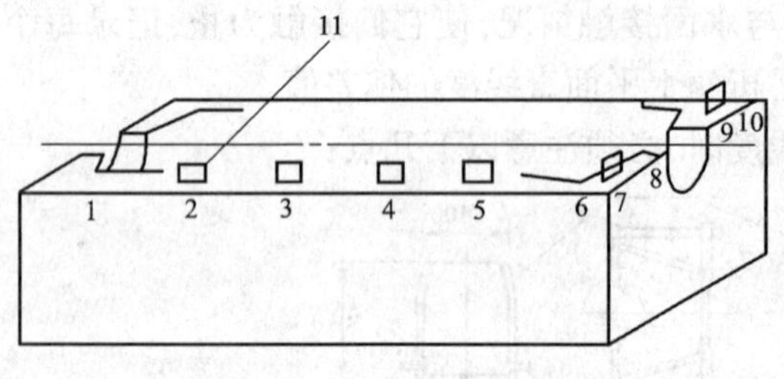

图 4-16　框形水平仪测量示意图

1～10-测量点；11-框形水平仪

3. 水平仪测量法

图 4-16 为用框形水平仪测量检查机座上平面直线度的示意图。因它的测量精度十分可靠精确，而且可以随时调整、随时测定，十分方便，它与水碗法相比各有千秋，故亦颇受欢迎。

用框形水平仪进行测量的操作程序，通常是先做一次初校，根据结果做必要的调整。然后按图 4-16 上规定的测量点逐一循序测定，并将其倾斜方向和实际读数记录下来。

图 4-17 为某一机座的实测数据，按这些值作出图中下部直线度的曲线，在这种状态下，就应在 D 处垫入一定厚度的垫片，将地脚螺栓拧紧后，再用水平仪重复测定，直至符合直线度标准为止。

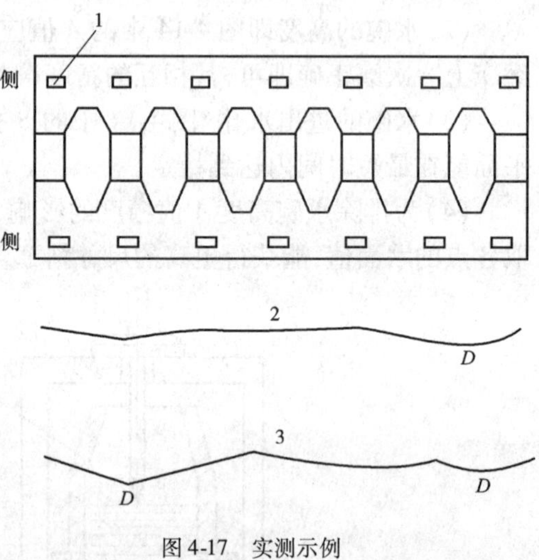

图 4-17　实测示例

1-框形水平仪；2-A 侧平面形状；3-B 侧平面形状

有时亦可使用一块长 1m 左右的平铁放在机座上平面上，用塞尺检查平铁与上平面的接触情况，其间不准有间隙，即 0.03mm 塞尺不应插进。然后将框形水平仪在该平铁上逐段进行测量，这种方法同样可以测量整个长度内沿纵向和横向的直线度偏差。

4. 光学仪器法

用光学仪器测量机座上平面时，目前多采用平面扫描仪，如图 4-18 所示。平面扫描仪由望远镜支架 1、回转光学直角头 6、光学测微器 3、出口窗目标 4(镀有一圆点)、垫块 5 和四个目标组成。回转光学直角头中装有五棱镜，使望远镜光学视线转折 90°。光学直角头回转 360°可以扫出一个基准面。光学测微器的作用与望远镜测微器相同。出口窗口目标 4 是用来调整望远镜的光学视线与回转光学直角头 6 回转轴线的重合性。校正回转轴线与光学视线重合的方法是：准直望远镜装入扫描仪望远镜支架孔中并紧固后，将测微准直望远镜和平面扫描仪的光学测微器均调到“0”位上，对望远镜调焦，观察光学头窗口目标，并使光学头旋转 360°。如果窗口目标圆点始终与望远镜十字线交点重合，说明光学头回转轴线与光学视线重合。当光学头窗口目标圆点与望远镜十字线交点不重合时，用望远镜光学测微仪测出光学视线对窗口目标的偏移值。再调整望远镜光学测微仪和调整光学头窗口目标的圆点位置，使窗口目标圆点与十字线交点重合，并锁紧准直望远镜的测微鼓轮，然后再检查调整，直至完全重合为止。

平面扫描仪带有四个相同的目标，如图 4-18b)所示。目标图案条纹均平行于目标底座，并具有同样的高度。底座中带有磁脚。目标图案是一条宽度不同的台阶式条纹。不同宽度是为了适应不同的测量距离。一般远距离选用较宽的条纹。目标图案上有箭头,便于判断高于或低于基准平面,防止对测量结果作出错误的解释。

利用扫描仪安装机座的工艺过程如下:

首先调整仪器位置,将准直望远镜插入三脚架孔中并调整其光学视线与光学头回转轴线重合。然后如图4-19所示,将仪器放在机座一边的中间位置,在机座上平面之两角各放一个平面扫描仪目标,与仪器相对的另一边中间位置也安放一个平面扫描仪目标,各目标正面朝向仪器。将望远镜向各目标调焦,并通过调整三脚架之调整螺钉使准直望远镜的十字线交点与各目标精确对中。这时光学视线上的十字线中心已调到三个目标所组成的基准平面上。然后测量各测量点对基准平面的高度差,将平面扫描仪目标放到规定的测量点。仪器对准目标,如果测量点相对基准目标有高低,则目标图案线与准直望远镜十字线不重合。调整扫描仪的光学测微器,使仪器十字线中心与目标图案线重合。从扫描仪鼓轮上可以读出该测量点与准直望远镜十字线中心高度差,亦即测量点与三个基准点的高度差。如果该值超过机座上平面平面度的要求,则调整机座垫块,直至符合要求。机座上平面高低经调整后,基准点已发生变动,因此再次检查时需要重新调整仪器的位置(方法同上),之后再进行测量。

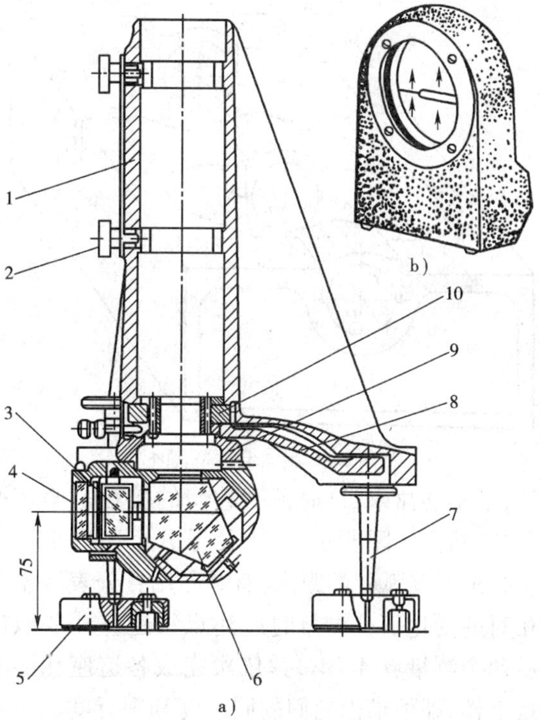

图4-18　平面扫描仪及其目标

1-望远镜支架;2-锁紧曙钉;3-光学测微器;4-出口窗目标;5-垫块;6-回转光学直角头;7-固定支脚;8-摆杆 9-回转轴;10-回转轴支承

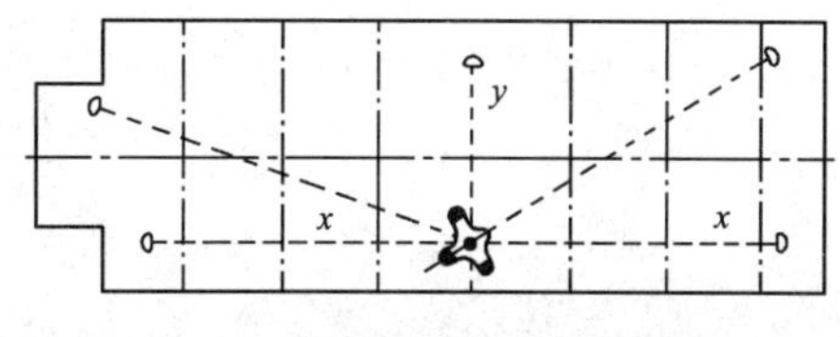

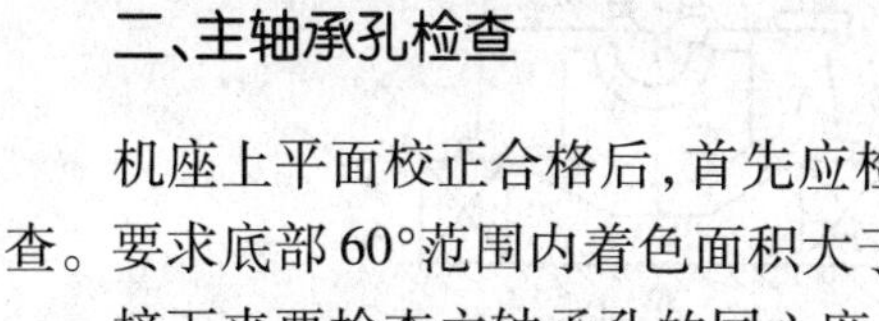

图4-19　平面扫描仪测量机座上平面

二、主轴承孔检查

机座上平面校正合格后,首先应检查主轴承底孔的表面精度,一般用样轴涂色油进行检查。要求底部60°范围内着色面积大于80%,且分布均匀。如果不符合要求,可适当刮研。

接下来要检查主轴承孔的同心度,目前常采用拉线法进行测量。该方法操作简易,工具简单,但须有较熟练的测量手艺,否则会产生测量误差,影响精度。图4-20是常见的拉线示意图,所拉的钢丝长度应超过机座总长度,钢丝直径以0.30mm为宜,拉线时应以第一道和最末道的座孔中心为基准,使钢丝与它们的中心重合,然后将钢丝固定好。

钢丝被固定后,就可按座孔顺序测量每个孔的A_1、B_1、C_1、D_1、A_2、B_2、C_2、D_2尺寸,按其结果便可求出座孔中心的同轴度偏差,但必须注意到垂直平面内的测量结果应减去钢丝的向下挠

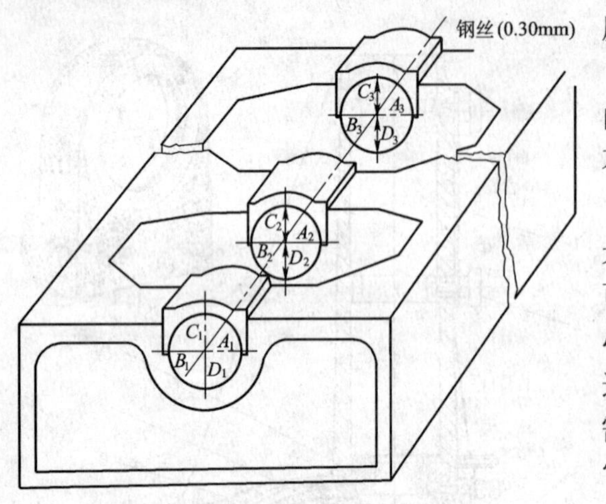

图 4-20　座孔拉线示意图

度值,才能获得正确的偏差值。

座孔中心的同轴度允许偏差在机座全长内一般不应超过 0.15mm;三道相邻座孔之间不应超过 0.04mm,详见表 4-2。

除拉线法外,座孔中心的同心度还可用光学望光法、假轴法等进行测量。而平板法可测量主轴承孔垂直方向的同心度和座孔中心线对机座上平面的平行度,如图 4-21 所示。这种测量方法简单方便,而且容易掌握。只需配备一块宽 100mm、长 1m 左右的平板,把它搁置在座孔上面(此时轴承盖已拆去),用 0.03mm 的塞尺检查平板与上平面的接触部位,如不能插入,这时证明它们的接触是紧密贴合的,然后按图所示,用内径千分尺测取平板与座孔最低圆弧处的距离,有时亦用百分表测量其相对的变化值。测量时应注意每道座孔要取前后两个测量点 A_1、A_2,并依次完成各道座孔的测量工作,即可求出它们的同心度和平行度。

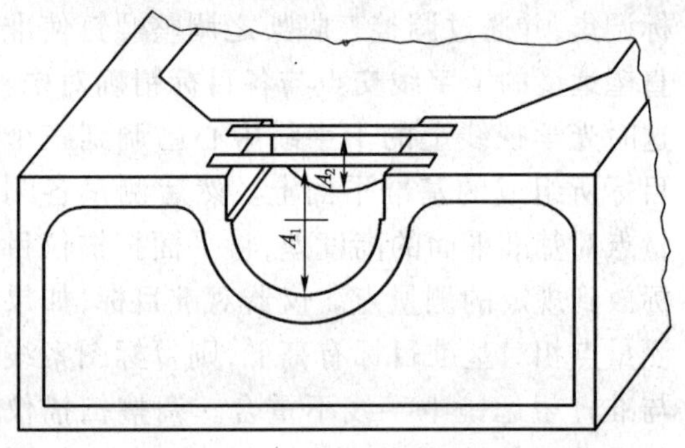

图 4-21　平板测量

图 4-22 所示为测量各道主轴承座孔的深度 T 值。作好记录,并将各道座孔的深度 T 值和相对应的曲轴主轴颈序号做计算核对,以便选配好主轴承下瓦的厚度。计算公式为:

$$\delta = T - t - d/2$$

式中:δ——主轴承下瓦厚度,mm;

T——机座上平面至座孔底部距离,mm;

t——主轴承中心至机座上平面距离,mm;

d——曲轴主轴颈直径,mm。

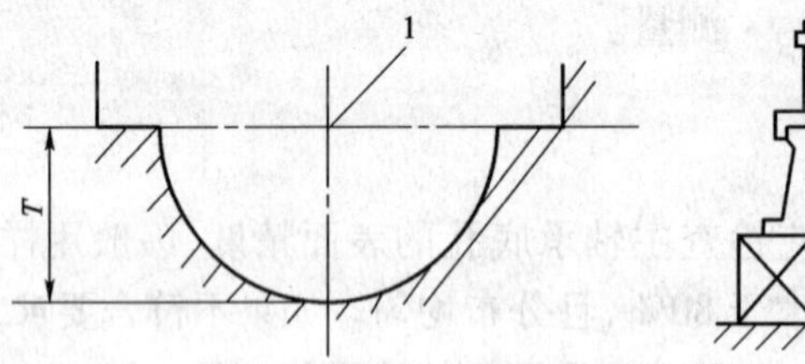

图 4-22　测量主轴承座孔深度

1-座孔中心线

将选配好的主轴承下瓦配妥座孔序号,下瓦背壳表面上应涂以一层薄的色油,然后轻轻放入座孔,之后将主轴承上瓦及盖装上,按图 4-23 所示的装置用油压撑柱螺栓压紧轴承盖。轴承盖左右侧的顶面至机座上平面的尺寸 A_1 与 A_2 的差值不得大于 0.1mm。

拆去所有装置、轴承盖及主轴承上瓦,然后轻轻取下轴承下瓦,用肉眼检查主轴承座孔内

的色油黏附情况，其色油应均匀分布，贴合面积不得少于总面积的75%。

清洗主轴承座孔，擦去主轴承下瓦背面的色油，再将所有主轴承下瓦装入座孔，用临时压条（木质或尼龙质制成）压牢主轴承下瓦，如图4-24所示。

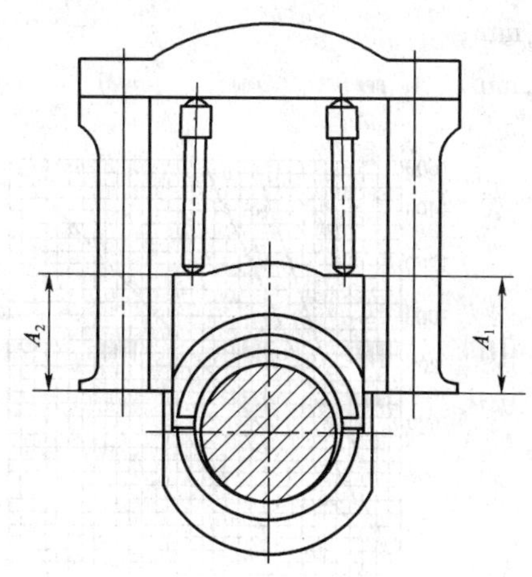

图4-23　检查轴瓦与座孔的贴和

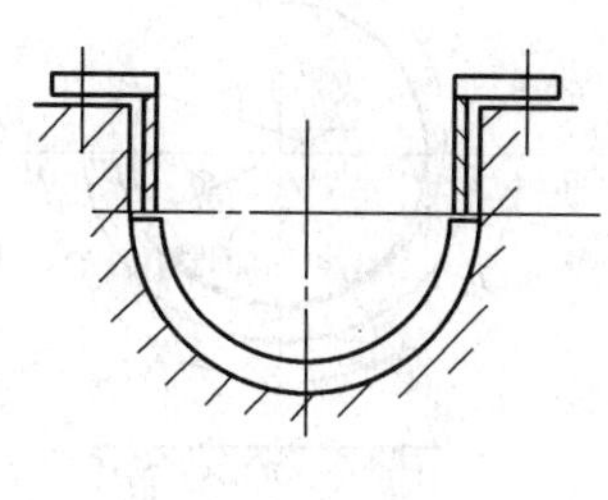

图4-24　下瓦压紧示意图

现代大型柴油机一般装有轴向减振器、刮油环等，其安装定位均以曲轴轴线为基准，有同轴度的要求。实际安装时通常以主轴承座孔轴线为基准，采用拉线法或假轴法进行定位安装。一般要求水平方向同轴度偏差不大于0.05mm，垂直方向则要考虑曲轴轴线与主轴承座孔轴线的偏差，安装时对该偏差加以计算修正即可，见表4-2。

主轴承座孔同轴度误差（mm）　　表4-2

机 座 长 度	机座座孔全长内	相邻两座孔
≤2000	0.04	0.02
>2000~4000	0.06	0.03
≥4000	0.10	0.04

三、曲轴装配

（1）用色油检查，要求曲轴主轴颈与主轴承下瓦均匀接触，紧密贴合，接触在40°~60°范围内，大型低速柴油机不小于45°，中型柴油机为60°左右，并要求轴瓦边缘在180°范围内均应与轴承紧密贴合，如图4-25所示，保证润滑油能存储在轴承内。用0.05mm厚塞尺不能从轴瓦边缘插入。

（2）曲轴装妥后，各主轴颈的径向圆跳动量应在0.02~0.05mm范围内。检查主轴承径向圆跳动量时，应在每个主轴颈的2~3个截面内进行。

（3）曲轴装妥后，在0°、90°、180°、270°四个位置上测量出每个曲柄的臂距差值，并符合图4-26中的要求。

图4-26中，曲线Ⅰ、Ⅱ为曲轴臂距差在装配时的标准，在Ⅰ线左方表示曲轴装配情况良好；在Ⅰ线与Ⅱ线之间表示装配情况合格，曲线Ⅲ为船舶营运中曲轴臂距差的最大允许极限值。

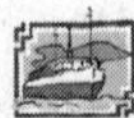

臂距差的测量点应为距曲轴曲柄销轴心线的 $(S+D)/2$（S 为活塞行程，D 为主轴颈直径）。若不在规定的测量点，为了便于与标准比较，可按下式进行换算：

$$\Delta_A = \Delta_B \cdot OA/OB$$

式中：OA——测量点 A 至曲柄销中心线的距离，mm；

OB——测量点 B 至曲柄销中心线的距离，mm。

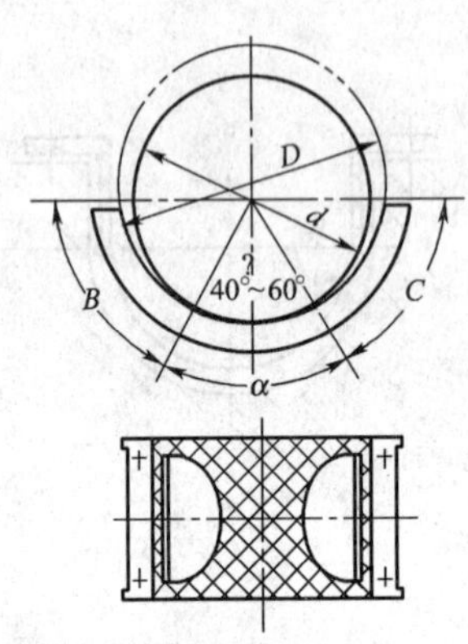

图 4-25　曲轴轴颈与轴瓦的接触角

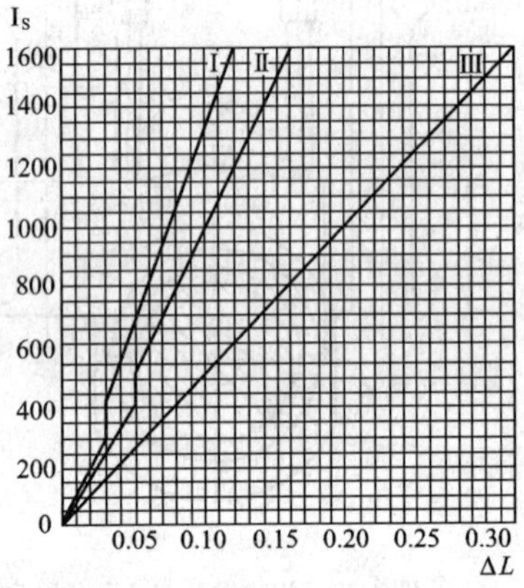

图 4-26　曲轴臂距差 Δ 标准

对于活塞行程≤400mm 者，放宽为每米活塞行程不大于 0.125mm。对于安装有大重量飞轮的挠性连接曲轴，飞轮装妥后，接近飞轮端的第一挡曲柄臂距差可放宽为每米活塞行程不大于 0.175mm。

（4）对曲轴进行桥规值测量，以检查曲轴轴线与机座上平面的平行度及曲轴轴线弯曲状况，见图 4-27。

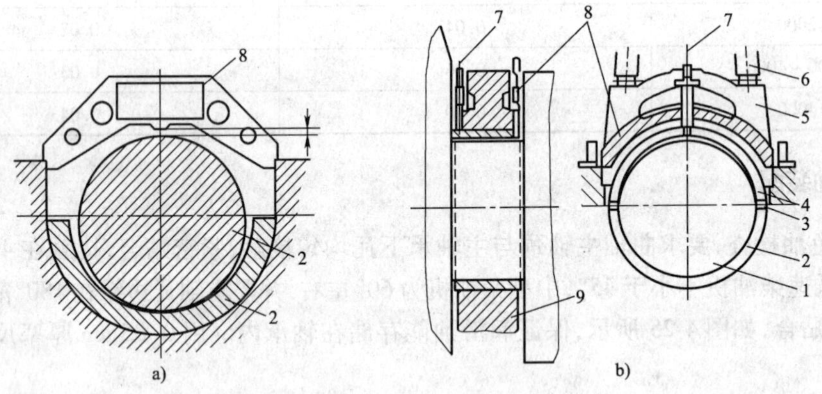

图 4-27　曲轴桥规值的测量

a）老式桥规；b）Sulzer RTA 柴油机桥规

1-曲轴；2-主轴承下瓦；3-垫片；4-主轴承上瓦；5-轴承盖；6-撑杆螺栓；7-测深尺；8-桥规；9-轴承座

桥规值测量应在主轴颈首尾两端上，并当曲柄在上、下止点及左、右舷四个位置时对每个主轴颈分别测量 8 次，求得平均值。曲轴轴线与机座上平行面的平行度误差应不大于 0.05mm/m。

(5)主轴颈与主轴承之间应有一定的径向间隙。径向间隙由机型、转速、轴颈大小、轴瓦材料、润滑条件等因素决定。间隙过小,会引起润滑不良,磨损加剧和发热严重,致使主轴颈和轴瓦烧坏;间隙过大,会引起润滑条件恶化,同时易造成冲击负荷,将加速轴瓦的疲劳破坏。主轴承上下轴瓦之间可用垫片调整其径向间隙,两边的垫片数量和厚度应相同,而且垫片数目尽量少。但绝对不允许用松紧主轴承螺母的方法来调整,径向间隙大小应根据每种柴油机说明书所规定的数值来调整。

首先,将主轴承上半块装好,量出上、下轴瓦结合平面间的间隙,制备一组垫片(0.05、0.10、0.20、0.25、0.50mm 厚度),以方便调整,然后在轴颈上涂一层薄色油,装上调整垫片、上轴瓦和轴承盖,旋紧螺母,并记下螺母位置,旋转曲轴 1~2 转,拆除上轴承盖,取出上瓦,修刮上轴瓦粘有色油的地方,直到上轴瓦有 2/3 以上弧长面上均匀粘油,每平方厘米内有一个油斑为止。最后在每组调整垫片中增加一片等于轴承间隙的垫片,重新上好上轴瓦及轴承盖,并用长塞尺来测量轴承的径向间隙,见图 4-28,轴承径向间隙应为测量值加上 0.05mm 的修正值(因为塞尺平直,而轴承间隙为弧形)。径向间隙也可用压铅法或比较法测量,其值应满足有关规定。

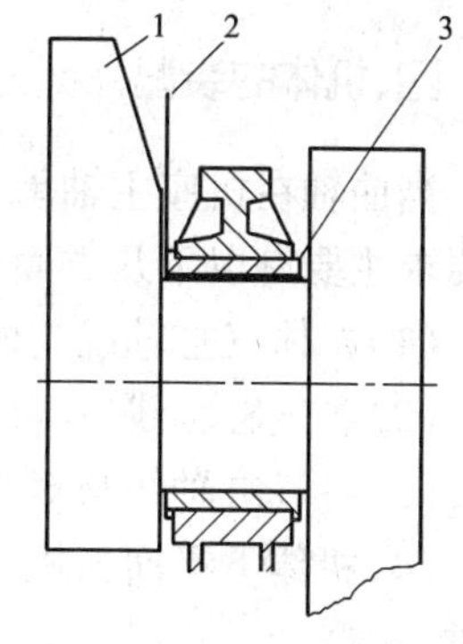

图 4-28　长塞尺测量主轴承间隙
1-曲轴;2-主轴承;3-长塞尺

(6)除径向装配间隙外,曲轴在机座内沿首尾方向的轴向位置也要满足要求。因为柴油机工作时温度升高,曲轴受热伸长,这时应使曲轴能有自由伸长的余地。生产中,曲轴轴向位置调整主要有以下几种情况:

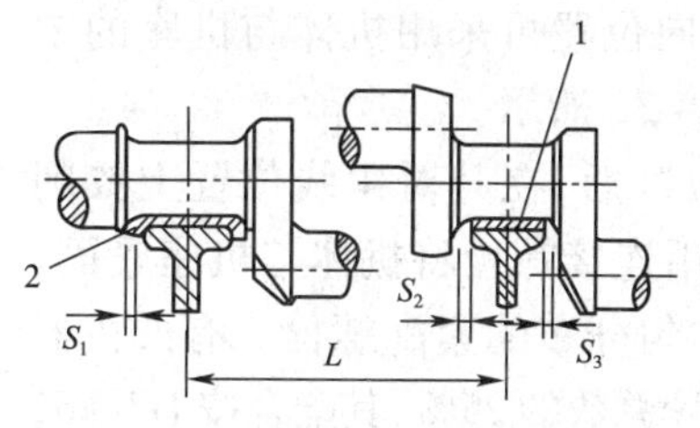

图 4-29　带止推轴承的柴油机尾端与轴系弹性连接
1-止推轴承轴瓦;2-主轴承轴瓦

①当柴油机与发电机或轴系用弹性连接,其主轴承上有止推轴承或曲轴上装有止推环时,在曲轴后移的情况下,间隙分配如图 4-29 所示。S_1 为推力轴承轴向的最大间隙;$S_2 = 0.0006L + S_1 + (0.2 - 0.5)$ mm(L 为该主轴承中心至止推轴承中心的距离,mm);$S_3 = 0.2 - 0.5$mm(轴承端面与曲柄臂平面之间的间隙)。在曲轴前移的情况下,$S_3 = S_1 + (0.2 - 0.5)$ mm,$S_2 = 0.0006L + (0.2 - 0.5)$ mm。

②当柴油机本身有止推轴承,而它的尾部又与轴系推力轴承连接时,柴油机安装后,检查间隙 S_1、S_2、S_3,如图 4-30 所示。在船舶前进时,S_1 为推力轴承轴向的最大间隙;$S_2 = 0.0006L + (0.2 - 0.5)$ mm(L 为该主轴承中心至止推轴承中心的距离,mm),$S_3 = S_1 + (0.2 - 0.5)$ mm。在船舶后退时,$S_2 = 0.0006L + S_1 + (0.2 - 0.5)$ mm(L 同上);$S_3 = (0.2 - 0.5)$ mm。

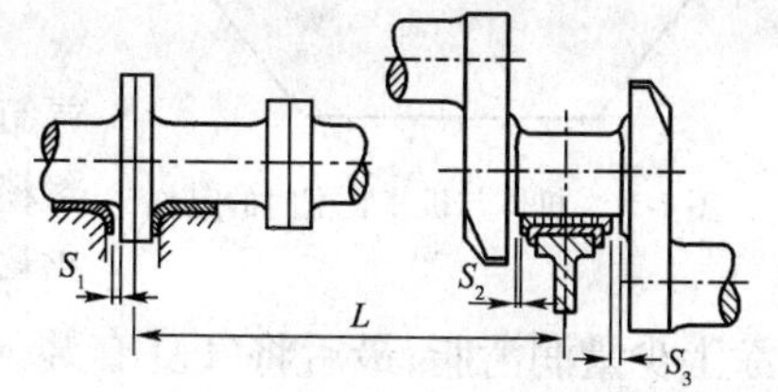

图 4-30　带止推轴承的柴油机与轴系的推力轴承刚性连接

③柴油机本身带有推力轴承,各主轴承不带止推轴承,主轴承轴向间隙调整方法同第一种情况。

(7)刮研主轴承。由于现代制造技术与产品质量的提高,曲轴装配时,薄壁轴承轴瓦已基本上不要采用刮研轴瓦工艺,以简化装配工艺。厚壁轴承当少数轴瓦接触不良时,除了采用选配轴瓦外,也采用个别轴瓦少量刮研的工艺。研刮主轴承有以下两种方法:

①样轴拂刮轴瓦:样轴又称假轴,使其代替曲轴,轻便、容易操作、效率高。假轴采用钢管或铸铁管制成,外径 $D=d+\Delta$(d 为主轴直径,Δ 为轴承间隙),长度等于机座全长或为 3~4 个主轴承座的长度,此种刮瓦方法刮出的轴瓦内孔是一个正确的圆形,容易建立油膜,但必须制作专用样轴,适用于船厂小批修理,单件生产和修理极不经济。

②曲轴拂刮轴瓦:根据主轴颈与主轴承下瓦研配时的色油沾点和曲轴臂距差拂刮主轴承下瓦,直到符合接触角内均匀接触为止。此法方便,不需制作样轴,但常要重复多次操作才能达到技术要求。

四、机体的装配

当曲轴在机座主轴承上装配好后,即可进行机体的装配。筒形活塞柴油机机体装配的技术要求主要有以下几方面:

(1)机体气缸轴线与曲轴轴线应垂直,其垂直度误差不大于 0.15mm/m。

(2)各气缸轴线应与曲轴轴线相交,其位置度误差不大于 2mm。

(3)各气缸轴线与对应的两曲柄臂应对称。

(4)机体下平面与机座上平面应紧密接触,用 0.05~0.10mm 厚的塞尺检查时,一般不应插进。

上述装配技术要求主要是靠机体本身的制造精度来保证。

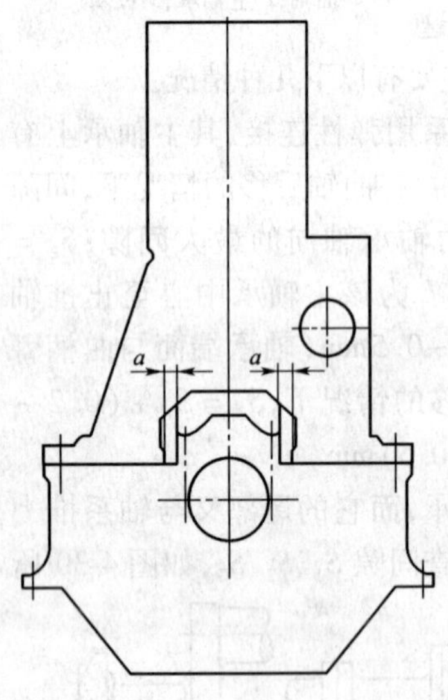

图 4-31　机体与机座装配时的定位

装配机体时,采用机体两端主轴承孔开挡平面的中心平面与机座主轴承开挡平面的中心平面为定位基准来校准机体与机座的横向相对位置;其纵向位置可采用机体与机座的中线(划线)为基准来校准,如图 4-31 所示。

机体与机座的相互位置校准后,在其对角线位置上铰削出不少于两个定位销孔,然后用连接螺栓将机体与机座紧固。连接螺栓中应有一定数量且均匀分布的紧配螺栓。有的机器规定紧配螺栓数量应占连接螺栓总数的 25%,其配合按 H7/k6,螺孔粗糙度数值不高于 $R_a1.6\mu m$。上紧螺栓时,应从机体中部开始,按对称方向逐个向两端、分多次拧紧到规定位置,以免机体和机座发生变形。

气缸套装入机体,通常是在机体装上机座前进行。先将气缸套外表面及密封槽清洗干净,然后将密封橡胶圈套入密封槽中,并保证其外口比气缸套下部外凸肩面高出 1~2mm。当橡皮圈装好后,在橡皮圈周围和机体气缸孔相应密封部分涂上少量润滑脂,最后将气缸套装入机体。对于二冲程柴油机,应注意将气口的方向位置对正。纯铜密封圈装入前应退火处理。

气缸套装入后,要对其安装质置进行水压密封性试验,试验压力为冷却水额定工作压力的 1.5 倍。同时要测量气缸套内径尺寸的变化情况,其尺寸应与原制造尺寸基本相符。缸径≤500mm 者,橡胶圈部位处的内径尺寸变化值应不大于 0.03mm;缸径大于 500mm 者,不大于 0.06mm。

气缸套定位装妥后,还要检查气缸套上端面比机体的上平面所高出的效值。这个数值对

气缸能否被气缸盖牢固地压紧在机体上有重要的影响。干式气缸套取 0.02 ~ 0.05mm；湿式气缸套取 0.10 ~ 0.15mm。

五、活塞连杆部件的装配

活塞连杆部件的装配是柴油机装配中比较关键的一个工序，其包括在平台上装配活塞连杆部件和装入气缸的校中两部分工作。

在平台上，先分别将连杆小端衬套、大端轴承与连杆杆身，活塞销轴承与活塞销座孔组装好，然后用活塞销将连杆与活塞连成一个整体部件。

活塞销与连杆小端衬套和销孔轴承的孔内表面应均匀接触，两者的接触角分别为 60° ~ 90°。活塞销直径为 100 ~ 125mm 时，其与连杆小端衬套（铜铅合金）的配合间隙一般在 0.13 ~ 0.15mm，与销孔轴承的装配间隙为 0.10 ~ 0.12mm（浮动式活塞销）或过盈量为 0.01 ~ 0.015mm（固定式活塞销）。

连杆小端衬套压力装配后，衬套孔轴线与连杆大端轴承孔轴线的平行度误差在垂直面和水平面分别应小于 0.10mm/m 和 0.15mm/m。活塞销轴承压入活塞销座孔后，轴承孔轴线与活塞轴线应垂直和相交，其垂直度误差不大于 0.15mm/m；其位置度误差应不大于 0.4mm。

活塞连杆部件装配的主要技术要求是保证活塞轴线和连杆大端轴承轴线垂直，其垂直度误差应不大于 0.15mm/m。

活塞连杆部件装配合格后，卸下连杆大端轴承的下轴瓦和轴承盖，使曲轴待装的连杆的曲柄销转到上止点位置，然后将清洗干净的活塞连杆部件（不装活塞环）从气缸套上部吊入，使连杆大端轴承上轴瓦与曲柄销贴合，接着装上连杆大端轴承下轴瓦与轴承盖，调整好曲柄销与轴承间的径向间隙。

采用上述方法，将所有的活塞连杆部件都装上，并和曲轴连接起来。随后进行活塞连杆运动部件在气缸套内的校中工作，其校中工艺（活塞环未装上时）如下：

（1）将活塞转到上止点位置，用塞尺插入活塞与气缸套之间，检查两者之间的装配间隙。测量应在活塞顶部和裙部两处，柴油机纵向和横向相互垂直的四个部位上进行，见图 4-32。根据测量结果，确定活塞在上止点位置时，活塞连杆运动部件在气缸内是否对中。

（2）将活塞转到下止点位置，重复上述的检查内容。根据测量结果，便能确定在下止点位置时，活塞连杆运动部件在气缸套内是否对中。

对活塞连杆运动部件在气缸套内进行校中检查的同时，应注意活塞与气缸套间的间隙值，并且符合下述两项要求。

活塞在气缸套内沿柴油机纵向方向允许平行偏在一边；当向另一边撬动活塞时，偏移量应能立即转移到对边。若撬动活塞时偏移量不能立即转移过去或迅速弹回，则要检查其原因，并予以消除。

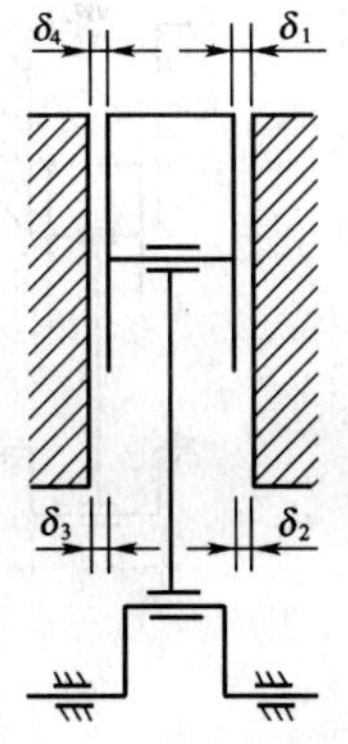

图 4-32　活塞与缸套的配合间隙测量

在未装活塞环的条件下，活塞在靠近上、下止点位置时，活塞裙部与气缸套内孔的最小间隙应不小于总间隙的 25%。

活塞在气缸套内沿柴油机纵向方向的任何位置时的倾斜不宜过大。对于气缸套直径小于 350mm 者，活塞的倾斜不应超过 0.2mm/m 活塞行程；而气缸套直径大于 350mm 者，活塞的倾

斜不应超过0.1mm/m活塞行程。活塞连杆运动部件在装配校中过程中,活塞在气缸套中的倾斜情况可能有各种不同的表现形式,如图4-33所示。

图4-33a)为正常情况。活塞在气缸内上、下止点位置时的间隙基本上均匀相近,说明活塞与气缸轴线对中良好。

图4-33b)表示活塞在上止点位置有倾斜、在下止点正常,这表明曲柄销上半圆周面有单面锥形,应予以修整。

图4-33c)表示活塞在气缸内偏向一边,轴线产生平移,造成运动部件在气缸内不对中。应修整连杆大端轴承的端面。

图4-33d)、e)表示活塞在上下止点位置时活塞均向一个方向倾斜。产生这种现象有几种可能性。如连杆轴线与活塞销或小端孔轴线不垂直;连杆轴线与连杆大端轴承孔轴线不垂直;曲柄销有圆柱度误差等。这时应分别修整连杆大端轴承合金和大端结合面或修整曲柄销。

图4-33f)表示活塞在上止点位置时向一边倾斜,在下止点时向另一边倾斜,这种现象在新制的柴油机中较为少见,其产生原因主要是曲柄销轴线与曲轴轴线不平行。消除这种缺陷的方法比较简单,即根据其倾斜数据,对曲柄销颈进行修锉,使其轴线与曲轴轴线的平行度恢复到所允许的偏差范围内,从而纠正活塞在气缸内的位置。

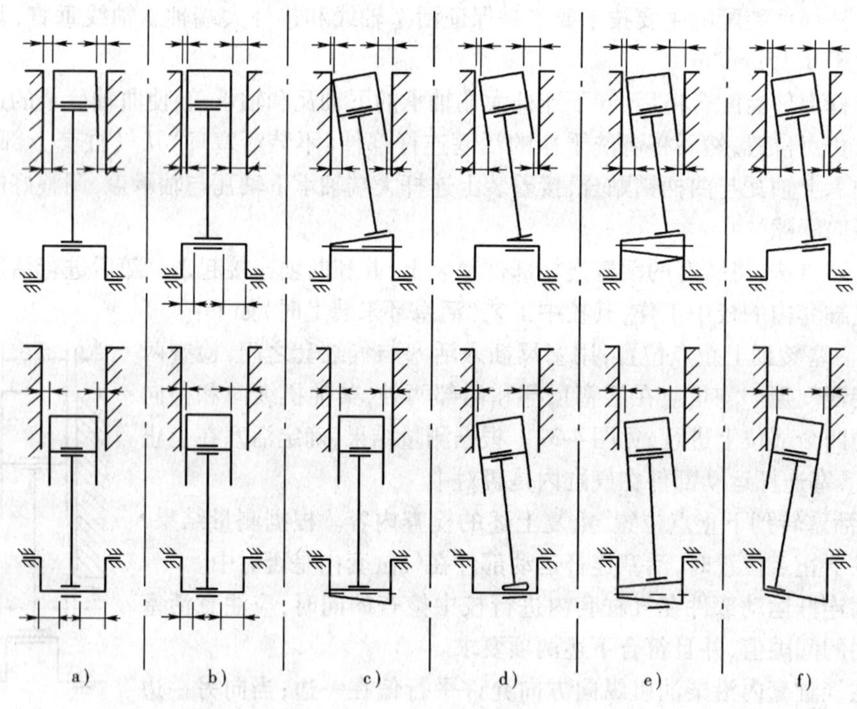

图4-33 活塞运动部件的纵向失中

活塞连杆运动部件在气缸内校中合格后,还必须做好以下几项工作:

(1)初步检查调整压缩室高度。压缩室高度一般是指活塞在上止点位置时,其顶部和气缸盖底面之间的距离。检查时,可将活塞转至上止点位置,直接测量气缸套上平面和活塞顶部上边缘之间的距离,再利用气缸盖止口高度尺寸进行计算求得。其实际测量尺寸与图纸规定尺寸之间的误差,可用气缸盖垫片来调整,也可以通过增减连杆杆身和大端轴承结合面之间的

垫片来调整。

(2)当校中工作结束后,重新吊出活塞连杆,待清洁后,用钳子或三根楔铁等工具将活塞环依次引入活塞环槽中,并将活塞环开口位置错开,以免漏气。安装油环时还要注意将其刮油环锐角边向下,否则,锐角向上会产生泵油作用,失去油环作用,使润滑油消耗增大。在安装过程中,还要用塞尺检查活塞环端面与环槽之间的端面间隙(又称天地间隙)。

在安装二冲程柴油机活塞环时,还必须注意活塞环的开口不要与气口相合,否则会导致活塞环折断,引起柴油机故障。

活塞环安装结束后,在活塞与气缸套内孔四周涂上洁净的润滑油,将特制的锥形导套放在气缸套上平面上,如图4-34所示,把活塞组件导入气缸套内。然后再在连杆大端轴承结合面装入垫片,装上轴承下盖后与曲柄销连接起来。

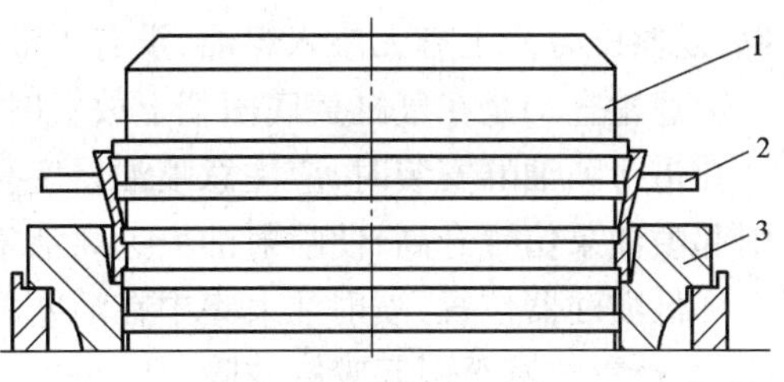

图4-34 安装活塞

1-活塞头;2-锥形导套;3-气缸套

(3)测量连杆螺栓原始装配长度。连杆螺栓应按规定的扭紧力矩,用扭力扳手拧紧或用液压拉伸器上紧。拧紧后应测量并记录好连杆螺栓的原始装配长度,作为将来检查该螺栓塑性变形的参考。通常连杆螺栓塑性变形达到一定数值后(如达到原长度0.03%),即认为该螺栓必须更换。

(4)重新检查曲轴的臂距差,并将检测结果与未装活塞连杆运动部件时的臂距差值进行比较,观察变化情况。一般情况下,活塞连杆运动部件重量对曲轴臂距差影响不大,其变化范围在0.01~0.03mm。如果该数值变化过大时,则应仔细检查,并设法予以纠正。

(5)检查连杆螺栓的制动垫圈、开口销、止动螺钉等防松零件,确保运动部件装配可靠和牢固,防止机器运转时发生意外事故。

六、气缸盖装配

活塞连杆运动部件安装完后,一般应尽快装上气缸盖,以防异物落入机内。

气缸盖装配包括部件装配和气缸盖装到机体上两部分工作。气缸盖在部件装配时,应先进行0.7MPa液压试验。试验合格后,再装上配气门机构、喷油器及摇臂机构等。

气门机构装配时,气门导管与导管孔的配合应按H7/js6;气门壳外圆与座孔的配合应按H9/f9。气门杆与导管内孔的装配间隙不宜过大或过小。间隙过大将导致气门杆及气门锥面磨损加剧;间隙过小将影响气门的正常工作,严重时甚至出现气门杆咬死现象。一般要求气门杆与导管内孔的配合按F8/h6进行。

气门座压入气缸盖后,其座面应进行磨削,磨削可以采用专用设备。磨削完后应检查气门与气门座接触情况,包括阀线宽度检查和密封性检查。气阀与阀座配合面上的阀线宽度应符合表4-3规定。

阀线宽度 CB/T 3503—93(mm)　　表4-3

阀盘面直径	$D<50$	>50~70	>75~125	>125~175	>175~250	>250
阀线宽度	2.0	2.5	3.0	4.0	4.0	4.0~6.0

气阀与阀座互研后密封性的检查方法有以下几种:

(1)在气阀锥面上用铅笔每隔 3 ~ 5mm 画一条线,然后将阀装入阀座,压住阀盘并转动 90°。取下气阀观察其上的铅笔线,若全部被擦掉,表明密封性良好,研磨质量高。也可以在气阀锥面上抹上一层薄红铅油,将气阀装在阀座上轻轻转动 1/4 圈,取出气阀,如阀座的环带上全部沾上了红油,看起来又非常整齐、均匀,则表示气阀密封良好。

(2)将气阀放入阀座,手动使之起落数次敲击阀座,若座面上呈现一连续光环,表明气阀与阀座密封性良好。

(3)将气阀放入阀座,在阀座坑内阀盘底面上倒入煤油,5min 后吸净坑内煤油并迅速提起气阀,观察配合面上有无渗入煤油,没有煤油渗漏,表明密封性良好。

上述检查均是在气缸盖底面朝上放置时进行的,检查配合面密封性是研磨的后续工作。

在进行喷油器安装时,应注意喷油器座孔内的纯铜垫圈厚度,过厚或过薄都不合适。前者会引起喷油泵位置升高,使喷射油束远离活塞中心而落到活塞边缘,甚至喷射到气缸壁上;后者会降低喷油器位置,喷射油束集中在活塞的中心。上述两种情况均属不正常,最终会导致燃烧恶化,严重时甚至引起咬缸故障。

完成气缸盖部件装配后,则将气缸盖与机体组装起来,首先应检查气缸压缩室高度,检查时一般采用压铅块方法进行。将比压缩室高度稍厚的 2 ~ 3 块铅块放在活塞顶上,装上纯铜密封垫圈,吊上气缸盖,用若干个螺栓将缸盖与机体固定在一起,然后转动曲轴,使活塞达到上止点位置,拆下气缸盖,取出被压扁的铅块,用游标卡尺测量铅块的厚度,其平均值即为压缩室高度。这个数值不允许超过规定值的 5%。不同机型,压缩室高度有所不同。例如,320 系列柴油机为 10.5 ~ 12.7mm,6200Z 系列柴油机为 4 ±0.20mm。

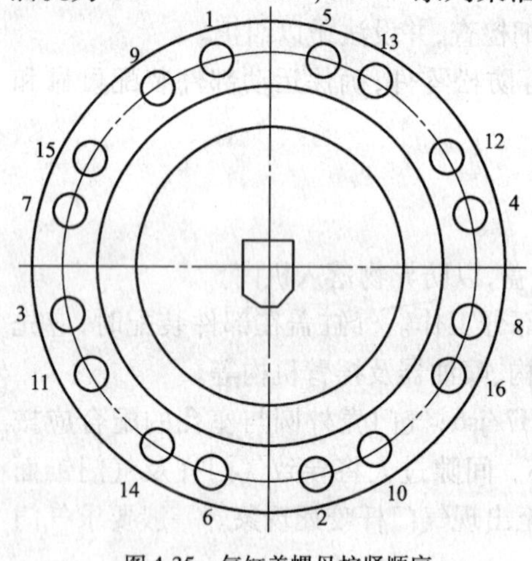

图 4-35 气缸盖螺母拧紧顺序

气缸盖装配时,除了要保证其压缩室高度以及气缸盖与机体上平面的结合面间要保持良好的气密性外,还要注意气缸盖紧固螺栓螺母的拧紧顺序,使其受力均匀。对于多缸式气缸盖,上紧螺母时,应由柴油机的纵向中央开始到两侧,且对向逐个向两端分几次逐渐轮流拧紧。对于单体式气缸盖,应先拧四角,然后逐次对称地分 2 ~ 3 次轮流拧紧。图 4-35 所示则是圆形缸盖螺母的拧紧顺序。拧紧次序不正确必然会造成气缸盖与机体的连接平面受力不均匀,甚至扭曲变形,导致气缸由此向外漏气。因此,各种柴油机气缸盖的拧紧顺序和拧紧力大小应严格按柴油机说明书要求来进行。

七、配气机构的装配

柴油机的配气机构是进、排气系统中的重要组成部分,如图 4-36 所示。它由凸轮轴、气门装置、顶头、推杆以及摇臂等机件组成。下面重点介绍凸轮轴的装配工作。

组合式凸轮轴有无键与有键连接两种,目前多采用液压套合无键连接结构。这种无键连接凸轮轴装配的主要要求是保证凸轮的轴向位置和凸轮之间的相位关系。每个凸轮的安装角度误差一般应小于 5°;具有正、倒车凸轮的凸轮轴装配时还应使同一凸轮的正、倒车轮廓误差

均分,当误差较大时则保证正车有较小的误差。具体装配过程如下:

1. 凸轮红套

凸轮与凸轮轴采用红套连接,实现过盈配合。红套前,将凸轮轴和凸轮清洗干净,并用压缩空气吹过。然后将凸轮轴安放在装配支架上,凸轮放在箱式电炉内加热,温度在250~280℃间多次反复升降,以求加热均匀,而后取出,依次套到凸轮轴上,其轴向位置由定位环控制。

2. 凸轮相位的调整

以凸轮轴键槽为基准确定各凸轮的安装角度以及根据气阀开闭时间、喷油开始与终了时间确定各凸轮上、下止点相位角度,以备校验。

校正工具如图4-37所示。凸轮轴前端通过定位顶在尾座顶尖上,后端则利用正时齿轮键槽与刻度盘连接。要校正的凸轮通过定位销,用固定支架得到圆周方向定位。凸轮的相位角调整可采用液压工具。将液压工具的管道与凸轮油孔连接起来,加压使凸轮内孔胀大,旋转刻度盘使凸轮与轴之间发生相对转动,转到规定的位置上,同时用定位环复校凸轮轴向位置。校好后则拆除液压工具,移开固定支架,然后依次检验其他凸轮。

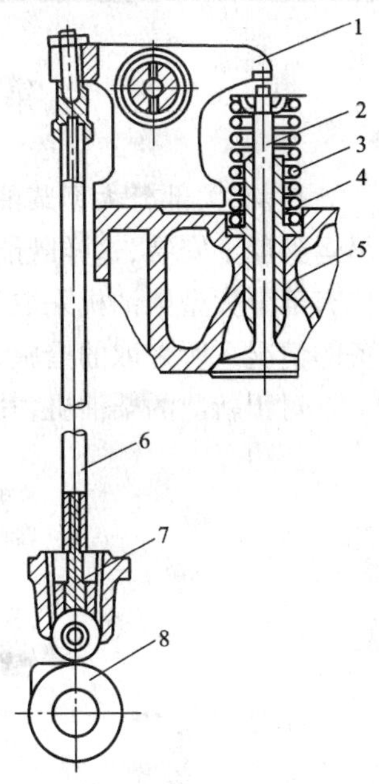

图4-36　气门式配气机构

1-摇臂;2-气门;3-气门弹簧;4-气门导管;5-气缸盖;6-顶杆;7-顶头;8-凸轮

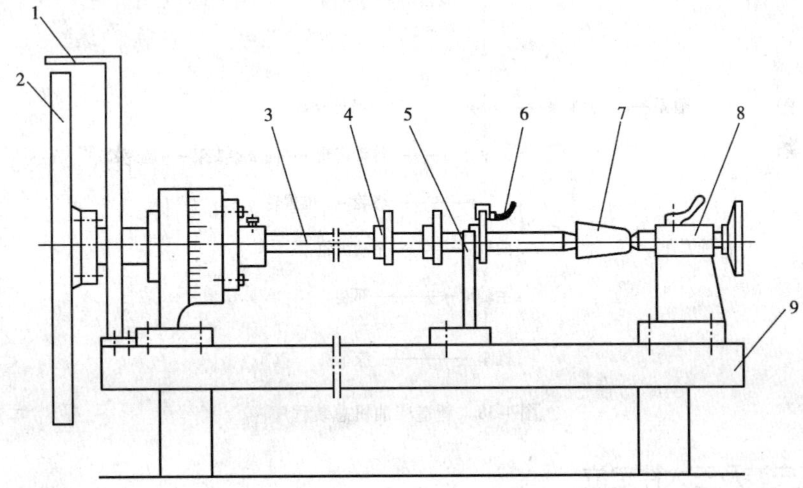

图4-37　凸轮轴相位校验台

1-固定指针;2-刻度盘;3-凸轮轴;4-凸轮;5-固定支架;6-油管接头;7-定位套;8-尾座;9-校验台

最终用百分表校验各凸轮的上、下止点相位及正、倒车凸轮相位误差。此外,还要检查凸轮轴轴线与曲轴轴线平行度,其平行度误差一般不大于0.10~0.20mm/m。

凸轮轴装好后,便可装配配气机构的其他零件,如气阀摇臂、推杆、顶头或滚轮装置。配气机构装好后,应检查和调整配气机构的正时时刻。

第三节 大型低速柴油机装配工艺

目前,大部分大型柴油机都采用整机装船工艺,机器在车间试车台上进行总装试车后,再吊运到船上安装,这样既能保证装配精度和操作安全,又能减少舾装工时,缩短船舶建造周期。也有部分大型柴油机采取先总装,再拆成零部件送到船上进行装配和安装,这是在缺乏起运设备的情况下所采取的措施。

对于新造的柴油机,其总装程序可按下述程序进行,如图4-38所示。

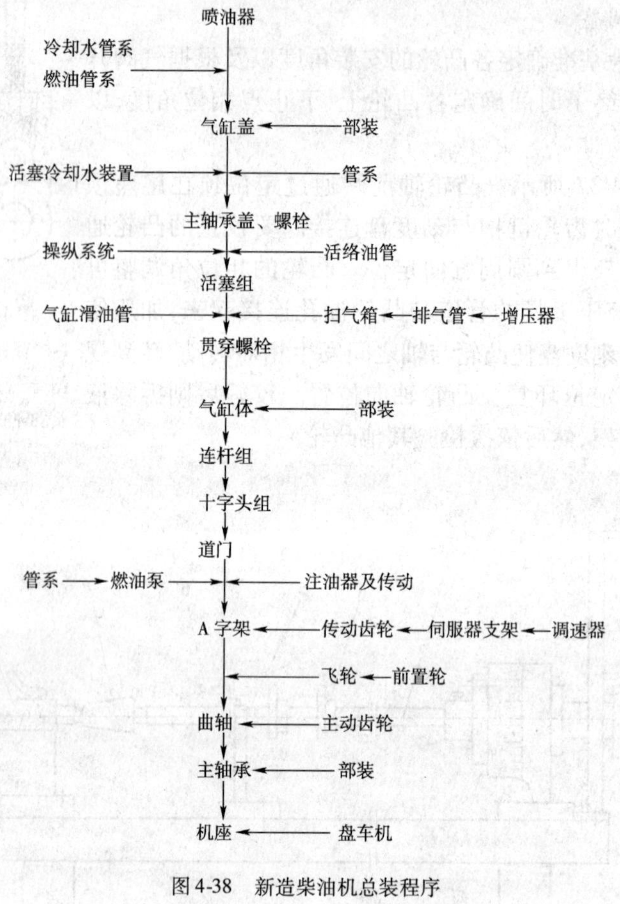

图4-38 新造柴油机总装程序

一、机座安装及三大件定位

1. 机座安装

机座安装主要包括:台架布置、机座校水平、主轴承座孔检查、主轴承压瓦及间隙测量,具体方法与筒状柴油机机座安装类似。

2. 机座、机架和气缸体的定位

机座、机架、气缸体是大型低速机的三大固定件,在机座上平面校水平达到要求后,这三个部件要经过相互定位,并在必要的调整和修整后,方可进入下一步的总装。

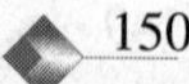

目前，整体机架总装这种安装工艺愈来愈被广泛采用，主要因其简单方便。将整体机架（组装好的机架）吊装在机座上平面上，进行机架的纵横向定位工作，位置定妥后，钻铰机架与机座的定位销孔，装入定位销就完成了机架的定位工作。

横向定位时必须保证机架的导板安装面中心线与机座主轴承座孔中心线重合，这个要求通常都是按图4-39所示的测量符号进行检查调整而获得的，一般都应将导板安装面 C 及座孔开挡端面 K 视作与其中心线对称的，所以可认为这些箭头指的测量尺寸只要符合其允差范围，就可肯定其横向定位是可靠的。如果机架的预装精度很好，这几个尺寸的偏差应不会超过0.03mm。但是导板安装面 C 与座孔开挡端面 K 之间的左右定位尺寸应尽量取得相等，其偏差值一般不超过0.02mm。

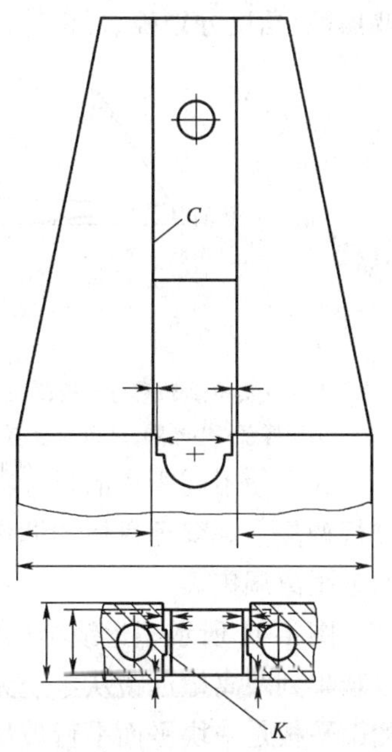

图4-39　机架横向定位测量

纵向定位往往要求机架的自由端与机座自由端的两个端面在同一平面内，A形架中分面线与机座主轴承座孔轴向的中分面线重合，如果两线偏离严重，则必须重新调整定位。

由于现代加工技术水平的提高，整体机架加工精度已达到相当的程度，实际安装时，只需纵横向各选取一个基准面，保证机座与机架基准面之间的位置精度，就可以保证满足它们的定位精度要求。如图4-40所示，是MAN B&W的6S46MC-C柴油机三大件定位示意图。在机座输出端安装机体纵向定位工具，工具凸台应贴靠机座输出端基准面，以保证机座基准至机体输出端距离为74.5±0.1，这样即可保证纵向定位精度；同样，其横向定位也有专用工具，机体应贴紧横向定位工具，保证机体泵侧定位边至机座油槽内边为7.5±0.1。安装时，用塞尺检查机体纵横向基准与定位工具，0.03mm塞尺不应插入，若有间隙，用纵横向移位进行调整，直至达到要求。

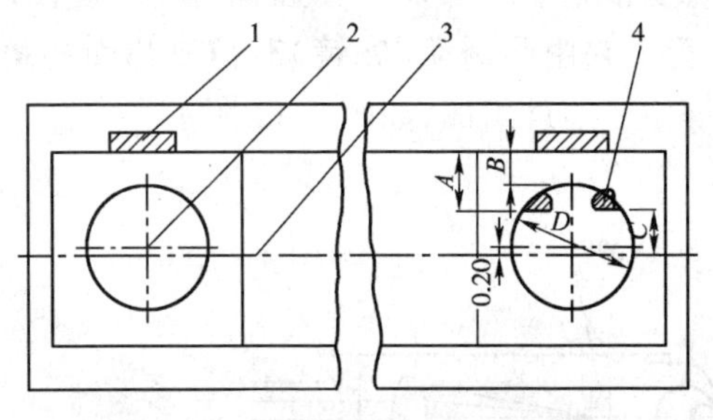

图4-40　6S46MC-C三大件定位示意图

1-定位块；2-气缸填料函孔轴线；3-曲轴轴线；4-导板

此外，机架与机座之间的结合面应接触紧密，用0.05mm塞尺检查，一般不应插入，但允许局部插入，其插入深度不应超过15mm，以不造成漏油缺陷为准。定好位后，机体机座同钻铰定位孔，一般泵侧、排气侧各取3个定位孔。

为防止机座机体在定位过程中发生变形，定位后，还要对机体导滑板尺寸进行复查，主要有大、小导滑板开挡尺寸，各缸导板共面度等。还要检查机体上平面水平度，一般要求纵向每米不大于0.05mm，全长不大于0.1mm；横向不大于0.05mm。

与机体定位一样，目前气缸体一般用基准面定位。纵横向各选取一个基准面，只需保证机架与气缸体基准面之间的位置精度即可。

固定件定位应达到下列要求：气缸体与曲轴轴线之垂直误差值每米长小于0.15mm，对称度误差不大于2mm；导板工作面对曲轴轴线的平行度误差每米长小于0.10mm。

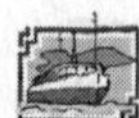

固定部件之间的位置误差检验,在生产中用拉线或光学仪器进行。下边只介绍用光学仪器检验的方法。

检验中使用的仪器是望远镜和平行光管。望远镜是由位移分划板、光学测微平板、物镜、调焦镜、角度分划板、目镜等组成,如图4-41所示。

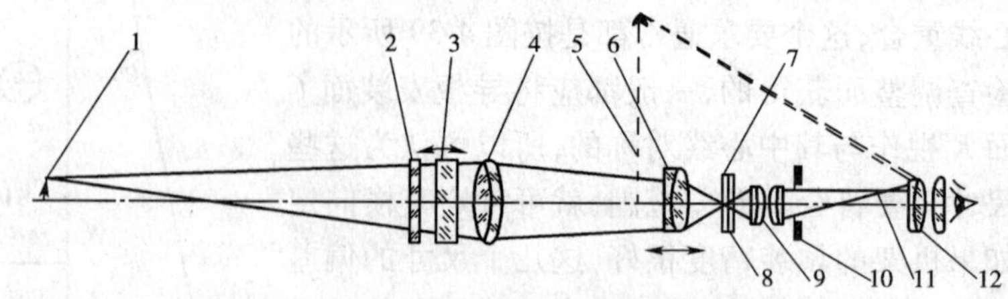

图4-41 凸调焦透镜望远镜

1-正立实物;2-位移分划板;3-光学测微平板;4-物镜;5-正立放大虚线像;6-调焦镜;7-倒立实像;8-角度分划板;9-正像镜;10-光阑;11-正立实像;12-目镜

为了使不同距离的目标都能够在角度分划板上成像,并清楚地观察到物体,必须对望远镜进行调焦。观察远目标的调焦称为对望远镜的无穷远调焦。观察近目标的调焦称为对望远镜的定距离调焦。

图4-41所示望远镜结构的特点是调焦范围较大。当移动调焦透镜望远镜进行调焦时,可以观察到距离望远镜从零至无穷远处的物体。此外,在物镜前有位移分划板2和测微平板3。测微平板是一块平面平行玻璃板,利用其摆动使光线平行位移的原理,实现微小位移测量,如图4-42所示。位移分划板2是一块平面平行玻璃板,在其内表面复制有同心圆图形。它常用于自动反射测量,以建立与望远镜视线垂直的平面。在正像镜9的后面还有光阑10。它的作用是切断不聚焦的杂光,只让能成像的光通过,使影像更清晰。

平行光管(准直光管)是一种投射平行光线的装置。它由凸透镜(物镜)3、位于焦面的角度光板2和物镜前面的位移光板4以及照明灯泡1等主要零件组成,如图4-43所示。

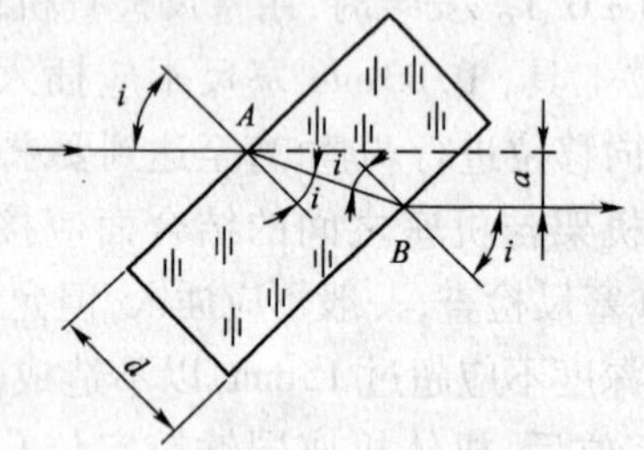

图4-42 光学测微器原理图

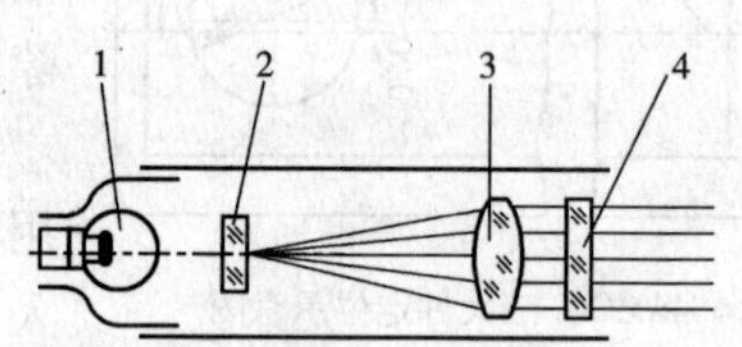

图4-43 平行光管结构原理

1-灯泡;2-角度光板;3-凸透镜;4-位移光板

当用望远镜和平行光管测量部件之间的相对歪斜时,将望远镜的轴线与某一零部件之基准线重合;平行光管则置于被检验的另一零部件基准线上,如图4-44所示。调整平行光管使其发射平行光束,再把望远镜调焦至无穷远,直至观察到平行光管中的角度光板图案。根据望远镜中的十字线平面上之角度光板影像图案中心与十字线平板上之交点不重合程度,读出平行光管轴线与望远镜轴线之交角。此交角便是与另一部件之间的位置歪斜值。

在测量部件之间的位移时,两仪器放置方法同上,如图4-44b)所示,并以同样方法检查出

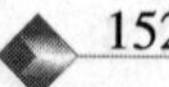

平行光管与望远镜之间的歪斜。然后调整平行光管,使其与望远镜平行。最后再将望远镜对平行光管之位移光板调焦。由于位移光板距望远镜较近,可认为位移光板图案发射出散射光,根据透镜对散射光线的会聚性质,平行光管与望远镜之轴线间的位移值可从望远镜十字线平面上读出来。

图 4-44c)所示为两部件之间既无歪斜又无平移,轴线完全重合的情况。

下面介绍用望远镜和平行光管检验固定部件之间的位置。

(1)气缸轴线与曲轴轴线垂直度的检验。测量装置如图 4-45 所示。按以下顺序进行测量:首先调整望远镜使其光学视线与气缸轴线平行。根据百分表读数调整管子 2 的旋转轴线,使其与气缸轴线重合,再将望远镜 1 装于管子头部。同时将装有平行光管 6 的套管置于曲柄销上,使平行光管发射出平行光束(这时光束并不一定垂直于曲轴轴线)。而后将望远镜调焦,观察平行光管中的角度光板。此时由于两仪器轴线不平行,所以角度光板十字线影像中心不与望远镜十字线板之中心重合,即可得到一个读数。将管子旋转 180°,再测得一个读数,求得前后两次读数的平均值,用调节螺钉调整望远镜轴线位置使其处于计算平均值位置上,并用螺钉固定望远镜。重复上述操作,直到两次读数相同时,则表示望远镜的轴线与气缸的轴线平行。其次进行气缸轴线与曲轴轴线垂直度测量。为了使读数准确,调整望远镜十字线的横线与曲轴轴线平行。这时可用手轻轻拍平行光管之套管,使其沿曲柄销的圆柱面摆动。在摆动过程中用望远镜 1 观察平行光管 6 角度光板十字线影像时,看该十字线中心在望远镜中成像平面上的读数是否有变化。如有变化,则通过转动气缸中的管子来校正,直到拍动平行光管套管沿曲柄销摆动时,在望远镜中观察之数值始终不变。此时说明成像平面横刻线与曲轴轴线平行。这时管子 2 的位置称为零位,并作标记。

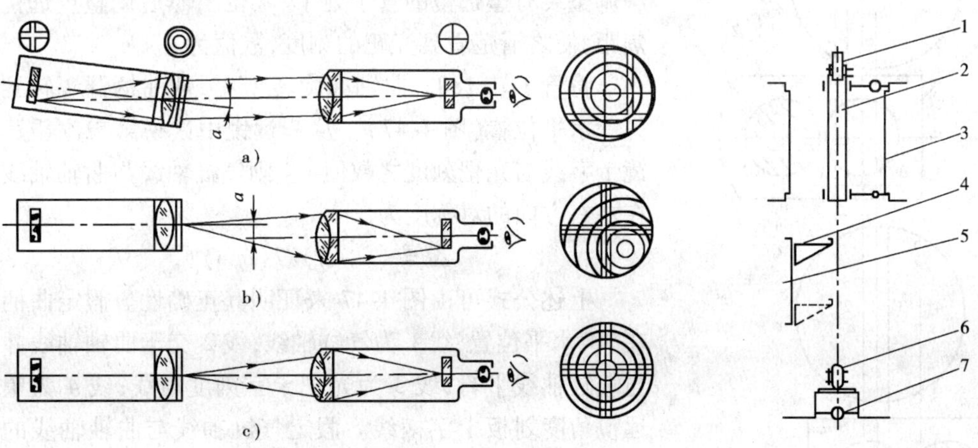

图 4-44　用望远镜及平行光管测歪斜和位移

图 4-45　气缸轴线与曲轴轴线垂直度误差的测量
1-望远镜;2-管子;3-气缸体;4-托架;5-导板;6-平行光管;7-光靶

进行气缸轴线与曲轴轴线垂直度测量的具体步骤如下:首先将气缸体中的管子旋转到零位,由望远镜 1 向平行光管 6 望去可得一读数,称此数为 x。然后卸下平行光管 6,并按曲轴首尾方向变换后重新把它置于曲柄销上,再从望远镜中得到一读数 y。则气缸轴线与曲轴轴线垂直度误差值为:

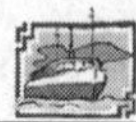

$$\Delta=(x-y)/2$$

式中：x——第一次测得的读数，$x=a+b$；

y——第二次测得的读数，$y=b-a$。

上述计算公式可由图4-46加以说明。故：

$$\Delta=\frac{x-y}{2}=\frac{(a+b)-(b-a)}{2}=a$$

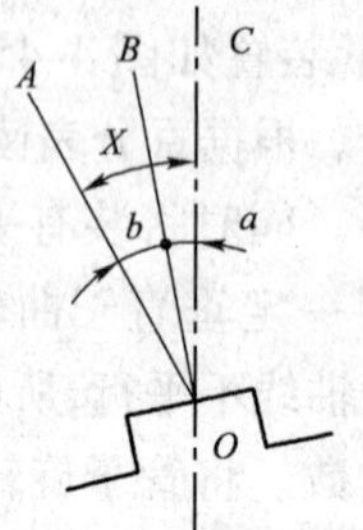

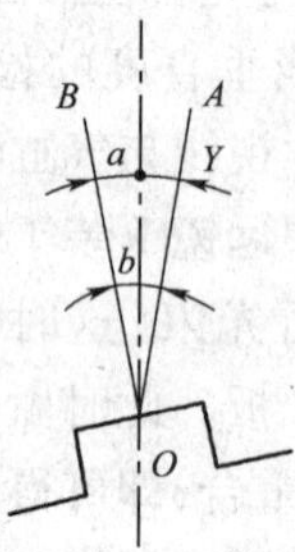

图4-46 气缸轴线与曲轴轴线垂直度误差计算原理

A-平行光管轴线（安装时不要求与曲柄销轴线或曲轴轴线垂直）；B-曲轴轴线的垂直线；C-气缸轴线或望远镜轴线（因望远镜与气缸轴线平行，但不重合）；a-气缸轴线与曲轴轴线垂直度的安装误差；b-平行光管轴线与曲轴轴线垂直度的安装误差

（2）气缸轴线与曲轴轴线对称度的检验。如图4-45所示，将光靶7装于两曲柄臂之间，光靶上刻有黑十字线，安装时不要求黑十字线与曲轴轴线相交，只要接近曲轴轴线，达到便于观察即可。装好后将曲柄臂置于水平位置，光靶也处于水平，并按前述方法调整装有望远镜的管子处于"零位"，然后调整望远镜焦距，使之清楚看到光靶的刻度，数值为x。

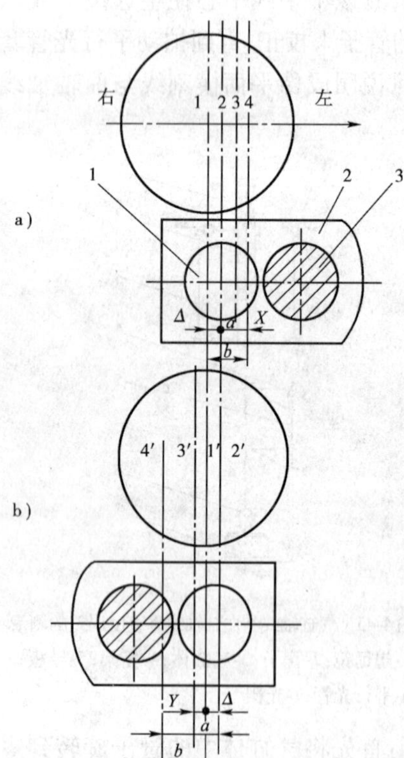

图4-47 曲轴轴线与气缸轴线对称度计算原理

1-主轴颈；2-曲柄臂；3-曲柄销

将管子转180°，曲轴亦旋转180°，使曲柄臂2转到另一水平位置（图4-47）。从望远镜中读得第二次望远镜十字线与光靶刻度之数值y。则气缸轴线与曲轴轴线在左右方向的对称度为：

$$\Delta=(x-y)/2(\text{mm})$$

上述公式可由图4-47来证明其正确性。假定曲柄在90°水平位置，线1为气缸轴线；线2交于曲轴轴线并与气缸轴线平行；线3为光靶十字刻度横线；线4为望远镜角度划板十字横线。假定气缸轴线与曲轴轴线的位移为2Δ。由于安装光靶的误差造成光靶横线与曲轴轴线偏移为a；望远镜轴线虽与气缸轴线平行但不重合，其偏移为b；当第一次从望远镜向光靶观察时，假定望远镜的十字横线4与光靶的十字横线3的误差为x。那么，由于望远镜管子按气缸轴线旋转180°（即望远镜旋转180°），曲柄臂2也从左边水平位置转到右边水平位置，这时图4-47a）的点4转到图4-47b）的4′位置上，点

3 亦转到 3′位置上。由于曲轴是按其本身轴线旋转且气缸轴线不变,故图 4-47a)、b)中的点 2 和点 1 保持不变,其位移仍为 Δ。但第二次从望远镜观察到十字横线与光靶的十字横线的误差成 y 值。从图 4-47a)可得:

$$x = b - (\Delta + a) = b - \Delta - a$$

从图 4-47b)可得:

$$y = b - (a - \Delta) = b - a + \Delta$$

故:

$$\frac{x - y}{2} = \frac{(b - \Delta - a) - (b - a + \Delta)}{2} = -\Delta$$

式中 Δ 值为负,是由于转向关系而造成的,但绝对值不变(Δ 为对称度的 1/2)。

用光学法定位时,装配精度高,测量简便,速度快,但对检验时所用附件的精度要求较高。例如安装望远镜的管子要求其外圆面的圆度误差不大于 0.0075 ~ 0.0125mm。由于仪器灵敏度高,微小尘埃或油污也会影响读数,造成测量记录的变化而不易找出原因。因此清洁工作也是非常重要的。

三大件定位完成后,还要进行链箱定位、贯穿螺栓试装等工作,然后吊下缸体、机体,准备进行下一步的总装工作。

二、曲轴、推力轴承和盘车机安装

1. 曲轴的安装

大型低速柴油机曲轴安装的技术要求与筒形柴油机曲轴安装的技术要求基本相同。

2. 推力轴承和盘车机安装

(1)推力轴承安装。如前所述,由于柴油机工作时温度升高,曲轴会伸长,这时应使曲轴能有自由伸长的余地,即要有适当的轴向间隙。现代大型低速柴油机多用作船舶主机,采用直接传动,为保证适当的轴向间隙,并承受轴向推力及限制曲轴轴向窜动,一般装有推力轴承或止推轴承。

大型低速柴油机推力轴承的安装过程如下:

①纵向调整曲轴,使各挡曲臂处于机座中心位置,同时检查曲轴上推力环与 a./A. 壳体的相对位置,若不符则应调整。

②测量机座推力座面至曲轴推力环工作面距离,正车“A”,倒车“F”。

③根据机型确定推力块厚度,即

A. MAN B&W 类型柴油机:

正车推力块厚度 $\delta a = A - H$。

倒车推力块厚度 $\delta f = F - (H + \delta)$。

注:H——推力盘厚度,δ——推力间隙。

B. Sulzer 类型柴油机:

正车推力块厚度 $\delta a = A$。

倒车推力块厚度 $\delta f = F - \delta$。

注:δ——推力间隙。

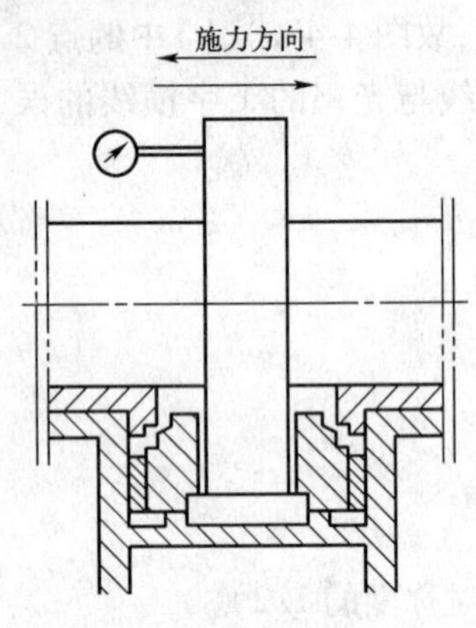

图 4-48　推力间隙测量

④将加工好的推力块装入机座推力挡内，在曲轴轴向装百分表，轴向串动曲轴，确认推力间隙符合规定值，如图 4-48 所示。

（2）盘车机安装。曲轴轴向定位及推力轴承安装完成后，可进行轴向减振器、刮油环、盘车机等的安装。盘车机安装时，应检查盘车齿轮与飞轮齿轮的啮合精度，齿顶隙和齿侧隙应满足技术要求，并用色油检查齿轮接触情况，啮合面色点分布应均匀，在宽度方向齿轮应基本同心。

三、机架总成和连杆总成安装

机架、缸体的安装主要要求三大固定件相互之间要有一定的位置精度。如前所述，三大件定位后，其相互位置精度得到了保证，因此，机架、缸体的吊装相对就比较简单了。

1. 机架的安装

将机架平行吊起，检查机架下平面的边缘及各螺孔口有无毛刺，必须把所有毛刺修光，并清理机体内外表面、各导滑板面。慢慢地吊高机架，移至机座上空。再对机座上平面做最后的清洁检查，然后缓缓放下机架，当机架接近机座时，在它们首尾端的铰制螺孔内插入引导杆，由引导杆作为校中工具，让机架座落在机座上，见图 4-49。

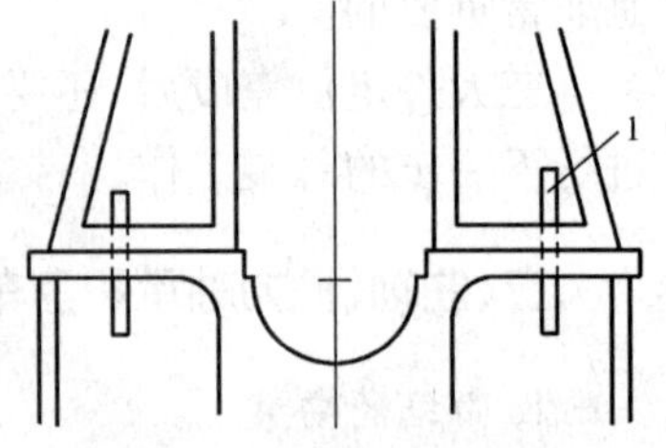

图 4-49　机架安装示意图

1-引导杆

装妥全部定位螺栓、连接螺栓与定位销，并装妥所有防松装置。

随后可安装轴向振动监测仪、自由端罩壳、刮油环壳体等部件。自由端罩壳安装时，首先测量机体与机座自由端凸台高度，按此尺寸制作软木橡胶垫，然后修理罩壳及机座机体安装贴合面，将软木橡胶垫用黏结剂粘于上罩壳，在机座及机体上安装双头螺柱，将上、下罩壳用螺母固定即可。

刮油环壳体安装于自由端罩壳上，用塞尺测量并调整壳体内孔与自由端输出轴周向间隙，符合要求后，钻铰定位孔，配制定位销。

2. 连杆总成的安装

当十字头组、连杆组等零件组装合格后或这些零件经预装检查合格后，即可进入总装工序，将各个组件按总装工艺程序逐组装入机架内。在装入之前，务必复测下列几组零件的间隙：

十字头销颈与连杆上轴承的径向间隙和轴向间隙；十字头端部销颈与滑块的径向间隙，如图 4-50、图 4-51 所示；曲柄销颈与连杆下轴承的径向间隙，如图 4-51 所示。根据复测结果，确属无误后，方可正式总装。

有些较小的低速机采用机旁移入方式，即先将十字头及滑块组件从机旁移入机内，仔细地把它们装入，使滑块进入导板内，并用止滑块挡住组件。再使连杆及上、下轴承从机旁入口处进入机内，这时使它与曲柄销颈处于下止点位置，然后缓慢地把它们连接起来（下轴承的下瓦暂不装），之后一边转动曲轴，一边放松连杆的吊紧力，使连杆逐渐进入机内，并垂直于曲轴，最后放下十字头及滑块组，让它们落到连杆上轴承内。装妥下轴承的下瓦及上轴承的上瓦，并

把轴承螺栓用液压拉伸器均匀地交替上紧。

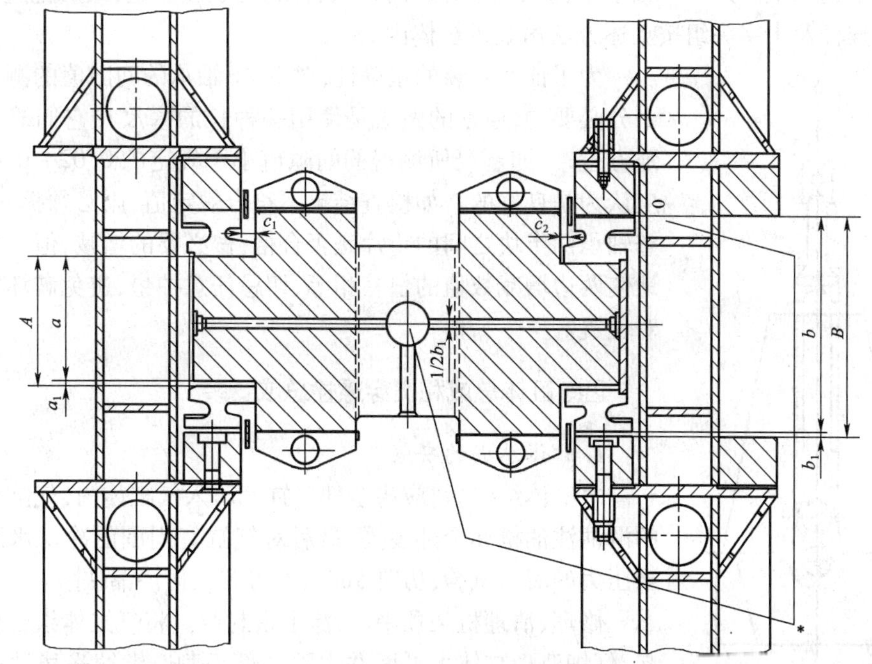

图 4-50　滑块与十字头装配间隙图

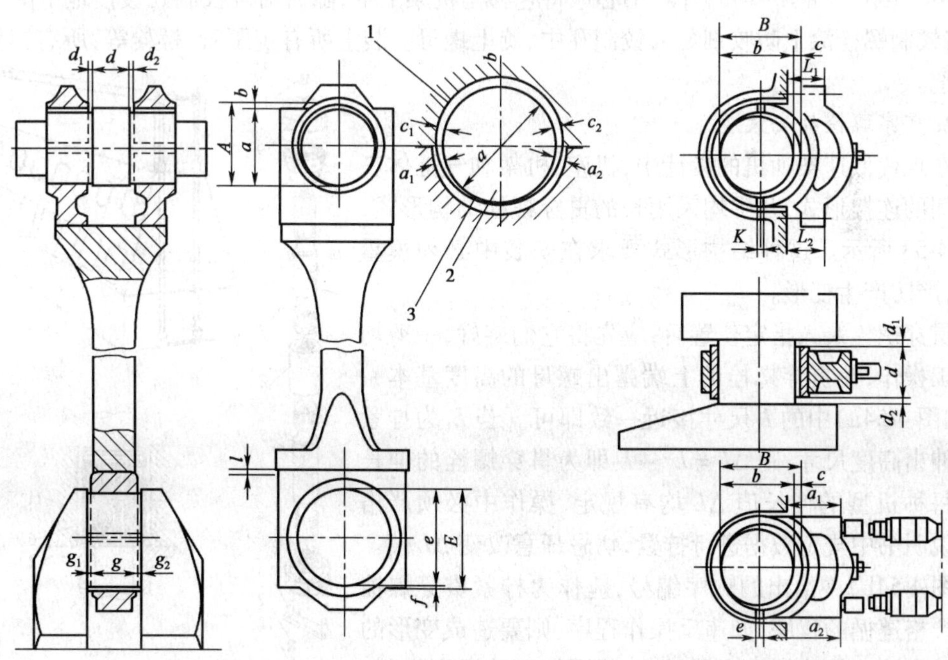

图 4-51　轴承装配间隙图

1-十字头轴承上半块;2-十字头销;3-薄壁轴瓦

目前,总成安装时大部分采用连杆总成吊装法,如图 4-52 所示。将连杆和十字头组吊起(此时连杆下轴承的下瓦要拆除),用压缩空气吹洗,清洁各个部位。同时曲柄销颈亦必须清洗干净并浇上滑油。然后将吊起的连杆和十字头组从机架上空装入机内,使连杆下轴承的上

瓦落在曲柄销颈上。连杆下轴承下瓦从机架旁道门移入，将它们装在一起，最后把连杆螺栓装妥。所有连杆及十字头组按上述方法吊装进机体内。

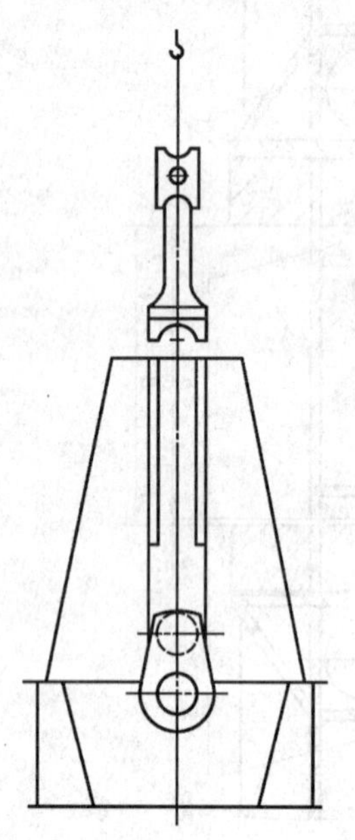

图 4-52 连杆总成吊装示意图

为了证实安装的正确性，对上、下轴承的间隙值的测量检查是十分必要的，通常的做法是使用一种长的塞尺在它们缝隙最大的地方检查，如塞尺所测得的间隙值小于规定的 0.02 ~ 0.03mm，仍应认为是良好的。如检查结果不符合规定值，则必须拆除轴承，检查轴承两半块之间的垫片是否合格，做必要的增减，但一定要严格地使两边增减数值的垫片相等，切忌任意抽垫，避免破坏它们的相对位置。

四、缸体总成和贯穿螺栓总成安装

1. 缸体总成的安装

气缸体组装后，应将全部气缸套压入气缸体内，气缸壁润滑用的滑油注油枪亦全部装妥，最后对气缸套周围的冷却水腔进行适当压力的液压试验，历时 5min，不得有任何渗漏缺陷。

修理、清理机架顶平面，涂上密封胶。将气缸体组合件整体吊起，仔细清理缸体下平面并去除全部毛刺。继续平稳地吊高气缸体，小心地将它移至机架上空，随后对准铰制孔缓慢地下降至机架上，将铰制螺栓涂上防咬剂装入铰制孔中，旋上螺母。装上所有定距管、螺栓等，所有螺栓应涂防咬剂。

2. 贯穿螺栓的安装

在现代低速柴油机的设计中，机座、机架和气缸体三者之间的连接形式，几乎均采用长的贯穿螺栓结构形式，如图 4-53 所示。这种结构形式要求在安装中必须慎重对待，严防产生变形。

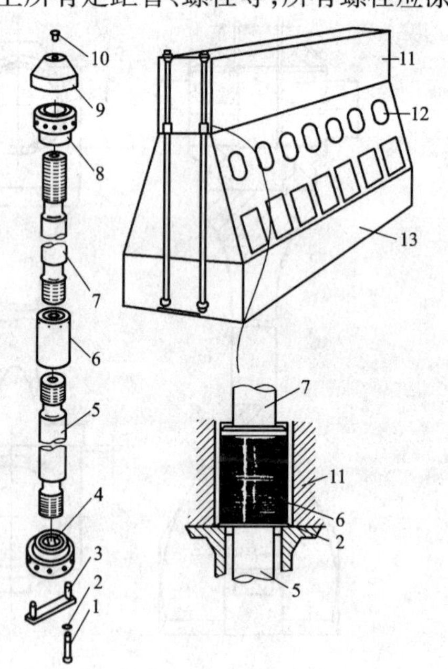

图 4-53 机座、机架、气缸体的连接形式

1、10-螺钉；2-锁紧垫片；3-保护架；4-下螺母；5-贯穿螺栓；6-连接套；7-贯穿螺栓上部分；8-上螺母；9-保护罩；11-气缸体；12-机架；13-机座

贯穿螺栓装入指定位置后，应先将它们旋好，一般均用手工操作，使贯穿螺栓的上端露出螺母的高度基本一致，如图 4-54a）中的 L 尺寸接近一致即可。若 L_1 为拧紧后的伸出高度尺寸，则 $\Delta L = L_1 - L$ 即为贯穿螺栓的伸长值。每种机型的伸长值 ΔL 均有规定，操作中必须严格按照说明书中规定数据进行拧紧，切忌任意改变 ΔL 值。

图 4-54b）中给出的顺序编号，应作为拧紧贯穿螺栓时要严格遵循的程序，如违反操作程序，则要造成变形的恶果。当缺乏具体规定程序时，一般可按下述原则进行：左右对称且从中央向两端交替逐步拧紧，而且分两次拧紧。

必须特别指出的是，大型柴油机拧紧贯穿螺栓均使用液压拉伸器，因此，用液压拉伸器上紧时，为了使机座、

机架和气缸体三者的结合达到紧密牢固,必须分两次上紧,第一次用较低的上紧压力(约为规定压力的一半左右)按其顺序先上紧一次,然后再按规定压力第二次上紧,必须遵守上紧顺序的规定。这样,所获得的结果一定会令人满意。

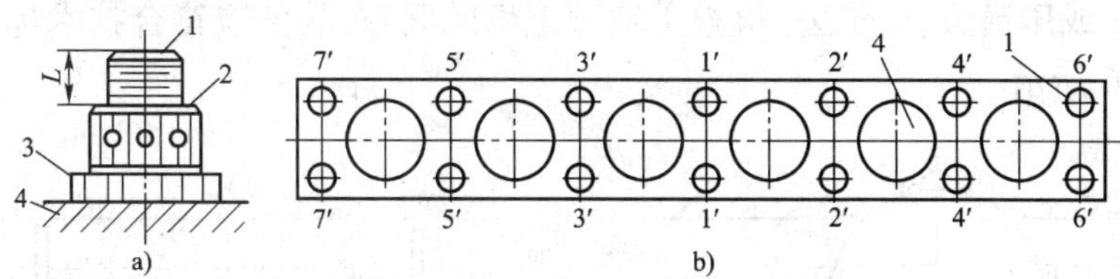

图4-54　贯穿螺栓的上紧及上紧顺序

a)螺栓伸长量的测量;b)上紧顺序

1-贯穿螺栓;2-螺母;3-中间环;4-气缸体;1′~7′-上紧顺序

在上紧贯穿螺栓过程中,必须使主轴承上盖的支撑螺栓处于放松状态,最好是将支撑螺栓全部拆下,以避免由于上紧贯穿螺栓压缩机架而给支撑螺栓产生附加额外应力,从而使主轴承上盖免受意外损伤。

贯穿螺栓液压上紧后,上、下螺母与其座面应紧密贴合,不应有缝隙,用0.05mm塞尺检查,一般不应插入,局部地方允许插入的深度不得超过10mm。如果有严重缝隙存在,则应作仔细检查,必要时应拆卸螺母,检查螺纹中心线与支承面的垂直度偏差,进行修整。

修理中对贯穿螺栓的液压上紧,尤应特别注意其伸长量 ΔL 和液压压力值,如果 ΔL 值超过了原始记录值或技术文件的规定极限时,表明这根贯穿螺栓有问题,可能产生了塑性变形,甚至已经折断。如果液压压力不到规定值便有了足够的 ΔL 值,这时就应进行周密的检查,寻找原因,排除掉故障。

3. 主轴承支撑螺栓安装

目前,主轴承盖常采用图4-55所示的一种支撑螺栓的结构形式,贯穿螺栓上紧之后,便可对主轴承盖的支撑螺栓进行安装工作。支撑螺栓是用液压上紧的,用外接高压油泵送入的压力油,使它对主轴承盖施加一定的压力,从而压紧主轴承盖,然后用手拧紧它的固定螺母,再放泄油压,此时其压紧力仍然不变。

在上紧支撑螺栓过程中,必须分两次上紧,第一次的上紧压力约为规定压力的一半左右,由于对两个支撑螺栓同时供油,其施加于盖上的压力应该是均匀的,但是应检查一下图4-56中的 A_1、A_2 值,如 A_1 与 A_2 的测量值相差在0.1mm之内,则表明盖的受力是均匀的,此时可继续泵油至规定压力,再做最后的 A_1 和 A_2 值的检查,以不超过0.1mm的差值为标准。

为了证实主轴承盖受到支撑螺栓的压力均匀,通常可采用测量主轴颈间隙的方法来复校,用特制的长塞尺检查主轴颈与主轴承的间隙,在主轴承的底部不应插入塞尺,而在主轴承的水平中分面的两侧向下30°左右,可插入的塞尺厚度必须保持基本一致,这就证明主轴承盖的安装位置是正确的。如果在两侧所测量的间隙差值较大,则必须松去支撑螺栓,重新予以上紧。

4. 主要尺寸复测

(1)曲柄臂距差复测检查。所有支撑螺栓全部上紧合格后,就应对各道曲柄臂距差再做一次全面检查,其测量方法同前,并将测量记录填入表中。根据实际经验,此时的曲柄臂距差会有一些变化,其变化范围一般在0.02mm以内。如变化较大,则应进行仔细的检查,查明引

起变化的原因并予以消除。

(2)主轴颈与主轴承间隙的复测。在支撑螺栓液压上紧后,由于上、下主轴承半块的垫片受压而略有变化,就会引起它们之间的间隙亦略会变化,为此,必须复测一下它们的间隙值,可用长塞尺测量(或压铅法、比较法)检查主轴颈上部的间隙,其值应符合技术标准或说明书的规定,如图 4-56 所示。

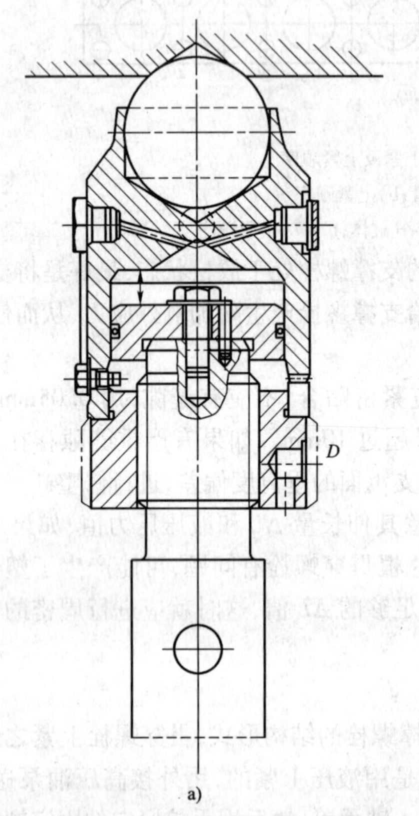

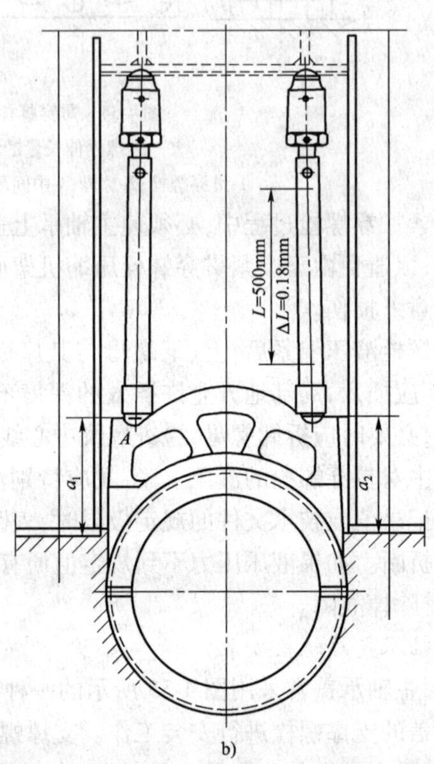

图 4-55　支撑螺栓

a)支撑螺栓结构;b)支撑螺栓装配图

图 4-56　主轴承盖检查

五、活塞组件安装

活塞组件包括活塞头、活塞裙、活塞杆和活塞环等,十字头式柴油机活塞组件的装配方法与筒形活塞柴油机相似,但需结合滑块与导板的校正工作一起进行。

首先要清洗活塞组件及气缸套内壁,用吊具将活塞组件吊起,此时活塞环暂不装入,检查活塞杆下端平面应平整,将活塞组件吊入气缸套内,落到十字头的平面上,用 0.03mm 塞尺检查活塞杆与十字头的连接面,绝不允许插入,如有缝隙出现,必须周密检查连接面有无机械杂质或毛刺夹在表面。在紧密贴合的情况下,才允许用液压拉伸器将活塞杆底

部螺母上紧。

将所有各缸的活塞组件按上述方法装妥后，即可进行下面的工作。

1. 气缸压缩余隙的测量

气缸压缩余隙值代表压缩容积，又称压缩室高度。每一种型号的柴油机必有它的压缩室高度值，在总装中必须保持其规定值，才能使各缸的压缩容积保持一致。

压缩室高度值可以从固定件和运动件的装配尺寸链的计算来求得，在实际生产中，由于尺寸链中累积误差的原因，实际值与计算值总是有些出入，所以必须进行压缩余隙的实测工作，最后确定调整垫片厚度的值。

在实际测量中，目前已采用如下的方法。将所有运动部件全部装入机器内部，但调整垫片可暂时不装。转动曲轴，使活塞处于上止点位置，如图4-57所示，用一专用量具测量两个尺寸 a 及 b，a 与 b 之差值即为设计中规定必检的压缩余隙值 c。某些机型（图4-57），亦可直接用平尺及钢尺测量而获得 c 值。根据各缸的测量结果，选配好每缸的调整垫片，使其 c 值均符合图纸的规定值，以保持每缸的压缩余隙值基本一致。

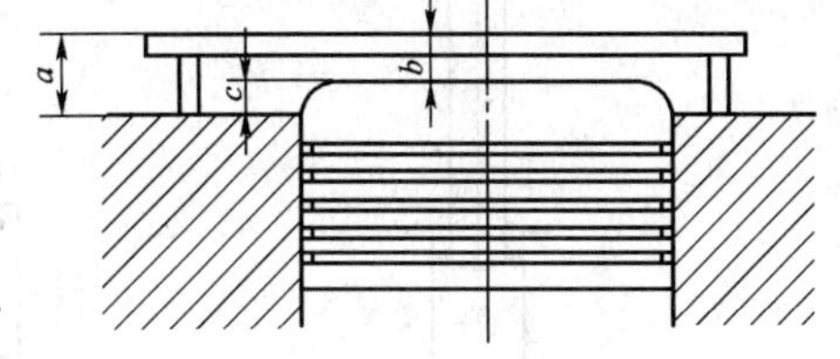

图4-57　压缩余隙的测量

2. 运动部件的校中

所有运动部件装入机内后，各部分的装配间隙均应调整在规定的范围内，所有的连接螺栓按要求进行拧紧或液压上紧，这时在未装入活塞环的状态下，应进行活塞在气缸内的校中工作，做最后的安装配合测量检查，查明活塞与气缸、滑块与导板之间的相对位置是否正确。校中的工艺方法如下：

（1）转动曲轴，使活塞移动到近上止点位置，在活塞杆的外圆表面上，分相互垂直的两个截面，按图4-58所示用框形水平仪检查活塞杆的中心线是否在垂直状态，如有歪斜，可用木楔插入活塞头与气缸套之间，调整其左右前后位置，确使活塞杆中心线处于垂直状态。

（2）按图4-58所标明的部位，对活塞与气缸之间的四周间隙进行测量，一般只测量沿柴油机纵向和横向相互垂直的四个部位，且沿活塞裙部的上、下外圆（即 a_1、a_2、a_3、a_4、b_1、b_2、b_3、b_4）部位进行，同时要测量滑块与导板工作平面的间隙，以及与侧向挡板的间隙（即 c_1、c_2、d、e、f）。将这两部分的数据分别填入表格内，进行比较。

（3）再转动曲轴，使活塞移动至近下止点位置，重复（1）和（2）的操作，作出第二次的测量记录。

根据上、下止点测量所得到的数据，做必要的调整和修整，就可获得满意的校中质量。

目前，低速柴油机活塞在气缸内的校中已广泛采用一次测量校中法，如图4-59所示，只需使活塞的位置处于气缸中部，即曲柄销颈的位置处于左右的水平位置，按上述的校中步骤进行，经调整或修整即可完成校中工作。

活塞在气缸内的校中，必须符合以下三项要求：

（1）在未装活塞环的条件下，活塞在上、下止点位置时，活塞裙部与气缸内孔的最小间隙应不小于总间隙的30%。

（2）活塞在气缸内沿柴油机纵向方向的任何位置时的倾斜不宜过大。低速柴油机的活塞

在气缸内允许倾斜，每米不应超过 0.10mm，超过此值时应设法予以修整。

(3)活塞在气缸内沿柴油机纵向允许平行地偏在一边，当向另一边撬动活塞、连杆时，其偏移量应能立即转移到另一边。如不能转移，或迅速弹回，则要检查其原因，并予以消除。

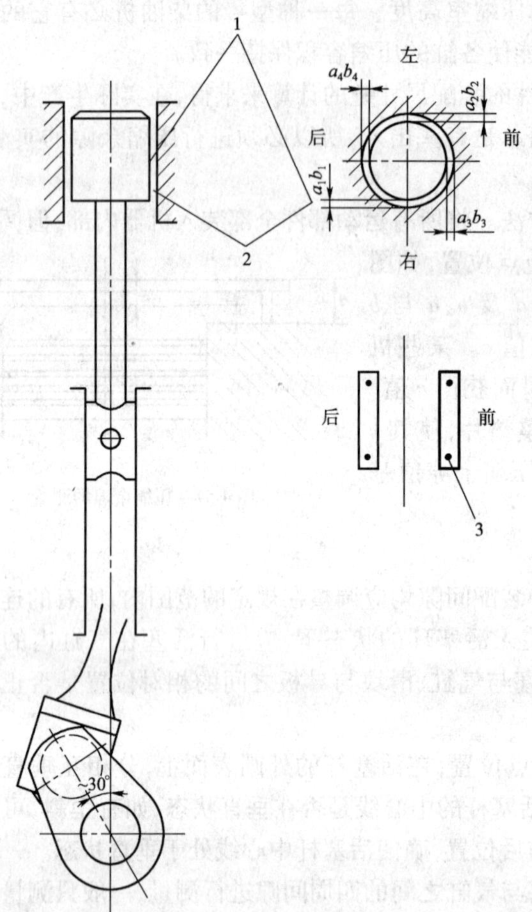

图 4-58　活塞在气缸内校中示意

1-裙部上部外圆；2-裙部下部外圆；3-滑块与导板间隙 c_1、c_2、d、e、f

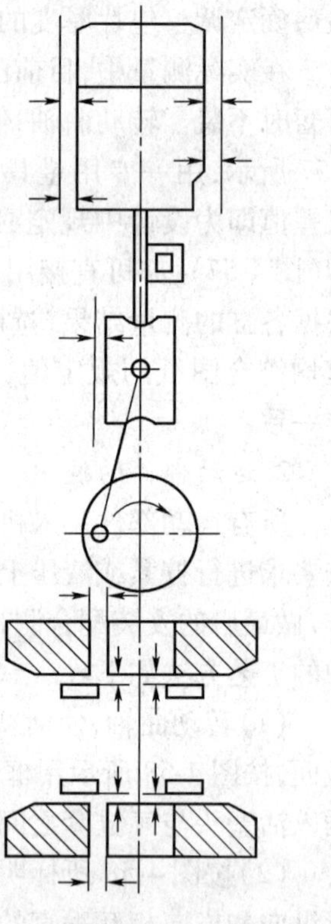

图 4-59　活塞在气缸内校中

3. 活塞运动部件的失中及其消除方法

在柴油机制造或修理时，活塞等运动件在校中过程中，往往会出现沿柴油机纵向和横向的失中状态，有时纵向横向失中结合在一起发生。横向失中的情况常常会有如图 4-60 所示的几种典型状态，所谓横向失中，是指导板工作平面与气缸轴线不平行而引起的活塞在气缸内的左右方向上的倾斜。现归纳如下。

图 4-60a)所示为正常的校中状态，活塞在上止点和下止点时，它与气缸套之间的间隙都符合技术要求。

图 4-60b)、c)所示为活塞在整个行程中都偏向气缸的左侧(或右侧)，活塞与气缸套间的间隙在左侧(或右侧)为零或很小。这种现象可能是由于安装时导板工作平面的对称中心线与气缸中心线不重合，有较大的偏移所造成，亦可能是滑块的工作表面对活塞中心线的距离有

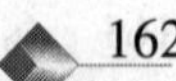

偏差的结果。在新机总装时,则可用增减导板垫片的办法来调整,使活塞在气缸内居中即可。对于修理的柴油机,应做周密的检查工作,它很可能是滑块或导板的磨损所引起的,这时应采用修拂方法和增减垫片来解决。

图4-60d)、e)所示为活塞在气缸内上止点位置时偏移在一边,而移动至下止点位置时,活塞向另一边偏移。从图中可看出,产生的原因是导板工作平面与气缸中心线的平行度偏差过大所致,也可能是滑块工作表面与活塞中心线的平行度有问题。后者的缺陷只需拂刮滑块合金工作表面即可消除。对于导板工作平面与气缸中心线的平行度偏差过大的缺陷,应视具体情况设法消除。如果由于机架变形的原因而产生这种缺陷,常用的修整方法是锉磨机架上的导板安装面,从而既可消除缺陷,又能保持导板厚度的一致性。如果导板厚度早已相差较大,则可以锉拂导板背面,再增加垫片,这样也能得到良好的效果。某些老旧的柴油机,可采用局部增减垫片的方法来调整导板工作平面对气缸中心线的平行性,同样是切实可行的。

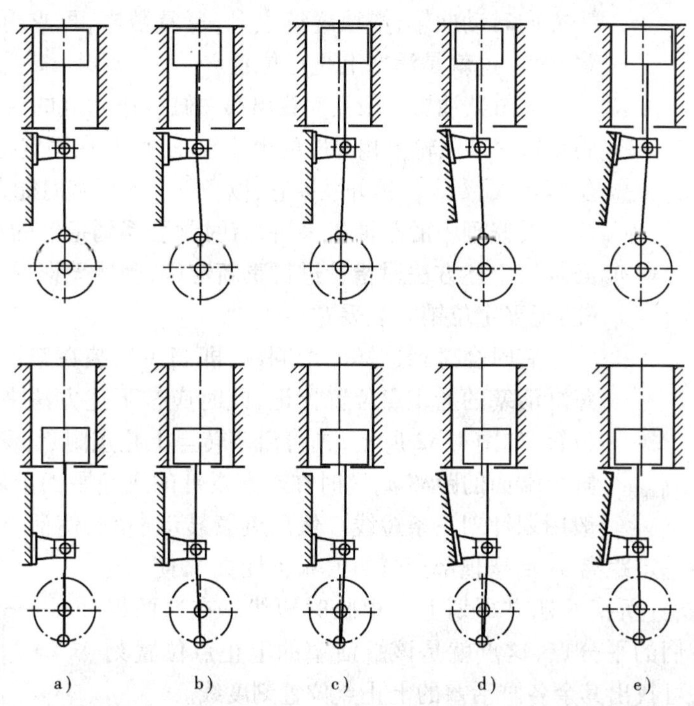

图4-60　活塞在气缸内横向失中现象

此外,当活塞在上止点时偏向气缸右侧,在下止点时居中,通常与机架安装时的变形有关。如某大型低速柴油机安装时,曾发现贯穿螺栓上紧后,A形架安装导板平面的上端发生向内弯曲变形,在这种情况下总装后就会发生上述现象。

4. 活塞上止点的确定

活塞上止点位置的确定不仅是制造中的低速柴油机必须严格检查核对的重要内容,而且对修理中的柴油机也颇为重要,它是决定着柴油机维修保养后能否正常工作的可靠依据,因此不论是制造还是修理,确定和核对各缸活塞上止点的位置是一项必检的项目。

新造柴油机的活塞上止点是由各个有关零件的加工状态所保证的,特别是飞轮上的刻度,以及飞轮与推力轴法兰连接的螺孔,都应以曲轴一个曲拐的位置为基准,装配后每个曲柄销的

上止点位置都由飞轮上的刻度表示出来,但是指示飞轮上刻度的指针则必须进行正确的定位,其定位方法如下。

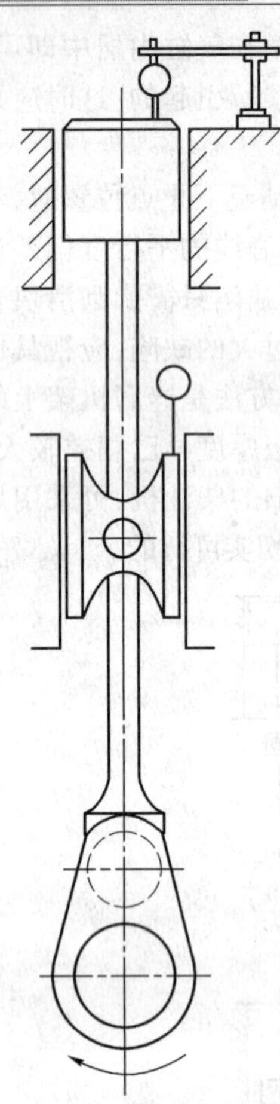

图 4-61　活塞上止点的确定

当指针定位时,首先应转动曲轴,使活塞移动至上止点位置,然后将指针指向该缸的上止点刻度,如图 4-61 所示。测定活塞是否在上止点的位置有两种方法,其一是用百分表安放在气缸套上部表面,当活塞接近最高位置前,把百分表的触头与活塞顶部接触,继续缓慢地正车转动曲轴,使活塞继续上升,直至百分表指针刚开始返回原点为止,作好记录,并重复几次。必要时还可以倒车方向转动曲轴,如活塞的最高位置读数与正车时的读数相等,这时的位置便是活塞上止点位置;其二是在十字头滑块的上方,将磁性划针盘吸附在附近的地方,使其百分表的触头与滑块的最高点接触,如图 4-61 所示,按同一方向转动曲轴,滑块继续上升,反复数次,可求出滑块移动上升的最高点,这就是活塞上止点位置。

多缸柴油机一般只需找出第一缸或第六缸的活塞上止点,之后就将指针对准飞轮上相对应的上止点刻度,并在固定指针的地方钻铰定位销孔,配妥定位销并装妥它,以备下一次拆装时能有精确的位置。

对修理中的柴油机来讲,有时常会遇到指针的移动情况,这时就必须按上述方法对指针进行重新定位,确属无误后,方可钻铰定位销孔,配妥定位销并装妥它。

有时会碰到这样一个问题,即当飞轮装在柴油机上必须再刻划每缸活塞的上止点位置标记,此时应按下述方法来确定活塞上止点位置,如图 4-62 所示,先将活塞转至上止点附近,测量活塞顶部到气缸套端面的距离 a,这时在对准指针的飞轮平面上做一临时标记,一般用划针划一条短线。然后继续转动曲轴,使活塞经过它的最高点后向下移动,移至一定距离 b(活塞顶部至气缸套端面距离),使 $b = a$,在飞轮平面上指针所指的地方再划上一根临时短线。在这两根短线之间,求出它们的平分点,这点就是该缸活塞的上止点位置刻度。用同样方法,可找出其余各缸活塞的上止点位置刻度线。

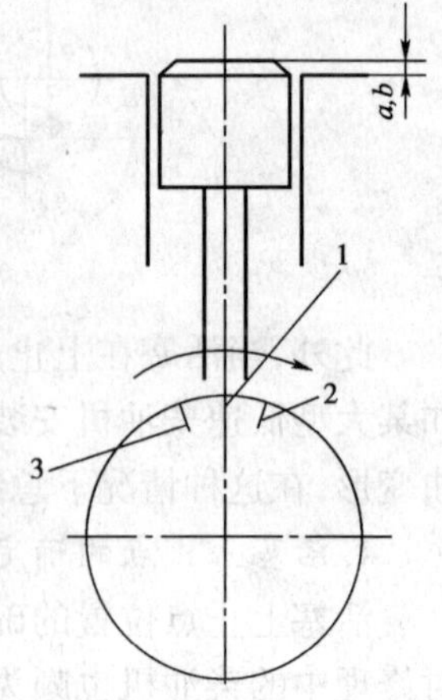

图 4-62　确定活塞上止点位置

1-止点刻度;2-相对于 a 的刻度;3-相对于 b 的刻度

在以上工作完成后,用臂距表复测一次全部的曲柄臂距差。再次将活塞组件吊出,装进各缸的活塞环,检查活塞环的切向热胀间隙和轴向环槽间隙。同时将活塞杆的填料函全部装妥。经清洗并涂上润滑油的活塞组件吊入气缸套内,活塞环在进入气缸套之前,应将各环的搭口错开,使相邻的两道环错开 180°,并借助锥形导套,慢慢地落入气缸套内。

六、缸盖总成、排气总管及增压器安装

1. 缸盖总成安装

气缸盖部件装配好后,即可将其安装到缸体上。气缸盖装配的

主要技术要求是:气缸盖装上缸体后应保证压缩室高度符合设计要求,否则将直接影响柴油机的压缩比;气缸盖与气缸体上面的结合面之间应保持良好的气密性。

所有气缸盖上的阀件均应预先装上,各通道及空腔经清洗检查合格。吊起气缸盖后,检查它与气缸套的结合表面,必须没有任何毛刺和杂质,再用压缩空气吹洗一遍,然后吊放在机器上。(安装工艺同上节)

2. 排气总管及增压器安装

缸盖总成安装好后,即可安装排气总管和增压器。排气管进口通过膨胀接头与缸盖上的排气阀相连,而排气管出口通过膨胀接头与增压器进口相接。膨胀接头安装时要注意气流流向,不要装反,否则会增加柴油机排气阻力,降低柴油机工作效率,并减少膨胀接头的使用寿命。

七、凸轮轴、燃排机构及凸轮轴传动机构安装

低速柴油机传动系统主要有两种形式,即齿轮传动和链轮传动。目前,世界两大船用低速机生产商,MAN B&W 生产的柴油机采用链轮传动,而 Sulzer 生产的柴油机采用齿轮传动。图 4-63 及图 4-64 为齿轮传动和链轮传动系统的测量示意图。

不同传动形式的测量检查方法亦不同,安装后它们的技术要求应满足以下几点。

(1)齿轮传动的各个齿轮的啮合齿都应有标志,安装后均必须经检查对准无误。

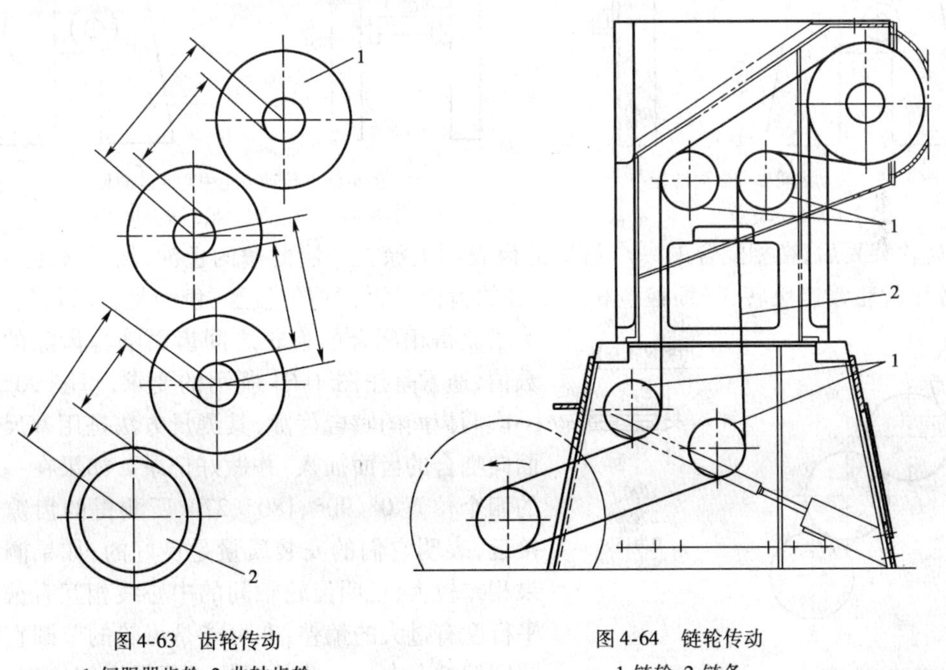

图 4-63　齿轮传动

1-伺服器齿轮;2-曲轴齿轮

图 4-64　链轮传动

1-链轮;2-链条

(2)各个传动齿轮(链轮)的中分面必须在同一平面内,如图 4-63 所示,其偏移误差一般应不超过 1mm。

(3)各传动齿轮之间的啮合齿面应紧密接触,用色油或红油检查其啮合面积,应均匀接触啮合,沿齿高方向接触面积应不少于 40%;沿齿长方向接触面积应不少于 50%。用塞尺检查

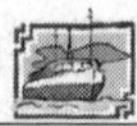

齿隙,沿齿长方向的齿隙差一般应不超过规定值的0.05mm。

(4)链条与链轮的接触不应有一边碰擦。装妥调整后,链条的松弛程度应保证在技术标准范围内。

1. 齿轮传动系的安装测量

为了达到上述的安装技术要求,齿轮及附件在安装过程中必须进行有关项目的检查和测量,并做一些必要的修磨工作。

柴油机在装配平台上进行总装时,首先要测量机架上装齿轮轴的安装端面,图4-65为用框形水平仪搁在安装端面测量其垂直度情况,如果水平仪读数误差值每米超过了0.02mm,必须要用锉刀或风磨机进行修磨。

接着就用假轴临时装妥,用框形水平仪测量假轴轴颈表面的水平情况,如图4-66所示,经检查或修整,复查格合后,则应用千分尺测量两假轴之间的距离 a_1、a_2、b_1、b_2、c_1、c_2,使 $a_1=a_2$,$b_1=b_2$,$c_1=c_2$,然后,再分别加上假轴半径,计算出齿轮轴间的中心距,并进行必要的调整,其中心距的偏差应不大于规定值的±0.05mm。

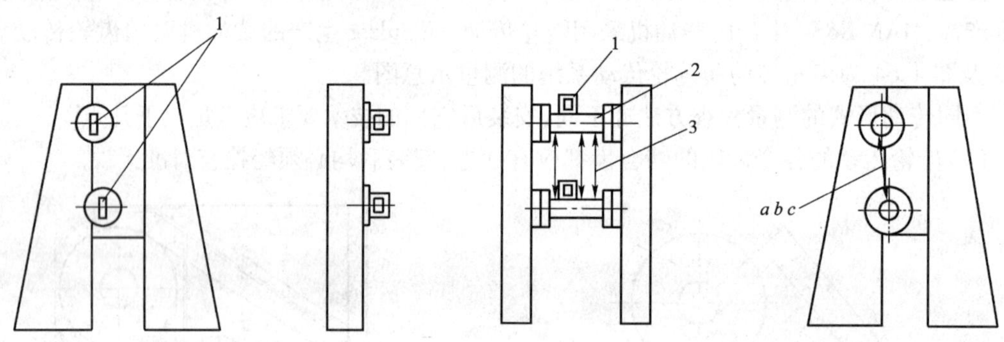

图4-65 传动齿轮轴安装面的检查

1-框形水平仪

图4-66 传动齿轮中心距的测量

1-框形水平仪;2-假轴;3-千分尺测量

当齿轮装妥后,在相配合的一个齿轮的齿表面上涂上一层薄薄的色油,然后缓慢转动曲轴,使各对齿轮慢慢旋转,仔细检查相互啮合的齿面是否都均匀接触、色油是否已均匀分布。

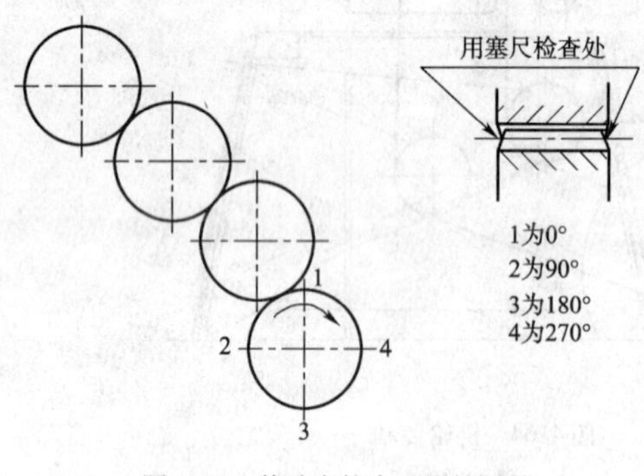

图4-67 传动齿轮中心距的测量

为了获得相配合的齿轮之间齿面啮合齿隙的具体数值,通常是按图4-67所示的要求,每隔90°测量一次两齿间的啮合齿隙,其测量方法是用塞尺从端面向啮合的齿面插入,并做好记录。如果在一周内的四个位置0°、90°、180°、270°所测得的齿隙比较接近,表明它们的安装质量是良好的;如果测量结果相差较大,说明齿轮轴间的中心线相互有偏移或平行度有过大的偏差,亦可能是齿轮的节圆直径有圆度偏差存在。这些状况均必须做详细检查,并予以纠正,否则会造成过早磨损,或发出严重的噪声。

齿轮的中分面是否在同一平面内的测量检查,一般情况下是在各个齿轮装妥后,用直尺搁在齿轮端面上进行的,如中分面偏移数值过大,则必须调整它们的轴向位置,使之符合要求,如图4-68所示。

测量齿轮的啮合齿隙，啮合均匀性，以及中分面同一平面性等数据，必须是在贯穿螺栓液压上紧以后进行，不然的话，就应预先考虑其受压变形的因素，适当地放大齿轮轴中心距，一旦受压变形便能获得正确的中心距。

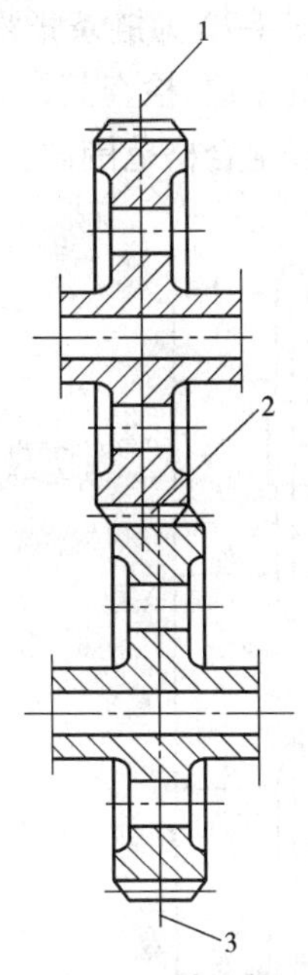

图4-68　中分面检查图

1-被动齿轮中分面；2-两齿轮中分面的偏差；3-主动齿轮中分面

在实际生产中，对齿轮传动系统中各个齿轮能否有良好的安装质量，完全取决于各有关安装面的相对位置的精确性。为此，在齿轮安装之前，常常采用一些测量工具先进行安装面之间的精度测量检查，图4-69表示在主轴承座孔内放置一根假轴，假轴上套入一个圆环，圆环的端面与假轴中心线垂直，用一根较长的平尺夹装在圆环端面上，使平尺的上端慢慢地接近机架上的齿轮轴安装面，用千分尺测量平尺与安装面之间的 a 与 b 距离，如 $a=b$，说明安装面垂直于假轴，如 a 不等于 b，则必须修磨安装面，要确保 a 等于 b；同时将平尺移动至另一方向，按上述方法检查平尺与另一安装面的 a 与 b，并做必要的修磨工作。

以这一安装面为基准，用平尺来测量检查另一安装面，同理，用塞尺检查另一安装面的两个方向的 a 与 b 值，并做必要的修磨，使两个安装面在同一平面内，见图4-70。

2. 链轮传动系的安装测量

链轮传动系的安装测量较齿轮传动系的测量简单些，它只需测量链轮之间的中分面是否在同一平面内，以及链轮链条装妥后的链条松弛量。

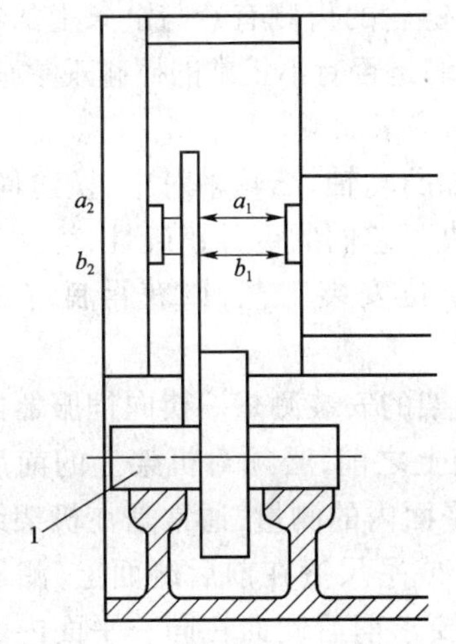

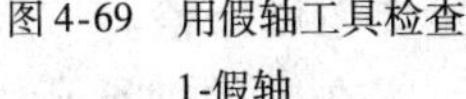
图4-69　用假轴工具检查

1-假轴

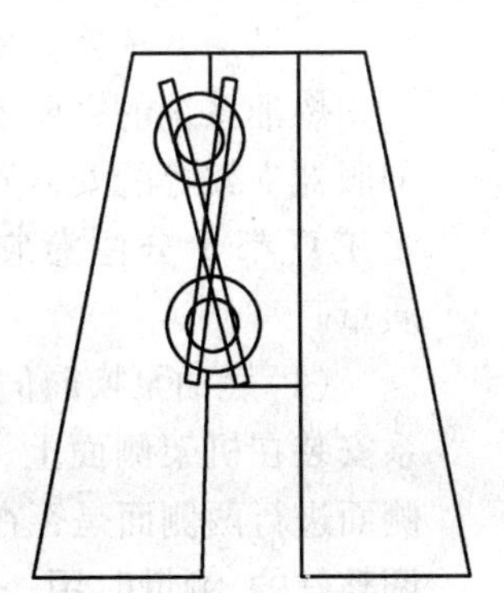

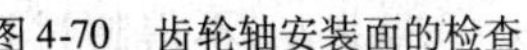
图4-70　齿轮轴安装面的检查

图4-71为用拉线法测量各个链轮之间的中分面示意图。在链轮的一侧拉好两根钢丝，以曲轴上的链轮端面为基准，调整好钢丝，使 $a_1=a_2$、$b_1=b_2$，然后用电接触千分尺测量钢丝至上部链轮端面的 a_3、a_4、b_3、b_4，应使 $a_3=a_4$、$b_3=b_4$，这就表明两个链轮的中分面平行，如 $a_1=a_2=a_3=a_4=b_1=b_2=b_3=b_4$，则两个链轮的中分面在同一平面内。

图4-72为链条张紧轮张紧后检查链条松弛量的示意图。当正车转动曲轴后,用手推动链条的倒车边,检查其最大允许的位移量,此值即为松弛量,如超过允许值,则必须查明原因,予以调整至合格范围内。

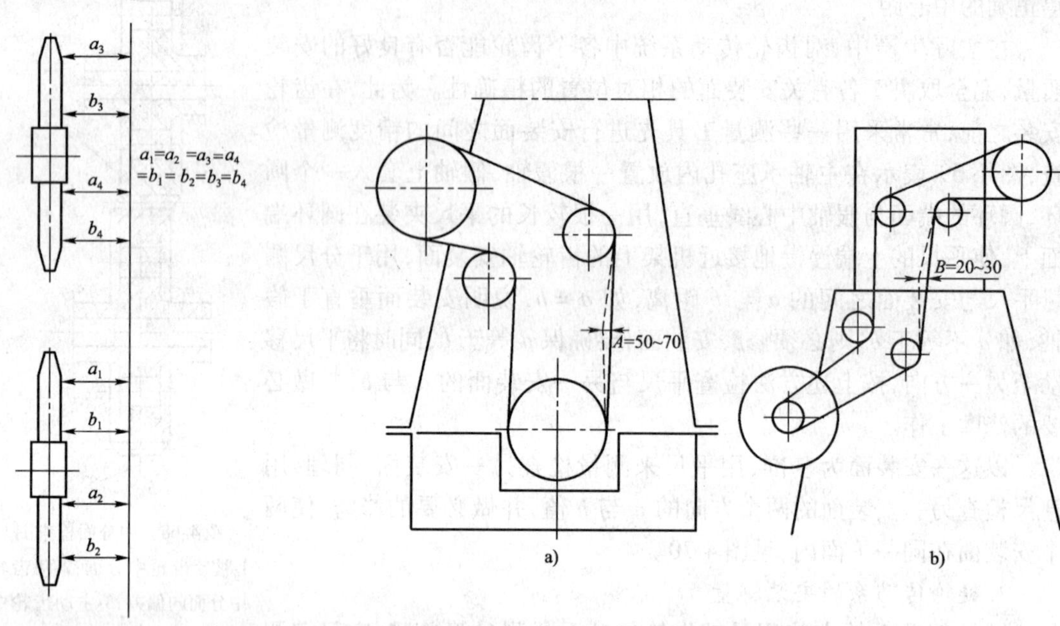

图4-71 链轮中分面的检查图

图4-72 链条松弛量示意图

链条与链轮的啮合一般不需要用色油检查,但应检查链轮的齿侧有否与链条上的链板相碰,因此在装妥链条后,必须转动曲轴数转,用肉眼检查它们是否有不正常的擦碰现象存在。

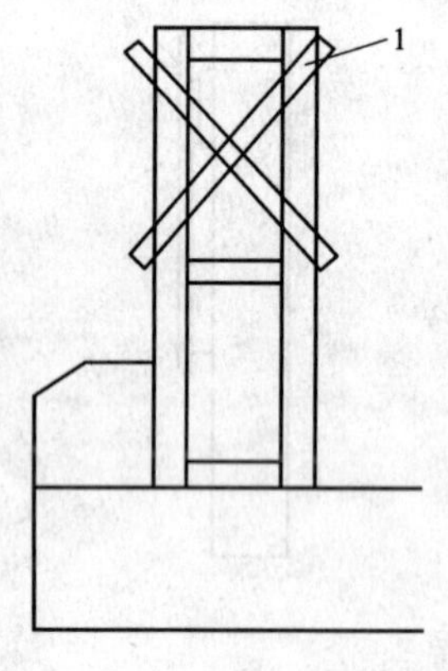

图4-73 伺服器支架安装面检查

1-直尺

3.燃油系统主要零部件的安装测量

燃油系统的主要零部件如凸轮轴,凸轮轴对中、换向伺服器、伺服器支架等的安装质量取决于它们的定位正确性,为此目前许多工厂都十分注意它们的定位安装工艺,以获得良好的安装质量。

(1)燃油泵换向伺服器支架的安装测量。换向伺服器的支架系安装在机架侧面上,在它装上之前,必须对机架上的前后安装侧面进行两侧面是否在同一平面内的测量,通常是在机架组装时调整好的,测量时用一根直尺或平尺搁在前后侧面上,测量交叉的两个部位,如图4-73所示,要求前后侧面在同一平面内的误差不得超过0.03mm。如有超差则一定要予以修整。

当换向伺服器支架装上机架后,应在它的轴承孔内放置一根铸铁制成的直轴,如图4-74所示,用千分尺测量直轴至机架上平面和导板工作平面的四个尺寸,即a_1、a_2、h_1、h_2,第一次测量时此四个尺寸肯定会有较大的偏差,即$a_1 \neq a_2$、$h_1 \neq h_2$这就表明支架的轴承孔中心线至机架上平面和导板工作平面是不平行的,应调整支架,使$a_1 = a_2$,$h_1 = h_2$,再纵向定位a_3,随即将支架与机架的连接孔钻出铰妥,并配妥装好定位螺栓。

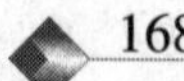

测量时，在机架上平面装妥一根平尺，使平尺与上平面紧贴，在平尺与直轴之间用千分尺测量 h_1 和 h_2。同样在导板工作平面上夹装一根平尺，测量平尺与直轴之间的 a_1 和 a_2 即可。

此外，图 4-74 所示的 a_3 尺寸亦必须调整在规定范围内，必要时应移动支架的位置。该尺寸是确保伺服器齿圈与中间传动齿轮的中分面在同一平面内的重要尺寸。

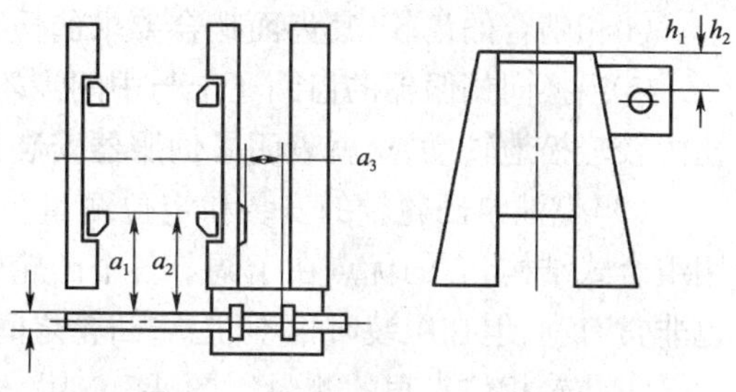

图 4-74　支架定位测量

(2)换向伺服器的安装测量。换向伺服器是直接倒顺车换向的柴油机中的一个非常重要的部件，它安装的正确与否直接影响到柴油机换向的可靠性，图 4-75 为某机型柴油机的换向伺服器结构。在安装前，对图中所规定的各种装配间隙应严格测量检查，而且必须符合规定的数值，否则就得做必要的修整或调整。

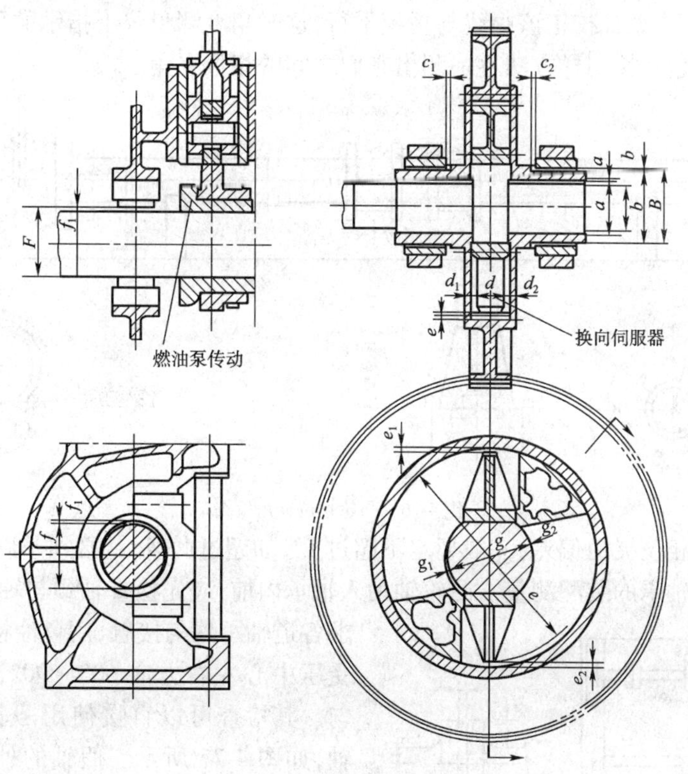

图 4-75　换向伺服器结构示意图

换向伺服器既起到改变凸轮轴位置的作用，又起到传动凸轮轴旋转的作用。当它被吊入支架后，应同时检查以下几个内容：

①换向伺服器的支承轴颈应与轴承接触良好，装配间隙符合规定。轴颈与轴承的接触角应在其受力的垂直中心线左右 30°~45°之间，用色油检查，接触均匀。

②换向伺服器轴颈的轴向和径向间隙应符合装配要求，通常是用千分尺分别测量配合零件的尺寸，做简单的减法便可得到它们的装配间隙值。

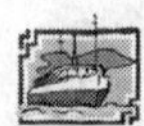

③换向伺服器的齿圈(或链轮圈)必须与相啮合的中间齿轮沿齿面长度方向全部啮合,即要求齿圈与中间齿轮的中分面在同一平面内(链轮圈与传动链轮的中分面在同一平面内)。

④相啮合的齿轮,其齿面啮合要求的检查方法可参照前面介绍的内容。

⑤当换向伺服器的齿圈还未与中间齿轮啮合时,用手转动换向伺服器,它应能在支架轴承孔内较轻松地转动,这就表明了伺服器安装正确。

(3)燃油泵凸轮轴的安装和定位测量。目前,几乎所有低速柴油机的燃油泵凸轮轴均采用组合式结构,它的优点在于调节各个凸轮的相位角度十分方便,对总装后校正喷油定时角度也非常有利,但在组装时稍不注意,凸轮之间的相位夹角很容易超差。

①凸轮相位夹角的测量。图4-76为一根已装妥的凸轮轴总成放在平板上测量的情形。凸轮轴总成被搁在平板的V形铁上,轴的法兰端面上夹装一只角度测量仪,用划针盘先检查第一缸或第六缸凸轮的中线,缓慢转动,用划针校正中线成水平线(即平行于平板),此时将角度测量仪调至0°位置。然后按其旋转方向继续转动凸轮轴总成,按发火顺序将下一个缸的凸轮中线转至水平,用划针校正该中线与平板平行,这时角度测量仪上指示的角度值便是两个凸轮之间的相位夹角。按同样方法逐一测出它们之间的相位夹角。

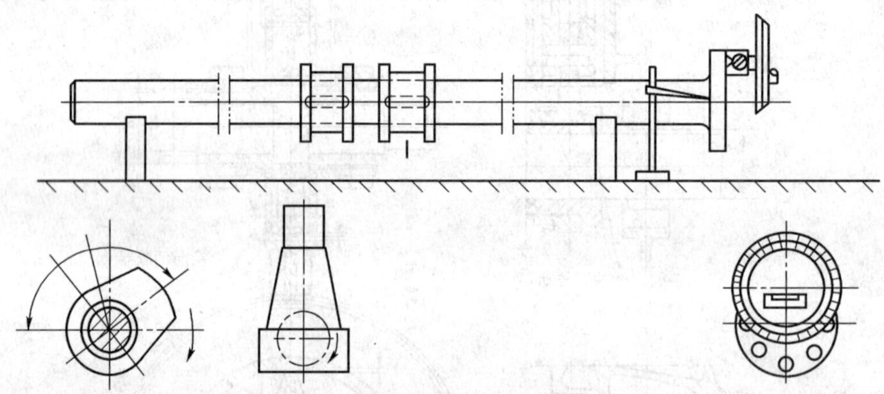

图4-76 凸轮相位夹角检查

凸轮之间的相位夹角偏差,一般规定不超过1°,如超过此值,就必须予以调整。

②凸轮轴与轴承的装配测量。凸轮轴吊入轴承内前,应先检查轴颈与轴承的接触质量,要求各道轴承均匀接触,用色油检查其接触角应为受压中心左右方向60°~90°,色油班点分布均匀。其检查可以直接使用凸轮轴,也可以用假轴,如图4-77所示。假轴的外径尺寸应为凸轮轴轴颈直径加上装配间隙之和。

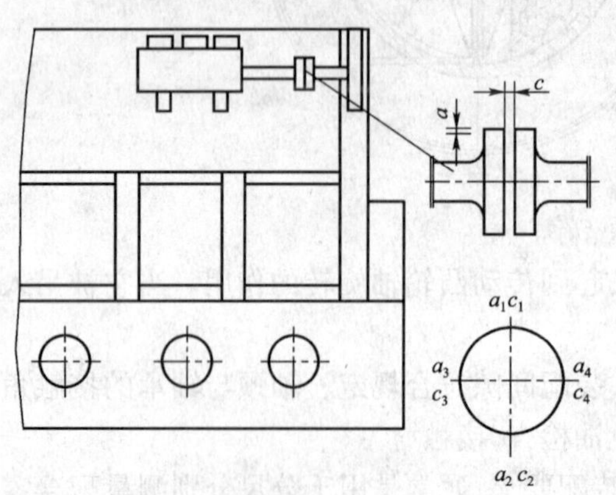

图4-77 凸轮相位夹角检查

凸轮轴轴颈与轴承之间的间隙,是由千分尺分别量取轴承内孔与轴颈外圆的直径,经比较即可获得,其间隙值的大小绝不允许用松紧轴承螺栓来调整。

③燃油泵的定位测量。图4-77为某种低速柴油机机型燃油泵的装置部位,凸轮轴的转动是

由换向伺服器所驱动，为了凸轮轴能平稳运转，凸轮轴中心线必须与换向伺服器中心线在同一根中心线上。为此在安装燃油泵过程中，一定要以换向伺服器的中心线为基准，进行对中定位。在实际操作时，通常的做法是测量凸轮轴法兰与换向伺服器法兰之间的位移和曲折，如图4-77所示，用直尺及塞尺检查法兰外圆和法兰端面，测量部位分上、下、左、右四个位置，即图中 a_1、a_2、a_3、a_4、c_1、c_2、c_3、c_4，其法兰外圆读数的差值应不超过0.05mm；端面读数的差值应不超过0.02mm。

八、完整性安装

一台柴油机除主要零部件及装置外，还包含大量的辅助零部件、装置、仪表等，辅助部分的安装质量对柴油机的工作同样有着重要影响，这一部分的安装工作即为总装阶段的完整性安装。它主要包括空气分配器安装、操纵系统总装、电子调速器布置、转速传感器布置与安装、注油器安装、仪表安装、水力测功器连接、串油、串水、扫尾工作等，现将其中的主要部分加以说明。

1.空气分配器安装

空气分配器工作时有严格的正时要求，安装时应注意正时的调整。以MAN-B&W的MC型柴油机为例，空气分配器由凸轮轴齿轮驱动，其正时由凸轮轴齿轮、分配器齿轮、分配器盘三者之间的相位决定，而相位由检查销和齿轮啮合位置保证。其安装过程如下：

(1)将分配器总成装在链箱上的盖组件上，检查分配器齿轮端面与衬套之间的间隙为0.90～1.60mm，将螺母上紧，上紧力矩为150N·m。

(2)盘车至第一缸活塞位于上止点。

(3)调整分配器盘与盖的位置，将检查销插入分配器盘的腰形孔内，以保证分配器齿轮与分配器盘的相位关系。

(4)将分配器和盖板组件对准凸轮轴齿轮的啮合位置，一并装入链箱，螺母暂不拧紧。

(5)调整分配器和链箱盖板组件的位置，使分配器齿轮与凸轮轴齿轮的啮合间隙为0.15～0.20mm，并涂色油检查齿轮的啮合状况。

(6)齿隙色油检查合格后，将凸轮轴齿轮螺栓用90N·m力矩拧紧，并用钢丝锁紧保险。

(7)分别给分配器壳体与盖板组件、盖板组件与链箱配定位销。

(8)将盖板连同分配器一并拆下，清理干净，脱开分配器壳体与盖板组件的结合面，涂金属连接剂，盖板组件与链箱的结合面同样涂金属连接剂，装复并装好定位销，上紧所有螺母。

2.操纵系统总装

操纵系统总装包括应急操纵台安装、操纵机构安装、操纵机构调整、应急控制箱安装、气动元件板安装等内容。操纵机构调整是其中重要的一环，要求调速器刻度与燃油泵齿条刻度一致，即调速器刻度处于零位和最大位置时，所对应的燃油泵齿条刻度要分别处于零位和规定位置。此外，应急操纵台也要在应急状态下进行相应调整。以6S46MC-C型柴油机操纵系统调整为例，其调节方法与过程如下：

(1)转动调节轴，使各缸燃油泵齿条处于“0”位。

(2)调整夹紧杆，使杆中心线处于垂直方向，且与轴承座有0.1～0.2mm的间隙。

(3)转动调速器的摇臂，使调速器刻度在“0”位，摇臂角度为25°。

(4)将调节杆调整到规定长度,然后用专用铰制螺栓和自锁螺母将调节杆一端与摇臂相连,另一端与调速器摇臂相连,并用定位销将夹紧杆与调节杆定位锁紧。

(5)推动燃油摇臂,使调速器刻度处于最大位置,检查燃油泵刻度应处于规定位置,否则应查明原因,并进行调整。

(6)转动应急操纵台的手轮,指针处于"0",将各缸燃油泵齿条拉回"0",夹紧杆用锥体杆与摇臂相连,即处于应急操纵状态。

(7)调整应急调节杆长度到规定值,用专用铰制螺栓和自锁螺母将应急调节杆的上端与摇臂相连,另一端与应急操纵台摇臂相连。

3. 水力测功器连接

每一台大型柴油机出厂前,都要在试车台进行各种试验,试验过程中柴油机发出的功率一般由水力测功器吸收和测量。水力测功器通过短轴与柴油机输出端相连,短轴法兰与曲轴法兰连接之前,应先调整和校中水力测功器中心线与曲轴中心线的同轴度偏差。目前,常用直尺—塞尺法或双指针法测量两法兰间的偏移和曲折。要求中心线位移偏差不大于0.05mm,且短轴高于曲轴;曲折偏差不大于0.10mm。一般情况下,左右的曲折偏差、位移偏差应为零,上下的曲折偏差应使下部的缝隙大于上部的缝隙,即只允许有下叉口。具体连接过程如下:

(1)将水力测功器吊装到试车台,粗调其高度,使轴的中心线与曲轴中心线等高。

(2)将短轴用螺栓螺母与水力测功器相连,调整短轴,使其端面跳动小于0.05mm,径向跳动小于0.10mm,拧紧螺栓螺母。

(3)精调水力测功器位置,使短轴中心线与曲轴中心线同心,测量位移和曲折,应满足前述要求。调整好后,用铰制螺栓连接曲轴和短轴,拧紧螺母。

(4)测量曲轴输出端第一挡臂距差,与连接之前的臂距差比较,两者相差不超过0.05mm,且第一挡臂距差应小于0.18mm。

4. 串油、串水

大型柴油机进入试运转前,对燃油系统、滑油系统、冷却系统应通入相应的工质循环一定的时间,在此期间对系统管路及设备进行检查调整,这一过程即所谓的串油、串水。串油、串水的主要目的有:

(1)检查系统是否通畅。

(2)检查系统管路接头是否密封良好。

(3)检查系统中的设备、部件及仪表等是否工作正常良好。

(4)通过循环工质和滤器清除系统中的各种杂质。

串油、串水前应做好前期准备工作,对柴油机要进行全面清理、清洗,重点要清洗机架内表面、连杆、十字头、曲轴等部位,清洗后,可用面团将边角处杂质颗粒清理干净。

滑油系统串油分外循环串油、机内串油、注油点检查三个阶段,具体过程如下:

(1)封盖十字头上部窗口,用盲板封住滑块润滑支管;脱开主轴承盖上滑油管,装专用盲板;通往凸轮轴、燃排机构、齿轮箱、链传动的支管用盲板封堵。

(2)将主滑油总管及活塞冷却油管与泵房油泵接通;在促动泵总管一个接口上装过渡接头,用软管接至凸轮轴箱体内。

(3)关闭主滑油、活塞冷却油进口阀,打开旁通阀,开启泵房油泵,进行外循环串油,外循环串油一般连续循环72h，其间每12h清洗一次滤器，最终时间取决于滤器检查结果，如滤器检查杂质较多不合格，应增加串油时间。

(4)外循环串油完毕，开启主滑油、活塞冷却油进口阀，开启泵房油泵连续向机内串油，每6h检查一次滤布，直至合格。

(5)拆除主滑油、活塞冷却油与泵房油泵连接管路，并装上盲板；拆除各支管盲板，重新连接各支管。

(6)开启滑油泵调至最低工作压力，检查滑油系统润滑油应充分到达各润滑点。若个别点流通不畅，可盘车进行检查。

(7)转动气缸润滑泵，检查气缸油各缸注油点应有油流出。

滑油系统检查完毕，即可串水，对冷却水系统进行检查。封闭柴油机上各道门及有关敞口，将水压调至工作压力，向机上压水，检查各部位及管路是否有渗漏，打开各支管上的放气阀，检查各支管应通畅有水。

关闭柴油机上各燃油泵进口的截止阀，打开燃油总管上的旁通阀，开启泵房燃油泵，连续12h串油，检查并清洗滤器，直至合格。

柴油机总装完成后，机器各处加上相应的润滑油，如调速器、增压器、气缸、盘车机等。按图安装机上各铭牌，最后对机器进行全面清理，为下面的各项运转试验做好准备。

SIKAO YU LIANXI

简答题

1. 什么是装配精度？
2. 如何利用尺寸链原理来保证柴油机的装配精度？
3. 装配方法有哪几种？各有什么特点？
4. 分组选择装配法、部分互换装配法、修配法在解决尺寸链的方法上有何不同？
5. 装配工艺的主要内容是什么？
6. 如何确定装配工艺过程？
7. 如何用曲轴臂距差值来衡量曲轴的装配质量？
8. 在曲轴装配过程中，飞轮、活塞连杆机构及船体变形对曲轴臂距差有何影响？如何综合考虑这些因素？

第五章　柴油机制造技术的发展

● 学习目标

知识目标

1. 能简单叙述 CAD/CAM、CAPP、FMS、CIMS、GT 的概念；
2. 能正确描述 CAD/CAM、CAPP、FMS、CIMS、GT 的内容组成；
3. 能简单叙述 CAD/CAM、CAPP、FMS、CIMS、GT 的功能。

能力目标

1. 会结合具体的先进制造技术实例分析设计、制造的工作过程；
2. 会利用先进制造技术制订产品生产的工艺流程。

第一节　计算机辅助设计和制造 CAD/CAM 系统

一、CAD/CAM 的基本概念

CAD/CAM（Computer Aided Design and Computer Aided Manufacturing）即计算机辅助设计和计算机辅助制造，是一项利用计算机帮助人们完成设计与制造任务的新技术。其中，计算机辅助设计（Computer Aided Design，CAD）是在计算机硬件与软件的支撑下，通过对产品的描述、造型、系统分析、优化、仿真和图形处理的研究，使设计人员完成产品的全部设计过程，最后输出满意的设计结果和产品图形，并达到提高产品设计质量、缩短产品开发周期、降低产品成本的目的。CAD 系统的功能一般包括：草图设计、零件设计、装配设计、复杂曲面设计、工程图样绘制、工程分析、真实感及渲染、数据交换接口等。而计算机辅助制造（Computer Aided Manufacturing，CAM）可分为狭义 CAM 和广义 CAM。狭义 CAM 仅包括计算机辅助编制数控加工程序。广义的 CAM 指利用计算机辅助完成从生产准备到产品制造整个过程的活动，其具体内容有：编制制造工艺规程和数控加工程序；工夹量具设计；控制数控机床、机器人等生产设备；安排生产计划和进度；进行车间生产控制和质量控制等。

当前，科技发展水平已能做到借助于计算机来辅助企业生产的全过程。其中，首先包括产品的设计，并将有关产品信息存放于数据库中；产品信息是制造产品的重要依据，可以用来制订工艺规程和生产作业的计划；按照制订的生产作业计划组织各项制造活动，包括及时进行备料和物料的采购，及时向机床提供毛坯和所需的工夹量具；与此同时，编制零件加工用的数控程序，并将之传输给加工机床；在加工和装配过程中，检测加工、装配和物料搬运中的有关数据，并反馈给计算机系统，以便进行监控和工艺过程的自动校正。这一过程就是 CAD/CAM 集成系统。

二、CAD/CAM 的主要内容

1. 计算机辅助设计(CAD)的主要内容

(1)曲面造型。根据给定的离散数据和工程问题的边界条件,来定义、生成、控制和处理过渡曲面与非矩形曲面的拼合问题,提供汽车、飞机、船舶等产品的设计和制造,以及某些用自由曲面构造产品几何模型所需要的曲面造型(surface modeling)技术。

(2)实体造型。研究定义和生成各类实体的方法,并且能提供机械产品总体、部件、零件以及用规则几何形体构造产品几何模型所需要的实体造型(solid modeling)技术。

(3)物体质量特性计算。根据产品几何模型计算相应物体的体积、表面积、质量、密度、重心、轴的转动惯量以及回转半径等几何特性,以便为系统对产品进行工程分析和数值计算提供必要的基本参数和数据。

(4)二维和三维图形的转换。

(5)三维几何模型的显示处理。研究和解决动态显示图形、消除隐藏线(面)问题、彩色浓淡处理等问题,以便使设计师通过视觉直接观察、构思、分析和检验产品的模型,解决三维几何模型设计的复杂空间布局问题。

2. 计算机辅助制造(CAM)的主要内容

(1)数控加工技术。CAM 系统应具有三、四、五坐标数控机床加工产品零件的能力,并能在图形显示终端上识别、校核刀具轨迹和刀具干涉,以及对加工过程的状态进行仿真。

(2)机器人技术。采用人机交互方式对机器人的动作编程并进行仿真,以检查机器人的动作是否正确,从而实现机器人的在线控制。

三、产品生产过程与 CAD/CAM 系统结构

1. 产品生产过程

产品是市场竞争的核心。对于产品有不同的定义和理解。从生产的观点来看,产品是从需求分析开始,经过设计过程、制造过程最后变成可供用户使用的成品,这一总过程也称为产品生产过程。产品生产过程具体包括产品设计、工艺设计、加工、装配过程。每一过程又划分为若干个阶段,如图 5-1 所示。

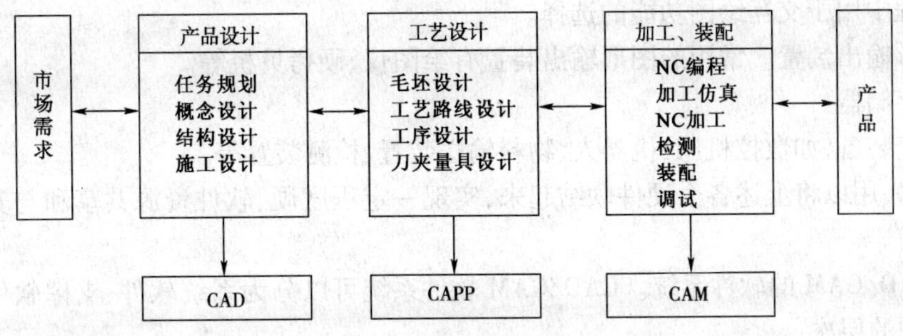

图 5-1　产品生产过程与 CAD/CAM 过程链

在上述各过程、阶段内,计算机获得不同程度的应用,并形成了相应的 CAD/CAPP(计算机辅助工艺设计)/CAM 过程。从产品生命阶段整体考虑,产品的生命周期可分为产品研究、

产品规划、产品设计、产品试制、产品制造、产品销售、产品使用及产品报废、回收等阶段。随着计算机应用领域的日益扩大,当前不仅从事生产过程建模的研究,而且还面对产品的整个生命周期,从事产品生命周期建模研究,以便从根本上解决产品在设计、生产、组织管理、销售、服务等各个环节内,产品数据的交换和共享问题。

2. CAD/CAM 系统结构

(1)CAD/CAM 硬件系统。CAD/CAM 硬件系统的组成如图 5-2 所示。

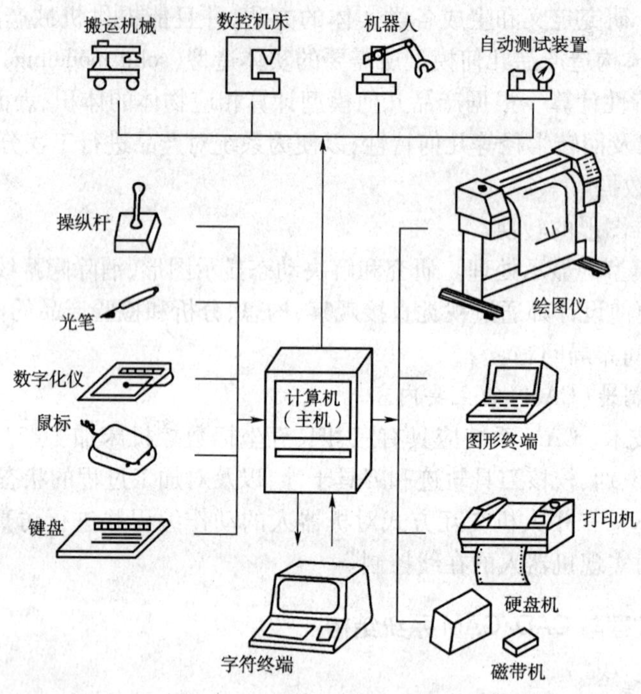

图 5-2　CAD/CAM 硬件系统的组成

①计算机(主机)。目前在 CAD/CAM 系统中所采用的计算机(主机)有中小型机、工作站和个人微机三种不同的档次。

②图形输入装置。图形输入装置的功能是用来把图形或图像信息送入计算机,以及在交互绘图过程中用于交互绘图功能的选择。

③图形输出装置。常用的图形输出装置有绘图仪、硬拷贝机等。

④外存储器。

⑤生产装备,如数控机床、机器人、物料输送装置、检测装置等。

⑥网络,用以将上述各个硬件联结起来,实现一定程度硬、软件资源共享和与其他计算机系统的通信。

(2)CAD/CAM 的软件系统。CAD/CAM 软件系统可以分为系统软件、支撑软件和应用软件三个不同的层次:

①系统软件,主要用于计算机的管理、维护和控制,以及计算机程序的翻译、装入和运行。系统软件主要包含有操作系统和语言编译系统。各种支撑软件及应用软件都需要在系统软件的作用下运行。

②支撑软件，是 CAD/CAM 软件系统的核心，是在系统软件基础上研制的，为满足 CAD/CAM 用户共同需要而开发的通用软件。比较通用的软件有以下几类：

A. 工程分析软件，这类软件主要用来解决工程设计中各种数值计算问题。

B. 图形处理软件，可分为图形处理语言和交互式图形设计软件两种类型，前者有 BASIC、C、FORTRAN 等语言，后者常用的有 Auto CAD、UG Ⅱ、PRO/ENGINEER、I-DEAS 等。

C. 数据库管理系统，是在操作系统基础上建立的操纵和管理数据库的软件，该系统为 CAD/CAM 系统提供了数据资源共享、保证数据安全及减少数据冗余等功能。

D. 计算机网络软件，以便于多功能小组进行协同设计或并行设计。

③应用软件，是在系统软件、支撑软件基础上针对某一专门应用领域而研制的软件，如模具设计软件、机床设计软件，以及汽车、飞机设计制造专用软件等。

四、CAD/CAM 系统的应用与支撑软件简介

进入 20 世纪 80 年代以后，由于硬件技术的飞速发展，使得软件在系统中占有越来越重的地位。作为商品化的 CAD/CAM 软件，如美国机械软件行业先驱 SDRC 公司的 I-DEAS，它集产品设计、工程分析、数控加工、塑料模具仿真分析、样机测试及产品数据管理于一体，是高度集成化的 CAD/CAE/CAM 一体化工具，在国内也有不少用户。

美国 PTC（Parametric Technology Corporation）公司的机械设计自动化软件 Pro/Engineer，最早较好实现了参数化设计功能，在 CAD/CAM 领域中具有领先技术并取得相当成功。Pro/Engineer 包含 70 多个专用功能模块，如特征造型、产品数据管理（PDM）、有限元分析、装配等等，被称为新一代的 CAD/CAM 系统。

美国 EDS 公司的 UG（Unigraphics）系统起源于美国麦道飞机公司，20 世纪 60 年代起成为商业化软件，1991 年并入美国 EDS（Electronic Data System）电子资讯系统有限公司。多年来，UG 系统汇集了美国航空航天与汽车工业的专业经验，发展成为世界一流的集成化机械 CAD/CAE/CAM 软件系统，并被多家美国和世界著名公司选定为企业计算机辅助设计、分析和制造的标准。

美国 AutoDesk 公司的 AutoCAD 系统，是为微机开发的一个交互式绘图软件，它基本上是一个二维工程绘图软件，具有较强的绘图、编辑、剖面线和图案绘制、尺寸标注及方便用户的二次开发功能，也具有部分的三维作图造型功能，是目前世界上应用最广泛的 CAD 软件。MDT（Mechanical Desktop）是 Autodesk 公司在机械行业推出的基于参数化特征实体造型和曲面造型的微机 CAD/CAM 软件。

另外，还有美国洛克希德公司研制的 CADAM，美国 Computer Vision 公司的 CADDS5，法国 MATRA 公司的 Euclid，法国 Dassault system 公司研制的 CATLA，都是较强的 CAD/CAM 系统软件。

目前，CAD/CAM 软件已发展成为一个受人瞩目的高技术产业，并广泛应用于机械、电子、航空、航天、船舶、汽车、纺织、轻工、建筑等行业。据统计，美国 100% 的大型汽车业、60% 的电子行业和建筑行业都采用 CAD/CAM 技术，例如美国的波音 777 客机已 100% 实现数字化三维实体设计，实现了无图纸制造。

我国的 CAD/CAM 技术在“七五”、“八五”期间也取得了可喜成绩。在“七五”期间，国家

支持对24个重点机械产品进行了CAD的开发研制工作,为我国CAD/CAM技术的发展奠定了一定的基础。另外,通过国家科委实施的863计划中的CIMS主题,也促进了CAD/CAM技术的研究和发展。尤其是机械行业自1995年以来,相继开展了"CAD应用1215工程"和"CAD应用1550工程",前者是树立12家"甩图板"的CAD应用典型企业,后者是培育50~100家CAD/CAM应用的示范企业。另外,近几年来市场已开始出现拥有自主版权的CAD软件,如清华大学的高华CAD、华中科技大学的开目CAD、北航海尔的CAXA等,CAD/CAM的应用日益广泛。但总体上我国CAD/CAM的研究应用与工业发达国家相比还有较大差距。

随着市场竞争的日益激烈,用户对产品的质量、成本、上市时间提出了越来越高的要求。事实证明,CAD/CAM技术是加快产品更新换代、增强企业竞争能力的最有效手段,同时也是实施先进制造和CIMS的关键和核心技术。目前,CAD/CAM技术应用已成为衡量一个国家工业现代化水平的重要标志。因此,我们应抓紧时机,结合国情,积极开展CAD/CAM的研究和推广工作,提高企业竞争能力,加速企业现代化的进程。

第二节　计算机辅助工艺设计

一、CAPP基本概念

计算机辅助工艺设计(Computer Aided Process Planning)简称CAPP。CAPP是指通过向计算机输入被加工零件的原始数据、加工条件和加工要求,由计算机自动的进行编码、编程、绘图直至自动生成经过优化的工艺文件的过程,是连接产品设计与产品制造的桥梁。CAPP也是进行工夹量具设计、制造和决定零件加工方法与加工路线的主要依据,对组织生产、保证产品质量、提高劳动生产率、降低成本、缩短生产周期以及改善劳动条件都有着直接的影响。

利用计算机辅助工艺设计能显著提高工艺文件的质量和工作效率,其优点主要表现在如下几个方面:

(1)减少工艺规程编制对工艺人员的依赖。

(2)缩短生产准备周期。

(3)保证工艺文件一致性。

(4)工艺规程更精确。

二、CAPP功能

CAPP主要具有以下功能:

(1)接收输入或生成零件图上的几何信息、工艺信息和测量信息。

(2)检索标准工艺文件。

(3)选择加工方法。

(4)安排加工路线。

(5)选择机床、刀具、夹具等。

(6)选择切削用量。

(7)计算切削参数、加工时间和加工费用等。

(8)进行工艺流程的优化及多工序、单工序切削用量的优化。

(9)确定工序尺寸和公差及选择毛坯等。

(10)绘制工序图。

(11)产生刀具运动轨迹,自动进行 NC 编程

(12)模拟加工过程,显示刀具的运动轨迹。

其中,有些功能是所有的 CAPP 系统都具备的,而有些功能则是部分系统才具备的。有少数 CAPP 系统能与 CAD、CAM 系统相连接从而具备了更多的功能。

三、CAPP 的结构组成

CAPP 系统的构成,与其开发环境、产品对象、规模大小有关。图 5-3 的系统构成是根据 CAD/CAPP/CAM 集成的要求而拟定的,其基本模块如下:

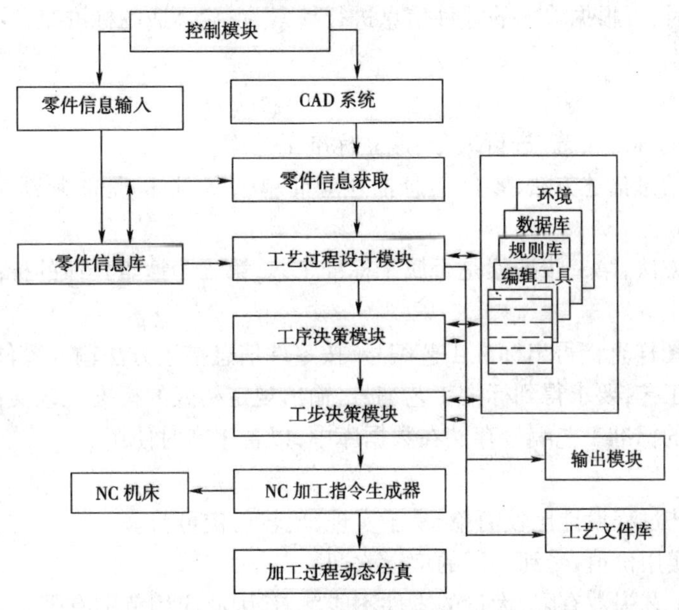

图 5-3　CAPP 系统构成

(1)控制模块。协调各模块运行,实现人机之间信息交流,控制零件信息获取方式。

(2)零件信息获取模块。零件信息输入可以有下列两种方式:人工交互输入或从 CAD 系统直接获取。

(3)工艺过程设计模块。进行加工工艺流程的决策,生成工艺过程文件。

(4)工序决策模块。生成工序文件。

(5)工步决策模块。生成工步文件及提供生成数控程序所需的刀位文件。

(6)NC 加工指令(数控加工程序)生成模块。根据刀位文件,生成控制数控机床的 NC 加工指令。

(7)输出模块。可输出工艺过程文件、工序和工步文件、工序图等各类文档,并可利用编辑工具对现有文件进行修改后得到所需的工艺文件。

(8)加工过程动态仿真。可检查工艺过程及数控程序的正确性。

上述的 CAPP 系统结构是一个比较完整的、广义的 CAPP 系统。实际上,并不一定所有的 CAPP 系统都必须包括上述全部内容,例如传统概念的 CAPP 不包括数控程序生成及加工过程仿真,实际系统组成可以根据实际生产的需要而调整。但它们的共同点是使 CAPP 的结构满足层次化、模块化的要求,具有开放性,便于不断扩充和维护。

四、CAPP 系统的类型

计算机辅助工艺过程设计系统,按其工作原理可分为检索式、派生式、创成式和综合式四类。其中综合式是派生式与创成式的综合,即工序设计用派生式而工步设计用创成式,又称为半创成式。因此计算机辅助工艺过程设计方法主要有检索式、派生式和创成式。

1. 检索式工艺过程设计系统

该系统是针对标准工艺的,将设计好的零件标准工艺进行编号,存储在计算机中。当制订零件的工艺过程时,可根据输入的零件信息进行搜索、查找合适的标准工艺。

(1)工作过程:

①准备阶段。

A. 制订零件的标准工艺,进行编号,建立标准工艺库。

B. 确定零件信息描述方法,零件信息描述应简单一些,目的是能判断是否有相应的标准工艺。

C. 确定搜索方法,第一步搜索是否属于标准工艺,第二步搜索具体的标准工艺编号。

②运行阶段。

A. 根据零件图样直接得出标准工艺编号,按零件信息描述方法输入零件信息。

B. 搜索标准工艺,要求得到标准工艺编号,输出规定格式的标准工艺文件(卡片)。

C. 将搜索出的标准工艺编号存储在数据库中,以备生产时使用。

(2)设计特点:

①检索式工艺过程设计比较简单,易于实现,比较稳定可行。

②有较高的实用价值,受到工厂的广泛欢迎。

③由于标准工艺为数有限,大量的零件不能覆盖,因此应用范围有限。

2. 派生式工艺过程设计系统

其原理主要基于零件的相似性。相似的零件有相似的工艺过程。利用这一原理,通过检索相似典型零件的工艺过程,加以增删或编辑而派生一个新零件的工艺过程,因此称为派生式。这种方法又称为修订式、变异式或样件法。

(1)工作过程:

①准备阶段。

A. 利用国家部委或企业制定的零件分类编码系统对欲覆盖的零件进行编码。

B. 根据零件编码及其工艺过程,按成组分类原则对零件进行分组分类,形成若干个零件族(或零件组),建立零件族特征矩阵。

C. 为每个零件族设计一个典型零件(又称主样件、标准件),它是一个假想零件,应包含该族所有零件的特征,因此在结构上可能是该族中最复杂的零件。

D. 编制典型零件的工艺过程。

E. 设计检索模块,通过检索模块可查询欲编工艺过程的零件所属零件族。

F. 编辑和修改模块,可派生出欲编工艺过程。

②运行阶段。

A. 对欲编工艺过程的零件按所用零件分类编码系统进行编码。

B. 根据检索程序查出该零件族。

C. 调出该零件族的典型零件工艺过程,包括工艺路线和工序内容两方面。

D. 根据输入的零件信息,对该零件族典型零件工艺过程进行修改和编辑,形成该零件的工艺过程,并按一定格式输出工艺。

(2)设计特点:

①派生式工艺过程设计是基于成组技术的理论基础,利用其相似性原理和零件分类编码系统,因此有系统理论指导,比较成熟。

②有较好的实用价值,问世较早,应用范围比较广泛。

③多适用于结构比较简单的零件,在回转体类零件中应用更为广泛。由于派生式工艺过程设计的零件多采用编码描述,对于复杂的或不规则的零件则不宜采用。

④对于相似性差的零件,难以形成零件族,不适于用派生式方法,因此多用于相似性较强的零件。

3. 创成式工艺过程设计系统

其设计原理与派生式系统不同,它是根据输入的零件信息,依靠系统中的工程数据和决策方法自动生成零件的工艺过程,因此称为创成式系统,又称为生成式系统。

(1)主要设计过程:

①确定系统的对象范围,通常分为非回转体零件、回转体零件,或更小范围的某类零件。

②设计零件信息描述方法。

③确定工艺过程设计中各项工艺问题的决策方式,如零件加工时的定位夹紧方案选择、各加工表面加工方法的选择,以及加工顺序的排列等。

④建立可用的加工资源库,如机床库、夹具库、刀具库、切削用量库等,以备在制订工艺过程时选用,同时也是在制订工艺过程时的实约束条件。

⑤设计工艺文件的生成和输出系统。

(2)设计特点:

①通过数学模型决策、逻辑决策和智能思维决策等方式和加工资源库自动生成零件的工艺。运行时一般不需要人的技术性干预,是一种比较理想而有前途的方法。

②具有较高的柔性,适应范围广。系统对象一般分为转体零件和非回转体零件两大类。

③便于计算机辅助设计和计算机辅助制造的集成。

④由于工艺过程设计的复杂性、智能性和实用性,目前尚难建造自动化程度很高、功能完全的创成式系统,大多数的创成式系统只能说是创成式的初型。

五、CAPP 系统设计步骤

CAPP 系统设计步骤大致如图 5-4 所示,分述如下。

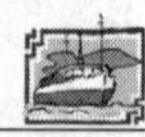

1. 产品图样信息输入

首先了解整个产品的使用原理和所加工的零件在整个产品中的作用,分析零件的尺寸公差、技术要求及其结构工艺性。在此基础上应用所开发的零件信息描述系统,输入零件的几何信息和工艺信息。

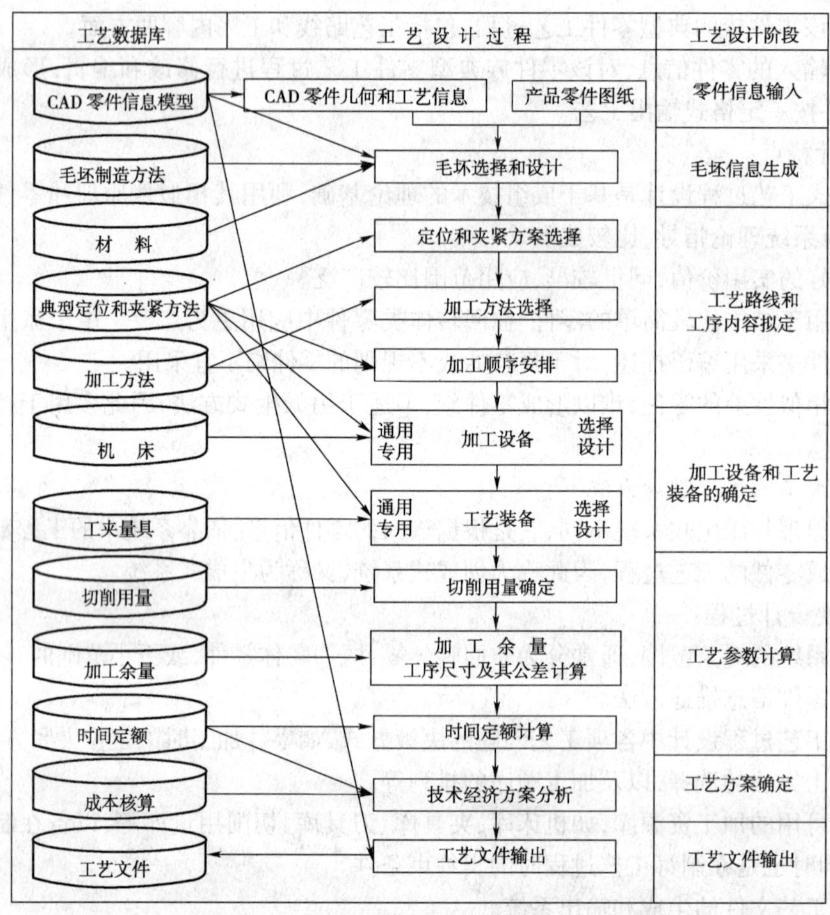

图 5-4 计算机辅助工艺设计的步骤

2. 工艺路线和工序内容拟定

这项工作的主要内容有定位基准和夹紧方案的选择、加工方法的选择和加工顺序的安排等。这几项工作紧密相关,应统筹考虑。一般来说,先考虑粗精定位基准和夹紧方案的选择,再进行加工方法的选择,最后进行加工顺序的安排。应该指出,零件工艺路线和工序内容的拟定是 CAPP 中最关键最困难的工作,工作量也比较大,目前多采用人工智能、模糊数学等决策方法等求解。这项工作进行前应确定毛坯类型。

3. 加工设备和工艺装备的确定

根据所拟定的零件工艺过程,从加工资源库中查询各工序所用的加工设备(如机床)、夹具、刀具及辅助工具等。

4. 工艺参数计算

这里所指的工艺参数主要是切削用量、加工余量、工序尺寸及其公差和时间定额等。

5. 工艺文件的输出

工艺文件可按工厂要求用表格形式输出。在工序卡片上应有工序简图,图形可根据零件信息描述系统的输入信息绘制,也可从计算机辅助设计中获得。工序简图可以是局部的,只要能表示出该工序所加工的部位即可。

六、CAPP 发展简介

自 20 世纪 60 年代末至今,CAPP 已研制出大量的系统,但已得到生产实际考验和令人满意的系统还不多。主要是因为工艺设计涉及面非常广泛,随机性大,很难用简单的数字模型进行理论分析和决策,严重地影响了企业信息化的进程。因此,CAPP 已成为现代制造业中急需解决的主攻方向。70 年代研制了创成式 CAPP 系统,但目前较成熟的是以派生式为主。80 年代开始将人工智能、专家系统技术等应用于 CAPP 系统的研究和开发,研制成功了基于知识的创成式 CAPP 系统以及 CAPP 专家系统,使得企业已有的工艺知识和工艺经验得以继承和应用,提高了创成式系统的实用性。近年来提出了 CAPP 系统开发工具的思路,构造 CAPP 系统的框架。应用时将系统功能实例化,从而缩短系统的开发时间;与此同时,CAPP 通用系统的研究与开发也在探索之中。随着现代工业技术的不断发展以及企业需求的变化,相继出现了基于并行工程(Concurrent Engineering,CE)、基于产品数据管理(PDM)和基于系统集成的 CAPP 系统,使得 CAPP 系统的研究与开发可在企业信息化的总体规划下进行。但为此要考虑的综合因素将更多更复杂,系统实现的难度也更大。

我国对 CAPP 的研究始于 80 年代初。一些高等院校和工厂在推广应用成组技术的基础上开始研究和开发 CAPP 系统。尽管在国内学术会议和刊物上正式发表的 CAPP 系统已有 50 多个,推出的 CAPP 商品软件却只有为数很少的几家,大多数是以派生式为主的 CAPP 系统,如武汉科技大学的 InteCAP、西北工业大学的 CAPPS、浙江大学的 GS-CAPPI、上海交通大学的 SIPM,清华大学的 XTMCAPP 以及南京航空航天大学的 AutoCAPP。

第三节　柔性制造系统(FMS)

一、柔性制造系统(FMS)概述

柔性制造系统(Flexible Manufacturing System,FMS)是为解决多品种、中小批量、生产效率低、周期长、成本高及质量差等问题而出现的。它是集数控技术、计算机技术、机器人技术及现代生产管理技术为一体的现代制造技术。随着社会经济的发展和科学技术的提高,柔性自动化制造技术得到了迅速的发展。

在我国军用标准中,柔性制造系统(FMS)被定义为:"由数控加工设备、物料运储装置(从装载到卸载具有高度的自动化)和计算机控制系统等组成的自动化制造系统。它包括多个柔性制造单元,能根据制造任务或生产环境的变化迅速进行调整,以适应多品种、中小批量生产"。在 FMS 中由中央计算机控制机床和传输系统,有时可同时加工几种不同的零件。

柔性制造系统的基本类型,可根据机床台数、机床类型、运输方式和控制系统的形式不同可分成四种类型,即柔性制造单元FMC(Flexible Manufacturing Cell)、柔性制造系统FMS(Flexible Manufacturing System)、柔性制造线FML(Flexible Manufacturing Line)、柔性制造工厂FMF(Flexible Manufacturing Factory)。柔性制造单元FMC是由2~3台加工中心、工业机器人、数控机床及物料运输存储设备构成,具有适应加工多品种产品的灵活性。其特点是加工设备之间由小规模的工件自动输送装置进行连接,并由计算机对他们进行生产控制和管理。柔性制造线FML是处于单一或少品种大批量非柔性自动线与中小批量多品种FMS之间的生产线。其对物料搬运系统柔性的要求低于FMS,但生产率更高,其特点是专用性较强、生产率较高、生产量较大,相当于数控化的自动生产线,一般用于少品种、中大批量生产。柔性制造工厂FMF是将多条FMS连接起来,配以自动化立体仓库,用计算机系统进行有机的连接,采用从订货、设计、加工、装配、检送至发货的完整FMS。实现全厂范围的生产管理、产品加工及物料储运过程的全盘自动化。本节将详述柔性制造系统FMS。

二、FMS的组成及特点

1. FMS的组成

图5-5是一个典型的柔性制造系统示意图,典型的FMS一般由加工系统、物流系统和控制与管理系统三个子系统组成,三个子系统的有机结合,构成了一个制造系统的加工流(通过制造工艺改变工件形状和尺寸)、物料流(主要指工件和刀具传输)和信息流(制造过程的信息和数据处理)。FMS的基本组成随待加工工件及其他条件而变化,但系统的扩展必须以模块结构为基础。

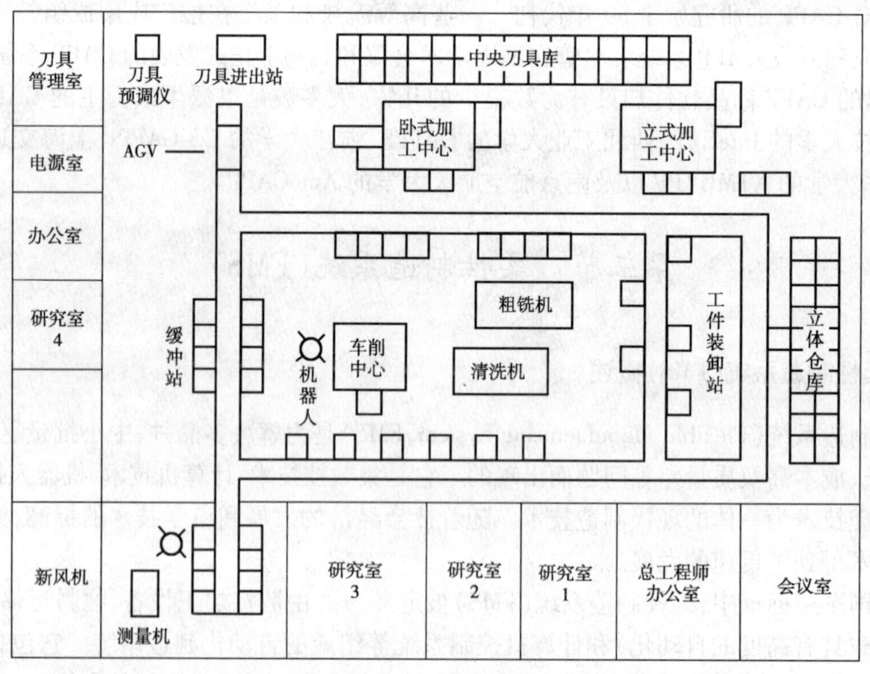

图5-5 柔性制造系统FMS组成示意图

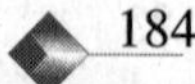

(1)加工系统,由两台以上的数控机床、加工中心或柔性制造单元(FMC)、工业机器人以及其他的加工设备所组成(例如测量机、清洗机、动平衡机和各种特种加工设备等),用以自动化地完成多种工序的加工。其特征是以任意顺序自动加工多种工件,自动更换工件和刀具,并可实现工件自动清洗与测量等。

(2)物流系统,包含有传送带、有轨小车(RGV)、无轨小车(AGV)、搬运机器人、自动化立体仓库系统、刀具库系统、夹具系统、上下料托盘、交换工作台、随行工作台等机构,能对刀具、工件和原材料等物料进行自动装卸和运储。其特征是能满足生产的物料自动识别、存储、输送和交换的要求,并可实现刀具预调和管理等。

(3)控制与管理系统。能够实现对 FMS 的运行控制、过程调整与监视、刀具管理、质量控制,以及 FMS 的数据管理和网络通信。控制系统接收来自主计算机的指令并对整个 FMS 实施监控,对每一个数控机床或制造单元的加工实施控制,协调各控制装置之间的动作。其特征是加工系统和物流系统的自动控制和作业协调;在线数据自动采集和处理;运行仿真及故障诊断等。

2. FMS 特点

(1)设备利用率高,生产率高。一组机床编入 FMS 后的产量,一般可达这组机床在单机作业时的 2~3 倍。FMS 能获得高效率的原因:一是计算机把每个零件都提前安排了机床,一旦机床空闲,马上将零件送去加工,同时将相应的数控程序输入这台机床;二是送上机床的零件早已装卡在卡盘上,因而机床不用等待零件的装夹。由此可看出,FMS 中设备的利用率高。

(2)减少直接工时费用,由于机床是在计算机控制下工作,不需工人去操作。只需系统管理员和在装卸站的操作人员,这就减少了工时费用。

(3)缩短了生产准备时间

①在 FMS 中,把加工零件用的全部机床集中在一个很小的场地。

②由于各工序集中在加工中心进行,因而减少了零件装夹的次数和零件需经过的机床数。

③计算机按制订的计划,高效率地把零件分批送入 FMS 中进行加工。所以,与一般加工相比,FMS 在减少工序中零件积存数量上有惊人的效果。

(4)改变生产要求时有快速应变能力。FMS 有其内在的灵活性,能适应市场需求变化及工程设计变更所出现的变动,进行多品种生产,而且还能在不明显打乱生产计划的情况下插入备件制造任务。

(5)产品质量高。数控机床、CAD/CAM 都是 FMS 的组成部分,加工中零件装夹次数少、系统中设计的更好的专用夹具、更加注意机床和零件的对中定位等因素,都有利于提高单个零件的质量,使各零件之间有良好的一致性。

三、FMS 的工作原理

FMS 的模型和原理框图如图 5-6 所示。FMS 工作过程可以这样来描述:制造系统接到上一级控制系统的有关生产计划信息和技术信息后,由其控制与管理系统(可编程控制系统)进行数据信息的处理、分配,并按照所给的程序对物流系统进行控制。物料库和夹具库根据生产的品种及调度计划信息供给相应品种的毛坯,选出加工所需要的夹具。毛坯的随行夹具由输送系统送出。工业机器人或自动装卸机按照信息系统的指令和工件及夹具的编码信息,自动

识别和选择所装卸的工件及夹具，并使之装到相应机床上。机床的加工程序识别装置根据送来的工件及加工程序编码，选择加工所需的加工程序、刀具及切削参数，对工件进行加工。加工完毕，能按照信息系统输给的控制信息转换工序，并进行检验。全部加工完毕后，由装卸及输送系统送入成品库，同时把加工质量、数量信息送到监视和记录装置，随行夹具被送回夹具库。

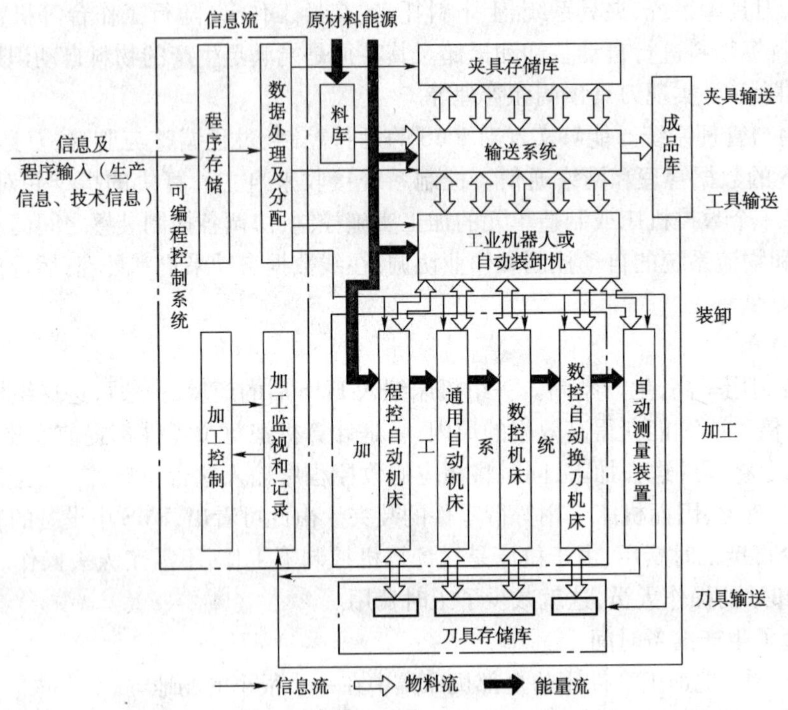

图 5-6　FMS 的模型和原理框图

当需要变更产品零件时，只要改变输给信息系统的生产计划信息、技术信息和加工程序，整个系统即能迅速、自动地按照新要求来完成新产品的加工。

计算机控制着系统中物料的循环，执行进度安排、调度和传送协调的功能。它不断收集每个工位上的统计数据和其他制造信息，以便汇总报告。

四、FMS 实例及发展动向

图 5-5 是一个典型的柔性制造系统示意图。是国家 863 高科技计划在“七五”期间的重点建设项目。该 FMS 系统由加工中心、车削中心、清洗机、粗铣机、自动导向小车、机器人等设备组成，此外还包括自动仓库、托盘站和装卸站等。在装卸站由人工将毛坯安装在托盘夹具上；然后由物料传送系统把毛坯连同托盘夹具输送到第一道工序的加工机床旁边，排队等候加工；一旦该加工机床空闲，就由自动上下料装置立即将工件送上机床进行加工；当每道工序加工完成后，物料传送系统便将该机床加工完成的半成品取出，送至执行下一道工序的机床等候。如此不停地运行，直至完成最后一道加工工序为止。在整个运行过程中，除了进行切削加工之外，若有必要，还需进行清洗、检验等工序，最后将加工结束的零件入库储存。

柔性制造技术设备是机械技术和微电子技术的综合。它把物料流、能量流、信息流融为一

体，因而具有对工件品种和批量变化的自动响应能力，即所谓“柔性”。其发展动向如下：

1. FMS 功能进一步扩展和完善

FMS 发展为具有 AAC（自动换附件）功能，或具有 AGC（自动换齿）功能，可借助多种附属装置扩大工艺范围。

2. FMS 有向小型化发展的趋势

FMS 由多台数控机床、辅机、物料自动储存分系统及计算机控制管理系统组成。它比 FMC 有较多的自动化作业功能。随着中小企业市场兴起，从资金和技术能力方面考虑较易接受小型 FMS。

3. 向中大批量生产柔性自动化设备发展

中大批量甚至大批量多品种产品的生产设备正朝着既有柔性又高效的方向发展。这类设备最典型的、应用最广的就是柔性自动线（FTL）。它是在已有的传统组合机床及其自动线基础上发展起来的。基本格调、形式无大变化，只是对各类工艺功能的组合机床给予数控化，用计算机控制管理，所以既保留了组合机床模块结构和高效特点，又加入了数控技术的有限柔性。这类设备主要用于汽车、拖拉机行业，而生产厂大多是原先生产组合机床的厂家。

柔性自动生产线 FTL 中机床模块还采用了一些专用数控机床及简式加工中心（刀具少、三坐标）。数控组合机床模块采用多轴加工的较多。具有多轴加工功能的柔性制造单元 FMS 也是中大批量多品种生产的重要柔性设备。据统计，全世界 400 多套 FMS 的机床品种构成中，采用多轴加工的机床数量占 10.5%。

4. 柔性制造技术向 CIMS 方向发展

目前，国外柔性制造设备开始与 CAD/CAPP/CAM 及生产管理经营决策系统相结合，借助于计算机技术和网络技术把管理信息和制造活动有机地联系起来，向计算机集成制造系统（CIMS）方向发展，以实现整个企业生产管理的现代化。

世界主要工业发达国家中，美国、日本、德国、俄罗斯及英国在发展 FMS 方面居领先地位。而我国是 1984 年开始研制 FMS 的，虽然起步较晚，由于倍受重视，目前约有 15 条 FMS 投入调试和使用。随着市场全球化的形成和发展，无论是发达国家还是发展中国家都越来越重视柔性制造技术的发展，FMS 已成为当今乃至今后若干年机械制造自动化发展的重要方向。

第四节　计算机集成制造系统 CIMS

一、CIMS 的基本概念

计算机集成制造系统（Computer Integrated Manufacturing System，CIMS）是当代生产自动化领域的前沿学科，也是集多种高技术为一体的现代化制造技术。

自 20 世纪 70 年代以来，计算机在企业的产品设计、制造和经营管理领域中的应用不断深化，为了适应动态的、多品种小批量自动化生产方式所需要的柔性，在相关的制造部门和过程中，出现了许多单一目的的计算机辅助自动化应用，如计算机辅助设计和制造 CAD/CAM 系统、计算机辅助工艺设计 CAPP、计算机辅助生产管理 CAPM、和柔性制造系统 FMS 等。它们一般都是在企业生产过程中按部门需要逐个建立起来的，从改进单项功能目标上体现了局部

效益,当由于缺少整体规划,各单项应用之间的信息数据不能共享,特别是因功能耦合关系不紧密而导致其整体效益不能体现,为此,只有把孤立的应用通过计算机网络和系统集成技术连结成一个整体。才能消除企业内部信息和数据的矛盾和冗余,这种集成不是各单项应用叠加式的组合,而应使得企业内部信息和数据处理具有充分的及时性、准确性、一致性和共享性,这就是计算机集成制造技术产生的客观原因。

计算机集成制造系统 CIMS,它在计算机和网络的支撑下,综合运用现代管理、制造、信息、自动化和系统工程等领域的技术,将企业生产全部过程中有关人、技术、经营管理要素及其信息流与物流有机地集成并优化运行,以实现产品高质量、低成本、上市快,从而使企业赢得市场竞争。它包括市场分析、产品设计、材料选择、计划作业、生产、质量检验、生产管理和市场销售等一系列与制造企业有关的生产活动,是关于企业的一组相关操作和活动的集合。我们可以把 CIMS 通俗地理解为用计算机通过信息集成实现优化运行的企业制造系统,求得企业的总体效益。

CIMS 的核心在于集成。CIMS 不仅是一个技术系统,它更是一个企业整体集成优化系统。因此,它的核心是“集成”,其集成特性主要包括:

(1)人员集成。管理者、设计者、制造者、保障者(负责质量、销售、采购、服务)等人员以及用户应集成为一个协调整体。

(2)信息集成。产品生命周期中各类信息的获取、表示、处理和操作工具集成为一体,组成统一的管理控制系统。特别是产品信息模型(PIM)和产品数据管理(PDM)在系统中应得到一体化的处理。

(3)功能集成。产品生命周期中,企业各部分功能集成以及产品开发与外部协作的集成。

(4)技术集成。产品开发全过程中,涉及的多学科知识以及各种技术、方法的集成,形成集成的知识库和方法库,以利 CIMS 的实施。

二、CIMS 的功能构成

从功能上看,CIMS 包括了一个制造企业中设计、制造、经营管理和质量保证等主要功能,并运用信息集成技术和支撑环境使以上功能有效地集成。图 5-7 描述了各功能模块及其联系。

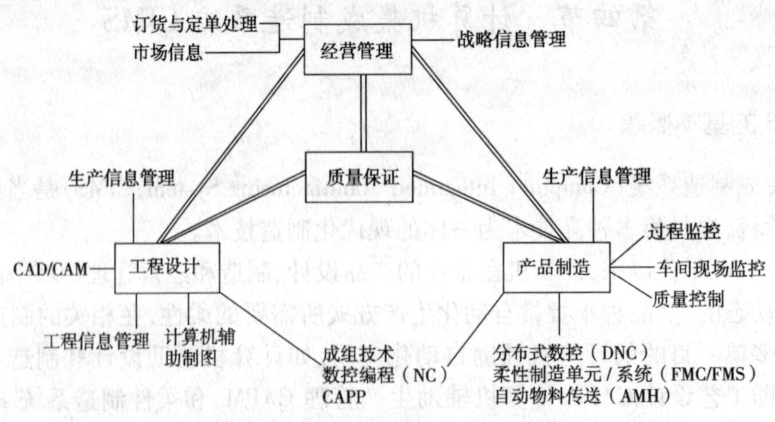

图 5-7　CIMS 各功能模块及其联系

1. 工程设计功能模块

工程设计功能模块的目标是使产品开发活动能够高效、优质、自动地进行。它主要包括以下几方面：

(1)CAD，在 CIMS 中进行工程设计时需要调用各种不同数据库中的数据，例如工厂管理中的某些数据；加工后，坐标测量机对零件检测的数据。而且各种 CAD 工作站中图形或数据应该构成一个联合设计环境。因此这里的 CAD 不是孤立的，而是与其他模块紧密联系并带有反馈的 CAD。CAD 的输出通过通信媒体直接送到其他功能模块。

(2)CAPP，对产品制造进行合理的工艺设计。

(3)CAM，按照零件的外形及 CAPP 生成的数控(NC)代码，在考虑刀具补偿等因素的情况下进行后置处理。在 CIMS 中，CAD/CAPP/CAM 是局部集成的分系统。

2. 产品制造功能模块

产品制造功能模块的目标是使产品制造工作优化、周期短、成体低、柔性高。它主要包括以下几方面：

(1)自动物料传送(AMT)，完成 CIMS 中部门内(如柔性加工系统 FMS)和部门间的物料运输和自动仓库存取。

(2)柔性制造(FMS)，它是 CIMS 的加工制造子系统。将毛坯加工成合格的零件并装配成部件以至产品，这牵涉到加工制造中的许多环节。在 FMS 进行物料流与信息流交汇，完成设计及管理中的指定任务，并将制造现场的不同信息，如实地或经过初步处理(如统计分析)的信息反馈到相应部门。

3. 经营管理功能模块

经营管理功能模块的目标是通过信息集成，缩短产品生产周期，降低流通资金占用，提高企业应变能力。CIMS 中经营管理主要应用制造资源计划(MRPⅡ)、准时生产(JIT)等技术。MRP Ⅱ根据用户订单、库存状态、生产能力平衡等数据制订年、月或周生产计划，并同成本核算、库存管理等结合起来形成闭环控制管理系统。经营管理还包括市场预测及制订企业长期发展战略规划。

4. 质量保证功能模块

质量保证功能模块的目标是保证从产品设计、制造、检验到售后服务整个过程的质量，提高企业竞争的能力。它包括质量决策、质量检测与数据采集、质量评价、控制与跟踪等。

5. 集成环境

集成环境是 CIMS 的信息集成重要手段。它包括硬环境和软环境，硬环境主要是 CIMS 所需的各种计算机、工作站及通信网络(如计算机局域网或广域网)，软环境包括指导系统最优运行的方法(系统理论、成组技术等)，实现信息集成的手段(分布式数据库管理系统)以及各种软件工具和应用程序。

三、CIMS 结构

根据德国施普尔等人提出的 CIMS 模型，CIMS 的结构如图 5-8 所示。从图中可知，CIMS 结构总体上分成三层：

(1)决策层，主要任务是对市场等外部环境进行研究，帮助企业领导作出经营决策。

(2)信息层,它的任务是生成工程技术信息(CAD/CAM、CAQC、CAPP 等工程信息系统),以及进行企业的综合信息管理。

(3)物质层,它是物质生产实体,包括进货、加工、装配、库存和发货等环节。机器人、数控机床、自动化仓库、自动运输车、FMC、FMS、和 FTL 是这一层的基本设备或子系统。

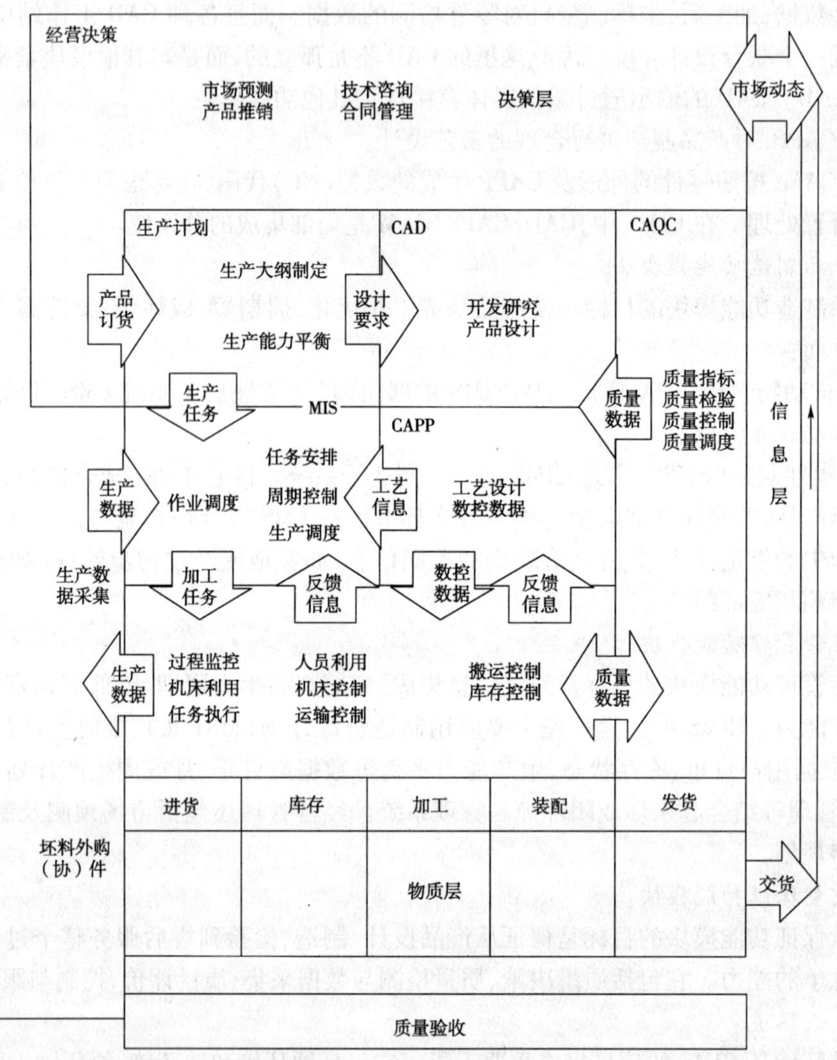

图 5-8 CIMS 结构示意图

四、国内外 CIMS 发展概况

目前,世界上的 CIMS 产业已达到每年数十亿美元,在美国的高技术发展研究计划“星球大战计划”中,CIMS 的研究占有重要的分额,美国国家关键技术委员会把 CIMS 列入美国长期安全和经济繁荣的 22 项关键技术之一。美国国家标准局于 1981 年建立了“自动化制造实验基地(AMRF)”。美国的许多著名大学和企业部门也都开展了 CIMS 的研究和实施工程。如美国通用汽车公司(GM),建立了适应大批量生产的 CIMS,成为美国实施 CIMS 的著名企业之

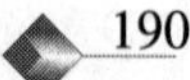

一。美国通用电器公司(GE)在其下属的汽轮发电机厂的零件车间中实施 CIMS,并在工厂中建立了一个 CIMS 技术和管理信息系统(TMIS),用 8 个能在联机的实时环境中运行的主要模块将工厂各功能系统集成起来。

日本通产省于 20 世纪 80 年代末制订了智能制造系统(IMS)发展计划,并在生产光学通信仪器的小山工厂和日本富士通电机公司等企业建成了 CIMS。

我国经过十多年的努力,CIMS 事业取得了迅速发展,主要反映在我国“863 计划”中的 CIMS 研究已形成了一个健全的组织和一支研究队伍,实现了我国 CIMS 研究和开发的基本框架;建设研究环境和工程环境,包括一个国家 CIMS 实验中心和 7 个单元技术开放实验室,完成了一大批课题的研究工作,陆续选定了一批 CIMS 典型应用工厂作为利用 CIMS 推动企业技术改造的示范点。这些工厂包括飞机、机床、大型鼓风机、纺织机械、汽车、家电、钢铁、化工等行业。在技术研究方面,1994 年清华大学的国家工程研究中心获得(美)制造工程师学会(SME)颁发的“大学领先奖”;在企业应用水平方面,1995 年北京第一机床厂和东南大学联合设计实施的 CIMS 应用工程获得(美)制造工程师学会(SME)颁发的“世界工业领先奖”。这表明我国 CIMS 研究和工业应用已得到国际社会承认,进入国际领先水平。

第五节　成组技术

一、成组技术的基本概念

成组技术(Group Technology,GT)是一种将工程技术与管理技术集于一体的生产组织管理方法体系,它是利用产品零件间的相似性,按照特定的相似准则,将零件分类成组,然后根据每组零件所持有的相似特征为其同组零件制订出最佳的设计、制造工艺和生产管理的方法,从而在不变动原有的工艺和设备条件下,取得提高效率、节省资源、降低成本的效果。

自 20 世纪 50 年代起,成组技术由前苏联学者斯·帕·米特洛凡诺夫提出,并在机械工业中推广应用,引起世界各国的重视。在经历了 30 多年的发展,特别是近十年来与数控和计算机技术结合起来之后,成组技术的水平有了大幅度提高,其应用范围也由单纯的工艺领域扩大至设计和生产管理等。现在,成组技术不仅已被公认为是多品种、中小批量生产的高效途径,而且是发展柔性制造技术和计算机集成制造系统的重要基础。

二、成组技术的基本原理

指导成组技术学科的基本理论是相似性原理。它涉及对机械制造中的相似性的特征进行标识、开发和利用的一系列过程,也就是说,需建立或选择一种编码系统对零件特征进行编码,将机械制造业中的多种产品的部件、零件等,根据规格、形状、制造过程及其所用设备、工装等方面按一定的相似性准则进行归类分组,建立相似零件族进行相似性开发。其目的是实现对多品种、中小批量生产的产品设计、工艺设计、加工制造和生产管理等领域的最大优化,降低产品的成本和提高生产效率。其原理示意如图 5-9 所示。

所谓零件的相似性,可从两方面看:即零件在产品中所起作用的相似性和特征的相似性。由于特征比较明确、具体,可以仅由零件图的信息直接确定。特征相似性又可划分为结构、材

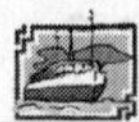

料和工艺三个类别,其中每一类又可进一步细分为若干个更具体的内容,如图 5-10 所示。

在机械制造工业中,产品及部件的性能规格相似是基本相似性,也称为一次相似性,并在此基础上构成零件在几何形状、功能要素、尺寸、精度、材料等方面的相似性。由于这些相似性的存在,才导致了制造这些零件和将它们装配成产品出售的整个生产、经营和管理等各方面的相似性,其中包括使用设备、工具、数控软件、调整,以及这些零件的加工工时、成本、材料供应、仓库管理等。所有这些以基本相似性为基础导出的相似性称为派生相似性或二次相似性。一次相似性属于设计信息,而二次相似性属于工艺信息。

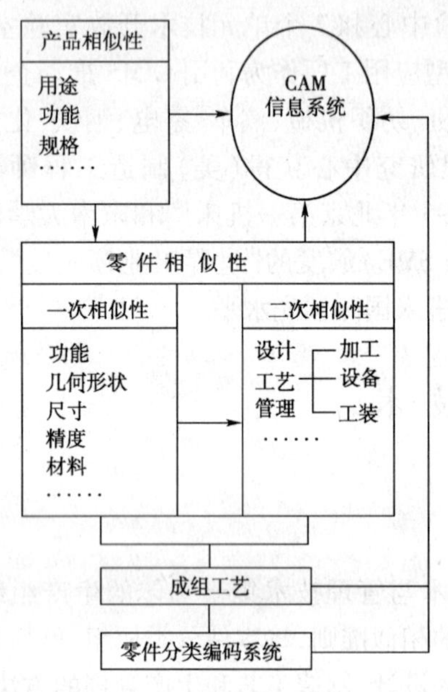

图 5-9 成组技术的基本原理示意图

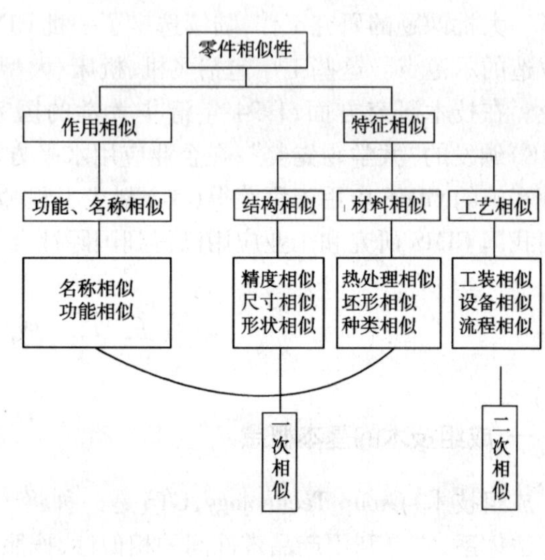

图 5-10 零件的相似性

三、零件的分类编码

1. 零件分类编码系统

零件的分类编码系统是用数字和字母对零件特征进行标识和描述的一套特定的规则和依据。目前,国内外已有 100 多种编码系统在工业中使用,如前苏联的米特洛凡诺夫系统、日本的 KK 分类编码系统、瑞士的苏尔泽系统等。国内的有 JCBM 系统和 JLBM 系统。每个工业部门可以根据本企业的产品特点选择其中一种,或在某种编码系统基础上加以改进,以适应本单位的要求。

2. 零件的分类成组方法

所谓零件的分类成组,就是按照一定的相似性准则,将产品中品种繁多的零件归并成为几个具有相似特征的零件族,这是成组技术的核心。零件分类成组的方法很多,但大致可分为编码分类法和生产流程分析法两大类。

(1)编码分类法。编码系统编制的零件代码代表了零件一定的特征,因此,利用零件代码就能方便地找到相同或相似特征的零件,形成零件族。原则上讲,代码完全相同的零件便可组成一个零件族。但这样做会造成零件族数很多,而每个族内零件种类数都不多,达不到扩大批

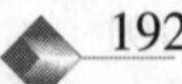

量、提高效率的目的。为此,应适当放宽相似性程度,做到合理分类。目前,常用的编码分类方法有:

①特征码位法。此法是以对某种目的影响最大的码位作为特征码位来划分零件族。例如:零件的形状、尺寸、材质等特征对制造工艺影响较大,则将这些特征所对应的码位作为特征码位。只要特征码位相同,不论其他码位如何,都认为属于同一零件族。

②码域法。此法是对分类编码系统中各码位数值规定出一个范围作为零件分组的依据。

③特征位码域法。该法是由特征码位法与码域法结合而成的一种分组方法。它是选取若干特征性较强的码位,并在这些码位上规定允许的特征项数据的变化范围,来作为分组的依据。

(2)生产流程分析法(Production Flow Analysis,PFA)。由于大多数零件的编码分类都是在以零件的结构形状和工艺信息为主的情况下制订的,对零件加工工艺信息它不可能描述得非常精细。另外,编码分类法划分的零件族或零件组,不能很好地将加工工艺与加工设备(即机床组)联系起来。

英国 J. I. Burbige 教授提出的生产流程分析(PFA)法是以生产过程或工艺过程为主要依据的零件分类方法。着重分析生产过程中从原材料到产品的物料流程系统。通常包含如下四方面内容:

①工厂流程分析,建立车间与零件的对应关系。

②车间流程分析,建立制造单元与零件的对应关系。

③单元流程分析,建立加工设备与零件的对应关系。

④单台设备流程分析,建立工艺装备与零件的对应关系。根据这些对应关系,编制出各类关系中的最佳作业顺序,找出各个设备组与对应的零件族。

四、成组技术的应用

成组技术是应用于机械制造业中的一门综合技术,它主要应用在产品设计、工艺设计、工艺设备设计和生产管理等部门。

1. 成组技术在产品设计中的应用

产品设计部门是企业中业务部门的龙头,设计工作的优劣,对企业的兴衰起决定性的作用。一个良好的设计部门应该能够经常而迅速地提供性能先进、工艺性良好、造价低廉的新型产品图样。

产品设计工作中由于采用成组技术,建立了零件的分类编码系统,使相同代码的零件归并成组,或者使用特征矩阵把结构形状相似的零件归并成组,并把图样按成组技术编码的数字顺序存档,从而获得标准化、系列化的零件图样资料,以使检索工作大为简化,并且可以重复使用结构合理的零部件图样,避免了设计人员重复劳动,提高了设计工作的效率。成组技术在设计工作中的应用有:

(1)选择适合设计工作的零件分类编码系统。

(2)图样的检索。

(3)零件的标准化。它的工作顺序是根据选用的零件分类系统对零件标注分类编码,然后按分类编码将零件图样集中整理,并调查零件图样的重复使用次数,以重复使用次数多的零

件或者具有同一分类代码数多的零件选作标准化的零件。

(4)利用复合零件编制设计标准资料。所谓复合零件,就是把一组零件内所包括的全部结构要素集中起来而设计的一个假想的零件。复合零件又称为综合零件或合成零件。利用复合零件来编制设计标准资料,是一种在设计领域应用成组技术的工作方法。

(5)变型设计法。在机器的部件和组件的结构形状已确定的情况下,仅仅对于尺寸做或大或小变动的设计称为变型设计。这也是应用成组技术的典型设计方法。

在设计过程中,不仅对零件采用成组技术系统,而对组件也有必要引入成组技术系统。它的优点是能重复使用结构合理并经过实践考验的组件,减少组件的类别和便于信息处理,使设计自动化。另外,在设计过程中采用成组技术系统时,可便于各种设计方案比较。

在进行新产品设计时,可根据图5-11所示的流程进行设计工作。

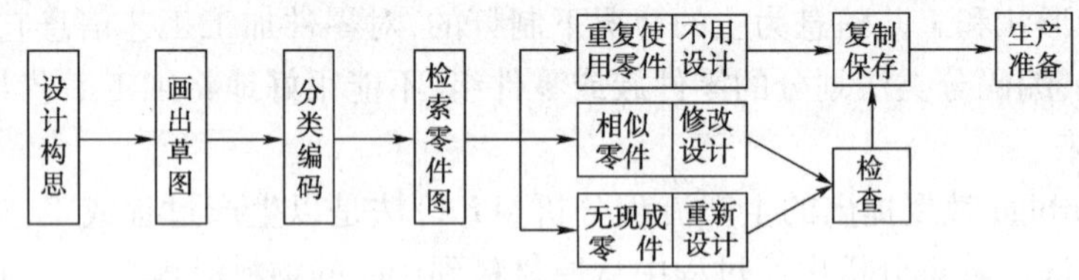

图5-11　GT设计产品零件的流程

在设计过程中要有意识地进行总结整理,建立设计检索制度和文件库。为了有效地进行产品设计、制造和生产管理,设计部门需要进行一系列的标准化、规格化工作。使零件的尺寸种数大为减少,这就避免了多样化的尺寸。

2.成组技术在工艺设计中的应用

这是在生产准备领域内实施成组技术的重要环节。其具体方法是:

(1)计算机辅助工艺规程编制(CAPP)。计算机辅助工艺设计系统是以成组技术零件分类编码系统作为逻辑基础的。系统的关键在于通过零件的分类系统,进行零件的编码与分组,并向计算机输入被加工零件的原始数据即零件的代码。

在实施成组技术的初期阶段需要进行以下几项准备工作:

①选择或制订零件的分类编码系统。

②确定生产纲领,选择具有代表性的产品。

③进行零件的编码与分组。

④编制成组工艺文件。

⑤设计或选择成组工装。

⑥选择或设计成组加工设备。

⑦平衡机床负荷,确定布置形式。

⑧制订有关组织和计划管理等项措施和文件。

(2)编制成组工艺规程。成组工艺规程是实施成组工艺的现场指导文件,相当于传统的机械加工用的工艺过程卡和工序卡。与普通工艺卡片的区别在于,它不是针对一种特定的零件,而是针对一组工艺方法相似的零件编制的。一份成组工艺卡片对应着工艺相似、具有某些相同结构要素的一组零件范围。因此,它既适用于现有已经分组的零件,也适用于包含在此范围内的未来的新零件。在成组工艺设计过程中还需要考虑成组工艺装备设计和机床设计(或

选用、改装)。如果需要设计,首先要拟定工艺装备、机床等项目的设计任务书。工艺规程编完后需进行工时平衡。

SIKAO YU LIANXI

简答题

1. 阐述 CAD 和 CAM 的概念。
2. 阐述 CAPP 的功能。
3. 阐述柔性制造系统 FMS 的概念及应用范围。
4. 简述 CIMS 的基本概念。
5. 阐述成组技术的概念和基本原理。

参考文献

[1] 吴中强.船机制造技术[M].北京:人民交通出版社,2007.
[2] 马经球.柴油机制造工艺学[M].大连:大连海事大学出版社,2000.
[3] 刘正林.船舶机械制造工艺学[M].北京:人民交通出版社,1999.
[4] 张福润,等.机械制造技术基础[M].武汉:华中科技大学出版社,2000.
[5] 顾崇衔,等.机械制造工艺学[M].西安:陕西科技出版社,1999.
[6] 郧建国.机械制造工程[M].北京:机械工业出版社,2001.